旋切板胶合木(LVL)结构技术指南

住房和城乡建设部标准定额研究所　编

中国建筑工业出版社

图书在版编目(CIP)数据

旋切板胶合木（LVL）结构技术指南 / 住房和城乡建设部标准定额研究所编. — 北京：中国建筑工业出版社，2022.8

ISBN 978-7-112-27394-2

Ⅰ. ①旋… Ⅱ. ①住… Ⅲ. ①胶合木结构－指南 Ⅳ. ①TU366.3-62

中国版本图书馆 CIP 数据核字（2022）第 086609 号

责任编辑：张　瑞　石枫华
责任校对：李美娜

旋切板胶合木（LVL）结构技术指南
住房和城乡建设部标准定额研究所　编

*

中国建筑工业出版社出版、发行（北京海淀三里河路9号）
各地新华书店、建筑书店经销
北京红光制版公司制版
天津翔远印刷有限公司印刷

*

开本：787 毫米×1092 毫米　1/16　印张：14½　字数：357 千字
2022 年 7 月第一版　2022 年 7 月第一次印刷
定价：**60.00** 元
ISBN 978-7-112-27394-2
（39584）

《旋切板胶合木（LVL）结构技术指南》
编写组

编写人员：

> 姚　涛　龙卫国　杨学兵　何敏娟　祝恩淳
>
> 欧加加　李　征　刘　杰　李敏敏　董翰林
>
> 张绍明

编制单位：

> 住房和城乡建设部标准定额研究所
>
> 中国建筑西南设计研究院有限公司
>
> 同济大学
>
> 哈尔滨工业大学
>
> 上海交通大学
>
> 欧洲木业协会

前　言

在建筑工程中，木材的应用正迅速地增加。木结构体系因其建造速度快，构件重量轻，以及建造过程中有利于对环境的保护，而成为城市建设中绿色建筑的选择方案之一。木制品可提高预制化程度，从而提高木结构建筑的产能，使投资回报周期更短、更快。木构件的工业化制作能够保证施工质量，并且施工安装时对周围环境影响很小。随着木结构建筑行业的蓬勃发展，木结构建筑标准体系不断健全和发展，为木结构建筑行业健康、快速发展奠定了坚实的基础。为了配合国家现行木结构建筑标准的应用和实施，专业、系统、全面地指导木结构建筑技术发展，住房和城乡建设部标准定额研究所组织编写了《旋切板胶合木（LVL）结构技术指南》（以下简称《指南》），用于指导建筑师、结构工程师、材料及配件供应商、产品制造商、性能检测单位、施工及验收部门，以及木结构建筑科研人员等准确理解旋切板胶合木材料、构件及结构特性，并结合技术、行业发展方向和实际工程需要进行合理应用。

旋切板胶合木（Laminated Veneer Lumber，简称 LVL）是指将原木旋切成厚度为2.5mm～4.5mm 的旋切单板后，经多层平行施胶平铺再热压而成的工程木产品，也称单板层积材。自20世纪70年代以来，旋切板胶合木的应用稳步发展。研发 LVL 产品的最初目的是提升对木材的高效利用。LVL 的利用使木材浪费减少、材质更均匀，从而提高了材料的整体性能和生产效率，尤其有利于建筑的工业化生产和构件的工厂预制。目前，LVL 技术在欧洲和北美地区的研究和应用已经十分成熟，被广泛应用于各种木结构建筑中。

在我国，旋切板胶合木（LVL）相关技术的应用研究相对较少，目前还处于应用研究的初始阶段。我国现行木结构建筑标准针对旋切板胶合木等结构复合材的应用作出了原则性的规定，对于 LVL 产品的性能要求和设计指标等没有统一明确规定，生产制造商的加工能力和质量技术水平还需进一步提高，因此，在实际工程中，急需相关的技术规范性文件来指导旋切板胶合木（LVL）的设计、制作和应用。

编制组参考了欧洲 LVL 相关技术标准和芬兰木工工业联合会（Federation of the Finnish Woodworking Industries）2018～2019 年度发布的 LVL 手册，并组织我国相关科研团队编制了本指南。本指南系统地介绍了 LVL 材料性能、结构体系、构件计算、节点设计、防护设计和建筑物理等方面的内容，对我国 LVL 的应用有很好的指导意义。

《指南》共分9章和1个附录，第1章旋切板胶合木材料；第2章楼盖、墙体、屋盖和特殊应用中的 LVL 结构；第3章 LVL 的采购、运输、装卸和储存；第4章结构设计；第5章连接设计；第6章防火性能；第7章耐久性；第8章物理性能；第9章 LVL 结构的计算示例和附录 A 结构抗震设计。

《指南》及内容均不能作为使用者规避或免除相关义务与责任的依据。

住房和城乡建设部标准定额研究所作为住房和城乡建设部工程建设标准化研究与组织机构，在长期标准化研究与管理经验的基础上，结合工程建设标准化改革实践，组织相关领域的权威机构人员，通过严谨的研究与编制程序，将陆续推出有关专业领域的标准应用实施指南，以作为指导广大工程技术与管理人员建设实践活动的重要参考，促进工程建设标准的准确实施，推进建设科技新成果的实际应用。

住房和城乡建设部标准定额研究所

2021 年 8 月

目　　录

第 1 章　旋切板胶合木材料

1.1　概述

旋切板胶合木（Laminated Veneer Lumber，LVL）是一种广泛应用于建筑与桥梁的工程木制品，在国内也被称为"单板层积材"。旋切板胶合木（LVL）梁、柱、板因其优点众多、用途多样及结构性能可靠，已成为现代木结构建筑的重要组成部分（图 1.1.1）。

图 1.1.1　多层木结构建筑（Wood City，Helsinki，芬兰）

本技术指南从材料性能与应用到生产制作与设计方法等方面，对 LVL 的最新技术进行了介绍。

LVL 是由 3mm 厚的单板通过耐候的酚醛胶粘剂胶合而成。这也意味着 LVL 产品尺寸不受原材料尺寸的限制，甚至小径级的原木也可用于生产大型的 LVL 梁和板。在生产 LVL 过程中，将原木去皮后用于生产单板时，木材的任何自然缺陷（如木节）会以小碎片形式散布在单板上，这样就消除了缺陷影响，再加上层压效果从而获得了非常均匀的材料性能。尽管与所有工程木制品相同，LVL 的生产制作成本比锯材高，但采用 LVL 进行设计时，同样的建筑结构可以设计成更小的构件截面尺寸，而且 LVL 也可以用于缺少合适的锯材尺寸的情形。

LVL 具有强度高、刚度大和变异性较低的特性，这意味着这些性能可作为结构设计中的特征值来被充分利用。此外，由于没有较大的缺陷，LVL 的强度与重量比极高，同等质量的 LVL 的强度是钢材的两倍。由于 LVL 是叠层层压结构，尺寸稳定，不翘曲、无碎裂和开裂。LVL 出厂时已经过干燥处理，只要避免 LVL 构件直接露天，就能降低其在安装现场或建成建筑中产生干缩的风险。

LVL 是按精确尺寸制造的，最大限度地减少了横切与锯切损耗，由此制成的低材料损耗且质量均衡的 LVL，提高了整体的材料利用率和时间效率，特别是在工业化应用和建筑构件的工厂生产中。LVL 易于钻孔、切割、固定和安装，且仅需要标准的木工器具即可。由于重量轻，LVL 构件不仅易于搬运，还易于与其他木制品与建筑材料相结合，可应用于屋盖椽条（图 1.1.2）和结构大梁（图 1.1.3）等构件。

LVL 完全由可追溯、可再生和可回收的木材制成，这些木材都是经过认证的天然材料。LVL 还可以用作建筑中的碳储存库：$1m^3$ 的 LVL 中含有相当于 789kg 的 CO_2 的储存量，使其成为一种环境的选择。

图 1.1.2　LVL 屋盖椽条

旋切板胶合（LVL）具有下列特性与优点：

（1）按重量比，强度是钢材的两倍。

（2）层压结构，尺寸稳定，没有翘曲、碎裂和开裂。

（3）均匀的材料性能。

（4）工业化应用的关键优势：稳定的产品质量与尺寸。

（5）易于钻孔、切割、固定和安装，仅需标准的木工器具。

（6）设计精确、易于裁切。

（7）能够按精确的尺寸制作，最大限度地减少横切与锯切的损耗。

（8）尺寸适用范围广：产品的规格不受原材料尺寸限制。

（9）重量轻，易于搬运。

（10）工厂干燥，含水率通常为 8%～10%，可使施工现场的收缩变形更小。

（11）易与其他建筑产品相结合。

（12）工厂制作减少了现场建造时间。

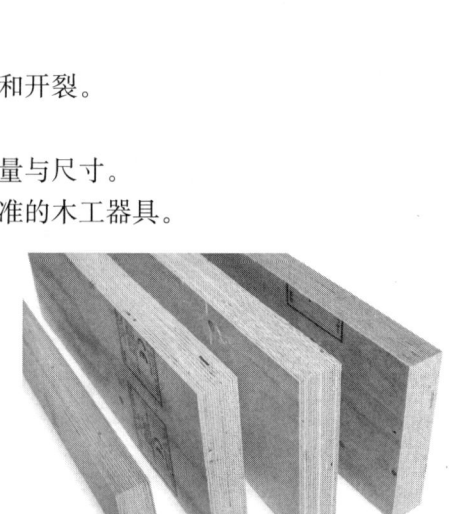

图 1.1.3　LVL-P 梁

（13）采用经过认证的完全可追溯、可再生和可回收的木材。

（14）环保的碳储存：$1m^3$ 的 LVL 中含有相当于 789 kg 的 CO_2 的储存量。

（15）生产成本高于锯材，但采用 LVL 进行建造时，只需要较少的材料即可满足设计要求。

旋切板胶合（LVL）制品分为两类：一类为制作时每层旋切板的木纹平行于成品板长度方向，也就是通常的旋切板顺纹胶合木（LVL-P）。另一类为制作时20％的旋切板的木纹与成品板长度方向正交放置的旋切板正交胶合木（LVL-C）。

1.1.1　用于梁和柱的旋切板顺纹胶合木 LVL-P

旋切板顺纹胶合木（LVL-P）由3mm厚的单板以相同方向铺设，通过耐候且耐煮沸的酚醛胶粘剂胶合而成。这种结构提高了材料的强度性能，该特性具有很小的变异性。LVL-P构件可以作为横梁和立柱在建筑体系中得到各种应用，即使在有限空间内，无须重型机械也可进行建造和安装。

LVL-P梁是由最高强度等级的单板制成，通过优化的尺寸和高厚比，提供了良好的材料利用效率。LVL-P梁较高的强重比，使梁可实现跨度较大且挠度较小。

LVL-P墙骨柱极其适用于室内外墙体的承重与非承重结构，且易于安装、钉接、钻孔和切割。LVL墙骨柱虽然由较低等级的单板制成，但其尺寸精确、结构强度和刚度、平直度以及无扭曲的特性，使其成为墙体结构的理想选择。

LVL-P的应用范围、特性与优点见表1.1.1。

LVL-P 的应用范围、特性与优点　　　　　　　　　　　表 1.1.1

梁	特性与优点
1. 顶梁、主梁、脊梁 2. 过梁 3. 楼盖搁栅 4. 屋盖椽条 5. 檩条 6. 桁架 7. 框架 8. 屋盖和楼盖构件 9. 地梁板和顶梁板 10. 梁加固	1. 稳固且结实：大跨度且挠度较小 2. 平直且尺寸稳定，不翘曲或扭曲：提高施工质量；墙体的理想选择，也用于高层建筑 3. 工厂干燥：现场收缩变形更小 4. 定制产品尺寸，减少浪费：广泛用于各种建筑类型；节约材料成本和制造时间 5. 可操作性强：易于安装、固定、钉接、钻孔和切割，无须特殊工具 6. 强重比高：轻质结构 7. 重量轻：易于操作和手动或轻型起重机吊装 8. 可与任何面板材料结合使用：适用于多种结构 9. 易与多种建筑类型的其他结构和材料组合
墙骨柱	
1. 内墙墙骨柱 2. 外墙墙骨柱 3. 承重和非承重应用	
其他应用	
1. 混凝土模板的支承结构和模具 2. 脚手架 3. 门框和窗框 4. 家具配件 5. 包装行业	

1.1.2　用于结构板的旋切板正交胶合木 LVL-C

旋切板正交胶合木结构板（LVL-C）是一种正交胶合的板式构件（图1.1.4），其中约 20％的单板是以横向胶合。这样增强了结构板的横向强度与刚度，以及板材的连接延性。在面板宽度方向发生含水率变化时，横向单板可以防止收缩和膨胀，并具有更好的尺寸稳定性。LVL-C 结构板或梁可广泛用于建筑中的水平与竖向承重构件，也可被设计用作大幅面承重楼面板或屋面板，起结构的支撑和稳定作用。LVL-C 结构板是楼盖、屋盖和墙体，以及预制房屋的理想构件。LVL-C 结构板可以裁切成现代木结构中各种特定尺寸与特殊形状（图 1.1.5）。

图 1.1.4　LVL-C 结构板

图 1.1.5　LVL-C 屋面板

LVL-C 的应用范围、特性与优点见表 1.1.2。

<table>
<tr><td colspan="2">LVL-C 的应用范围、特性与优点　　　　　　　　　　　　　表 1.1.2</td></tr>
<tr><td align="center">板的应用</td><td align="center">特性与优点</td></tr>
<tr><td rowspan="2">　1. 用于屋盖、楼盖和墙体结构的大幅面板产品
　2. 挑檐
　3. 预制屋盖、楼盖和墙体构件和模块
　4. 结构覆面板构件门板</td><td>　1. 稳固且结实：大跨度且挠度较小
　2. 大幅面尺寸：广泛用于各种建筑类型
　3. 安装效率：用于楼盖、屋盖和墙体的大幅面板覆盖面积比正常尺寸的木基板材更快，减少了施工现场所需的吊装数量
　4. 高而薄的梁：节能建筑
　5. 平直且尺寸稳定，不会翘曲或扭曲：提高施工质量
　6. 工厂干燥：现场收缩变形更小
　7. 定制产品尺寸和形状，减少浪费：广泛用于各种建筑类型；节约材料成本和制造时间</td></tr>
<tr><td align="center">其他应用</td></tr>
<tr><td>　1. 封边板
　2. 高椽梁
　3. 高过梁和顶梁
　4. 框架和桁架构件
　5. 古建筑加固
　6. 弯曲部件、自由梁和面板（CNC 加工）
　7. 混凝土模板</td><td>　8. 强重比高：轻质结构
　9. 可操作性强：易于安装、固定、钉接、钻孔和切割，无须特殊工具
　10. 连接的延性：提高安全性
　11. 窄面横纹受压稳固且结实：更好的建筑质量，变形更小，适用于狭窄支承
　12. 受力结构在横纹受拉作用下对开裂不敏感：连接安全
　13. 作为不同尺寸建筑物的支撑，与框架的材料无关：广泛用于各种建筑类型；可用于大窗口的开口</td></tr>
</table>

1.2　LVL 的应用

旋切板胶合木（LVL）可应用于低层建筑、多层建筑、大跨木结构以及其他特殊功能建筑，图 1.2.1～图 1.2.5 是各种应用的示意。

LVL 的其他常见应用包括了建筑工地的脚手架板、混凝土模板支承梁、门板、门框和窗框部件以及工字梁的翼缘。

图 1.2.1 为 LVL 在轻型木结构建筑中的应用，构件的具体应用见表 1.2.1。

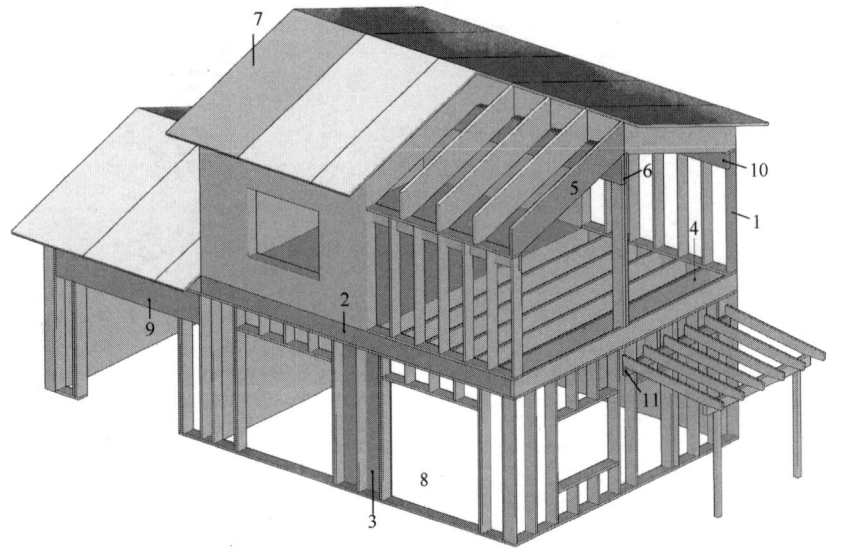

图 1.2.1　LVL 在轻型木结构中的应用

1—承重墙骨柱；2—封边板；3—支撑板；4—楼盖搁栅；5—屋盖椽条；6—双拼屋脊梁；
7—屋面板；8—地梁板；9—车库门上过梁；10—墙上过梁；11—雨棚梁

LVL 在轻型木结构中的应用　　　　　　　　　　　　　　　表 1.2.1

编号	构件名称	LVL 类型	特性与优点
1	承重墙骨柱	LVL-P	平直且尺寸精确
2	封边板	LVL-C	尺寸稳定，变形更小
3	支撑板	LVL-C	窄而坚固的面板，在没有大幅面板空间时用于墙体的大开洞附近
4	楼盖搁栅	LVL-P	稳固且结实
5	屋盖椽条	LVL-P LVL-C （用于截面高宽比大）	用于低能耗建筑的保温空间
6	双拼屋脊梁	LVL-P	稳固且结实
7	屋面板	LVL-C	安装快速、连接少，挑檐无须另外的支承
8	地梁板	LVL-P 或 LVL-C	适合墙骨柱尺寸，细构件减少沉降
9	车库门上过梁	LVL-P	适用于有大开洞处
10	墙上过梁	LVL-P	用于承受屋盖荷载，平直且结实
11	雨棚梁	LVL-P	竖直且刚性，易于操作

图 1.2.2 为 LVL 在多层木结构建筑中的应用，构件的具体应用见表 1.2.2。

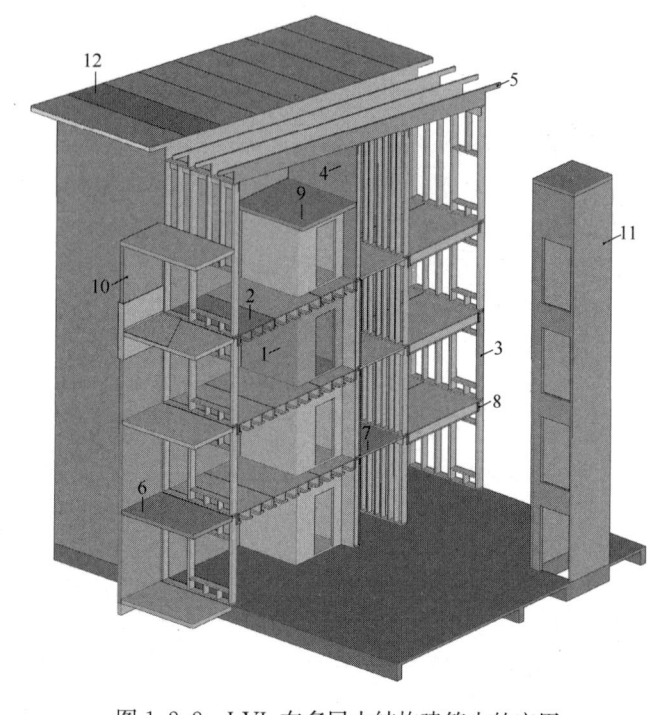

图 1.2.2　LVL 在多层木结构建筑中的应用

1——体化浴室模块；2—加肋组合楼盖；3—墙骨柱；4—承重墙板；5—屋盖梁/构件；6—阳台楼板；
7—走廊楼板；8—封边梁/过梁；9—夹层楼板；10—阳台封边墙；11—电梯井壁墙；12—屋面板

LVL 在多层木结构中的应用　　　　　　　　　　　　表 1.2.2

编号	构件名称	LVL 类型	特性与优点
1	一体化浴室模块	LVL-C	轻质结构，现场施工时间短
2	加肋组合楼盖	LVL-P 和 LVL-C	大跨度和合适的楼盖厚度
3	墙骨柱	LVL-P	用于非承重墙时尺寸较小，用于承重墙时尺寸较大；平直且尺寸精确
4	承重墙板	LVL-C	稳定、结实
5	屋盖梁/构件	LVL-P	低能耗建筑的保温隔热空间，可用于长度较长的屋盖梁/构件
6	阳台楼板	LVL-C	结构简单
7	走廊楼板	LVL-C	标准跨度，结构简单
8	封边梁/过梁	LVL-C	平直且结实，几何构件连接简单
9	夹层楼板	LVL-C	用于阁楼空间，构件高度较小，更好地利用房间高度
10	阳台封边墙	LVL-C	简单、结实
11	电梯井壁墙	LVL-C	板的尺寸可用于整个建筑高度或楼层层高的构件，并作为建筑支撑系统的一部分
12	屋面板	LVL-C	大幅面尺寸、安装快速、连接少

图 1.2.3 为 LVL 在多跨建筑中的应用。LVL 构件可与任何结构构件的主框架类型共同应用，如预制混凝土梁、钢桁架或胶合木梁。构件的具体应用见表 1.2.3。

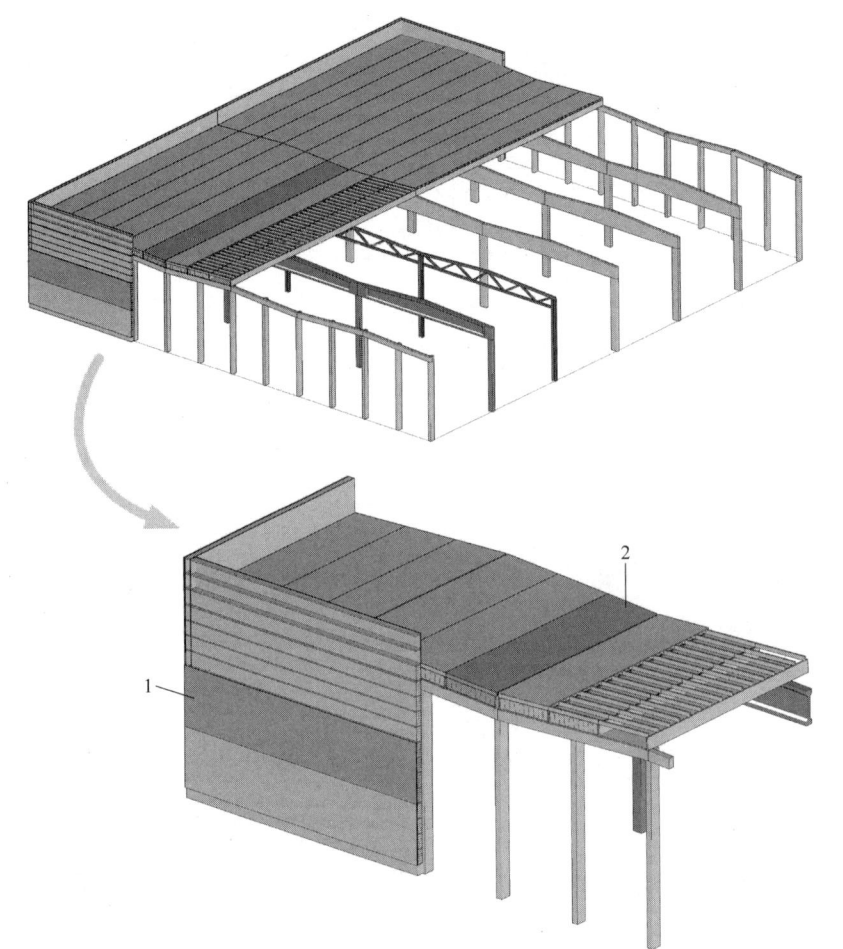

图 1.2.3　LVL 在多跨建筑中的应用
1—墙体构件；2—屋盖构件

LVL 在多跨建筑中的应用　　　　　　　　　　　　　　　　　　　　　　表 1.2.3

编号	构件名称	LVL 类型	特性与优点
1	墙体构件	LVL-C	可快速安装，现场施工时间短
2	屋盖构件	LVL-C	较长的构件可用于多跨度连续板，可快速安装，现场施工时间短；胶合箱形板构件可用于较大跨度

图 1.2.4 为 LVL 在大跨木结构建筑中的应用。LVL 构件可与任何结构构件的主框架类型共同应用，如预制混凝土梁、钢桁架或胶合木梁。构件的具体应用见表 1.2.4。

LVL 在大跨木结构中的应用　　　　　　　　　　　　　　　　　　　　　　表 1.2.4

编号	构件名称	LVL 类型	特性与优点
1	屋盖桁架	LVL-P	令人印象深刻的结构外形

续表

编号	构件名称	LVL 类型	特性与优点
2	柱	LVL-P	与 LVL 屋盖桁架配合使用
3	门式框架	LVL-P 或 LVL-C	建筑空间的净高大
4	门窗洞口过梁	LVL-P	稳固且结实
5	檩条（单跨）	LVL-P	稳固且结实
6	檩条（多跨）	LVL-P	可用的长度较长
7	屋盖承重面板	LVL-C	简单且坚固
8	墙骨柱	LVL-P	用于较高的墙体，平直且精确
9	墙体横梁	LVL-P	用于主框架之间的间距较大时
10	承重墙板	LVL-C	简单且坚固

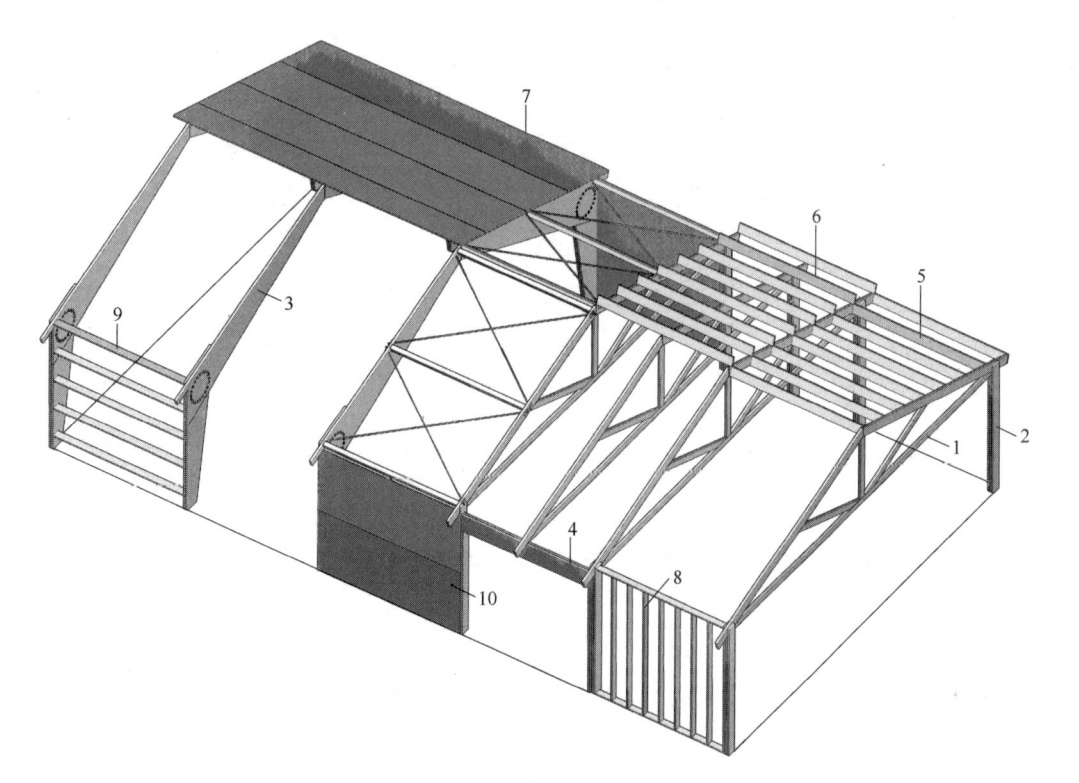

图 1.2.4　LVL 在大跨木结构建筑中的应用

1—屋盖桁架；2—柱；3—门式框架；4—门窗洞口过梁；5—檩条（单跨）；6—檩条（多跨）；
7—屋盖承重面板；8—墙骨柱；9—墙体横梁；10—承重墙板

　　图 1.2.5 为 LVL 在既有建筑的改造中的应用。图 1.2.5（a）为采用 LVL 梁加固楼盖，图 1.2.5（b）为采用 LVL 桁架加固屋顶空间的阁楼框架。

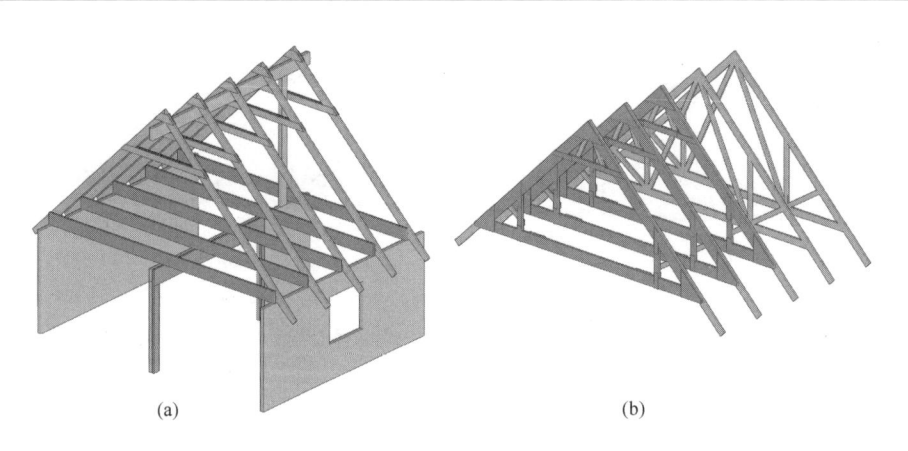

(a) (b)

图 1.2.5　LVL 在既有建筑改造中的应用

1.3　建筑师和结构设计师对 LVL 的评价

1.3.1　建筑师对 LVL 的评价

从设计师的角度来看，木结构建筑给设计师提供了一次与众不同的机会，即利用木材的自然结构特性来创造辨识度高且独特的自然建筑。与此同时，作为一种建筑材料，木材是多功能城市设计的理想选择，并为现代生命周期的生活方式提供了可能性。

木材是唯一可再生的建筑材料，其使用可减缓气候变化。木质承重结构可创造宜人的环境、健康的室内空气和舒适的声学效果。工厂生产带来的高预制率可缩短施工现场的建造时间。作为一种建筑材料，木材为建筑物在全生命周期内灵活调整建筑布局提供了极好的机会。

在欧洲，大多数项目中的结构体系是基于大型木框架板式构件建造的。每个项目都涉及各种建筑组件的产品研发，这使建筑师能够对每种情况优化最佳解决方案和结构体系。例如，工程实践中用 LVL-C板式结构替代了混凝土电梯井，并采用工厂制作的 7m 跨度的 LVL 组合构件建造中间楼盖，并开发出通过在楼板上预安装干式找平面板来达到所需的隔声质量的楼板组件，这就进一步提高了预制率且最大限

图 1.3.1　工厂生产的 LVL 空间组合单元
（BoKloK，Vantaa，芬兰）

度减少了现场工作量。

1.3.2 结构工程师对 LVL 的评价

作为专注于木建筑的结构设计师，基本会选择全木结构或木混合结构两种建筑结构形式。从单户住宅到多层木建筑以及工业大跨建筑，目前的结构设计涵盖了所有类型的木建筑。教堂与历史建筑的修复，以及新建筑的塔楼也是结构工程师设计项目的一部分。结构工程师通常会为工厂制造准备好加工准则和生产图纸，有时还包括计算机数控（CNC）加工需要的转换文件。通过这种方式工程师能参与整个施工过程，也能从实践中获得许多关于结构技术可行性、装配与成本效率的反馈。

工程师将 LVL 应用于各类项目中，如在既有木楼盖的维修与加固时，小截面的 LVL 可用来加强既有搁栅。此外，工程师们还经常使用肋板或箱形板式结构来建造轻型大跨度楼盖。在正交胶合木（CLT）建筑中，将 LVL 用作小截面、承载力高的过梁。有时，也将 LVL-C 板直接用作没有墙骨柱或搁栅的墙体或楼盖。设计师希望前侧屋顶是用薄型结构板形成的长出檐，而 LVL-C 板因具有优于其他多数结构板材的强度性能而适用于此。LVL-C 板的高强度应归因于其单板叠层胶合结构，这样就消除了木节等个别缺陷的影响。而带有横向单板的旋切板正交胶合木（LVL-C）具有比实木更好的抗裂能力，因此选择 LVL-C 制作横纹受拉构件而无须额外的增强措施。

LVL 显著地丰富了木基材料的产品应用范围。如图 1.3.1 为采用工厂生产的 LVL 空间组合单元，图 1.3.2 为采用 LVL 建造多层建筑。

图 1.3.2　Honkasuo LVL 多层建筑
（Helsinki，芬兰）

1.4　LVL 的历史、用量和原材料

1.4.1　工程木制品 LVL 的全球应用历史

自 20 世纪初，平行定向胶合板制品一直用于家具业。旋切板胶合木（LVL）的应用历史可以追溯至 20 世纪 70 年代，在北美由彼得·科赫（Peter Koch）和美国农业部（USDA）森林产品实验室研发的单板木梁。Trus-Joist（Weyerhaeuser）公司的 Al Troutner 创建了第一条 LVL 制造的商业化方案。1975 年，芬兰 MetsäliitonTeollisuus Oy（Metsä Wood）公司开发了欧洲第一条商业化 LVL 生产线。Metsäliitto 公司继续发展自己的制造理念，之后由另一家芬兰的 Raute Oyj 公司进一步发展，现在 Raute Oyj 公司是全球领先的 LVL 加工机械供应商。此后，LVL 的产量持续增长，如今遍布于全球 4 大洲、10 个国家的 30 个工厂每年生产约 400 万 m³ 的 LVL（图 1.4.1）。此外，还有不少生产非结构用 LVL 的小型工厂。

图 1.4.1　LVL-P 梁和 LVL-C 结构板

全球 LVL 年生产产量分布见表 1.4.1，1965～2020 年全球结构用 LVL 产量的发展见图 1.4.2，2011～2017 年市场结构用 LVL 产量分布见图 1.4.3。

全球 LVL 年生产量分布　　　　　　　　　　表 1.4.1

欧洲地区			北美地区			亚洲和大洋洲地区		
生产商	工厂数量	生产量（1000m³/年）	生产商	工厂数量	生产量（1000m³/年）	生产商	工厂数量	生产量（1000m³/年）
Metsä Wood	2	300	Boise Cascade	3	890	JNL	2	140
Steico	1	160	Weyerhaeuser	4	530	Carter Holt Harvey	1	100
Stora Enso	1	100	Lousiana Pacific	2	260	Nelson Pine	1	100
MLT	1	100	Pacific Woodtech	1	220	First plywood	1	100

续表

欧洲地区			北美地区			亚洲和大洋洲地区		
生产商	工厂数量	生产量（1000m³/年）	生产商	工厂数量	生产量（1000m³/年）	生产商	工厂数量	生产量（1000m³/年）
Pollmeier	1	80	Roseburg	1	200	Wesbeam	1	60
LVL Ugra	1	40	Forex Amos Inc.	1	140	Keyteck	1	60
			Murphy	1	120	Shin Yang	1	20
			West Fraser	1	90			
			RedBuilt	1	70			
			Global LVL	1	20			
总计	7	780		16	2540		8	580

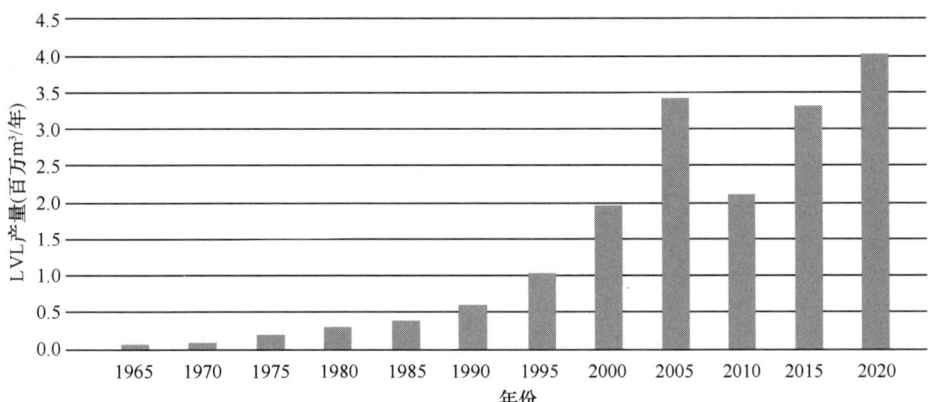

图 1.4.2　1965～2020 年全球结构用 LVL 产量的发展

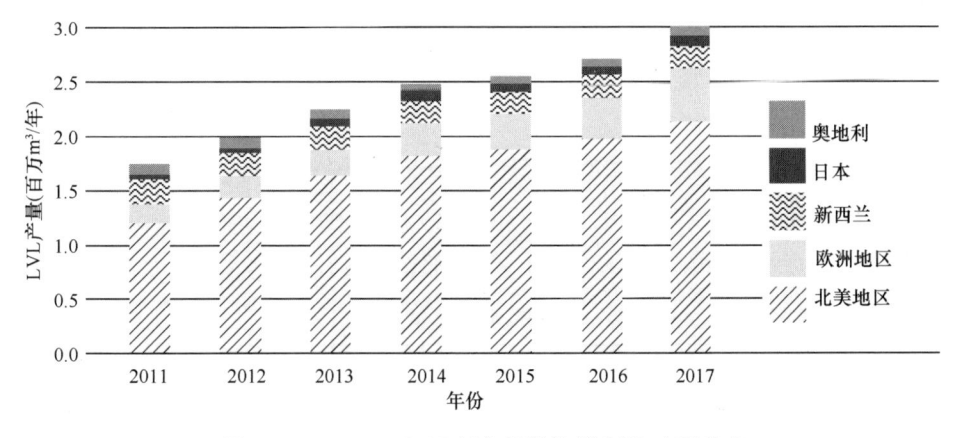

图 1.4.3　2011～2017 年市场结构用 LVL 产量分布

1.4.2　材料利用率

旋切板胶合木（LVL）发展的最初动力是木材原材料的高效利用。首先，成品尺寸不受原材料尺寸限制，即使是小径级原木也可以用来生产较长的 LVL 梁；其次，LVL 产品的单板叠层结构消除了木节等自然缺陷影响，形成具有优异结构性能的均质材料。这就意味着不适合进行锯解的原木也可作为生产 LVL 的原材料；最后，LVL 是按精确尺寸制造，能够最大限度地减少横切和锯解的材料损耗，也可通过调整生产工艺参数控制产品性能。在现代生产过程中，生产 1 m³ 的 LVL 成品大约需要 2.5m³ 的去皮原木（图 1.4.4），这与其他用于承重结构的木制品相比是高效的。此外，有别于锯材生产，LVL 终端产品几乎包含所有预期的产品等级和尺寸。

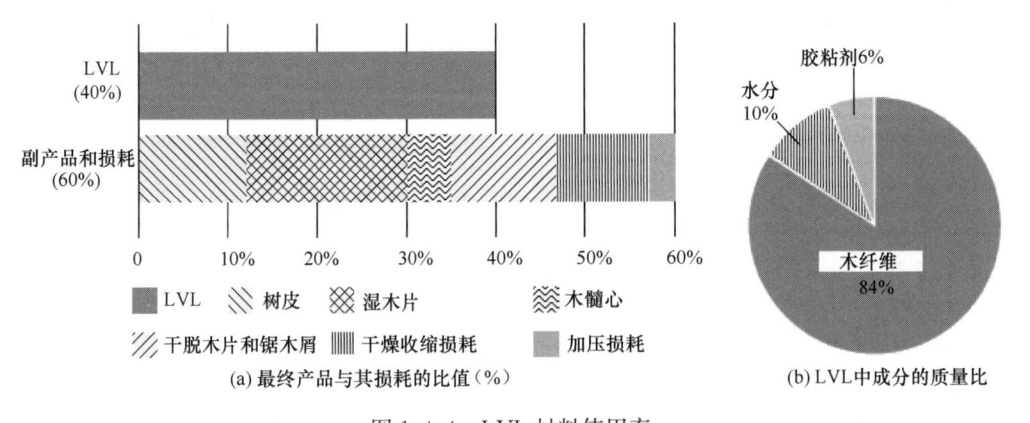

图 1.4.4　LVL 材料使用率

锯材是由心材和边材的混合物构成，1m³ 干燥的锯材需要约 2.0m³ 的去皮原木，相应地胶合木（Glulam）和正交胶合木（CLT）则需要 2.6m³～2.8m³ 去皮原木。

1.4.3　用作 LVL 的木材树种

旋切板胶合木（LVL）通常由针叶材制成，在欧洲常用云杉和赤松。云杉具有最佳的强重比，且其树脂含量低也有利于生产。另外，赤松单板密度较高，其产品的力学性能也略有提升。一些欧洲的 LVL 制造商也有采用榉木和桦木的阔叶树种来制作 LVL。由于木材密度较高，阔叶材制作的 LVL 力学性能更好。但较高的密度会带来额外的加工要求，如螺钉连接就可能需要预钻孔。在潮湿条件下，阔叶材制作的 LVL 表面也更易于霉菌的生长。

北美 LVL 制造商采用多种松木、花旗松、西部铁杉、黄杨和红枫，澳大利亚的 LVL 是采用多种松木和红桉（桉木）制成的，而日本 LVL 是采用落叶松和日本雪松（日本柳杉）制成的，其他具有一定力学性能和胶合性能的树种也可以采用。

1.4.4　LVL 的耐久性与惰性胶合

在结构 LVL 中，旋切单板是采用耐候、耐沸酚醛胶粘剂（PF）胶合在一起，该胶粘剂在热压过程中发生固化。固化后的胶粘剂转变为耐高温的惰性聚合物，不易溶解且不与周围环境中其他材料发生反应。LVL 还满足最严格的甲醛排放要求，其排放量比欧洲 EN 717-1 标准的 E1 级的限值还低 3 倍。胶粘剂在 LVL 中的干固含量约为 30kg/m³，即按质量计算约为 6%。

1.5 LVL可持续建筑

1.5.1 可追溯的原材料和可持续资源

可持续森林管理和森林产品利用在减缓全球变暖与实现气候政策目标方面发挥关键作用。减缓森林气候变化的方案包括：减少因森林砍伐和森林退化而产生的温室气体排放，提高现有森林和新森林的固碳率，供应木材剩余物作为化石燃料替代品以及在建筑领域用木制品替代不可再生及高能耗材料。

1. 木材来源的尽职调查

尽职调查系统通过核实木材原料来源将木材及其木制品与其他建筑材料区分开来。欧洲颁布《欧盟木材法规》（第995/2010号），以确保所有从内部或外部投放到欧洲市场的木材都能够涵盖在尽职调查系统中，以验证木材的合法来源。其目的是禁止任何含有违反国家或国际法律采伐的木材原料的产品进入欧盟市场。该法规涵盖了圆木、实木、工程木、纸浆、纸张及木板等所有木材和木制品。

《欧盟木材法规》涵盖了整个木材价值链，在欧洲市场销售木制品的"经营者"必须向欧盟国家木材监管机构证明其木材的合法性，因此，尽职调查系统包括获取木材来源信息、风险评估和风险缓解措施。根据尽职调查要求供应链监管系统（如PEFC™和FSC®）应获得第三方认证。

2. 推广可持续认证森林管理

欧洲LVL制造商在森林认证方面处于有利地位，因为欧洲森林拥有者一直积极地采用森林认证系统（最常见的是PEFC™和FSC®）。森林认证系统为可持续森林管理措施以及从森林到产品的供应监管链提供第三方认证，其中包括可持续采伐措施、森林再生措施、生物多样性的保护、森林的休闲及多样性使用、社会可持续性、员工培训以及职业安全。

为使木制品获得PEFC™或FSC®标识，须至少70%的木材原料来自于经认证的森林。当采用非认证木材来生产认证木制商品时，该木材还须产自经特定尽职调查系统所核实的森林。

1.5.2 可持续的生命周期

木制品为建筑提供可再生和可持续的解决方案，与不可再生的建材相比，可再生的木材对全球变暖的影响较小。大气、生长的树木与木制品之间的无限碳循环将可再生木材与不可再生材料区分开来。

生命周期评估（LCA）是一种从原料提取到产品处理的全生命周期来评估产品或系统对环境影响的全面方法（图1.5.1）。LCA的原则已经通过国际标准ISO 14040和ISO 14044得到国际的认可和标准化，这使得第三方能够对生命周期计算进行验证。在产品或系统的整个生命周期中，LCA编译并评估产品或系统的输入、输出和潜在的环境影响。LCA帮助制造商识别改善产品环境和气候性能的机会，并告知客户和利益相关者。LCA包括四个步骤：确定目标和范围、材料和能源流动清单、评估影响以及结果说明。

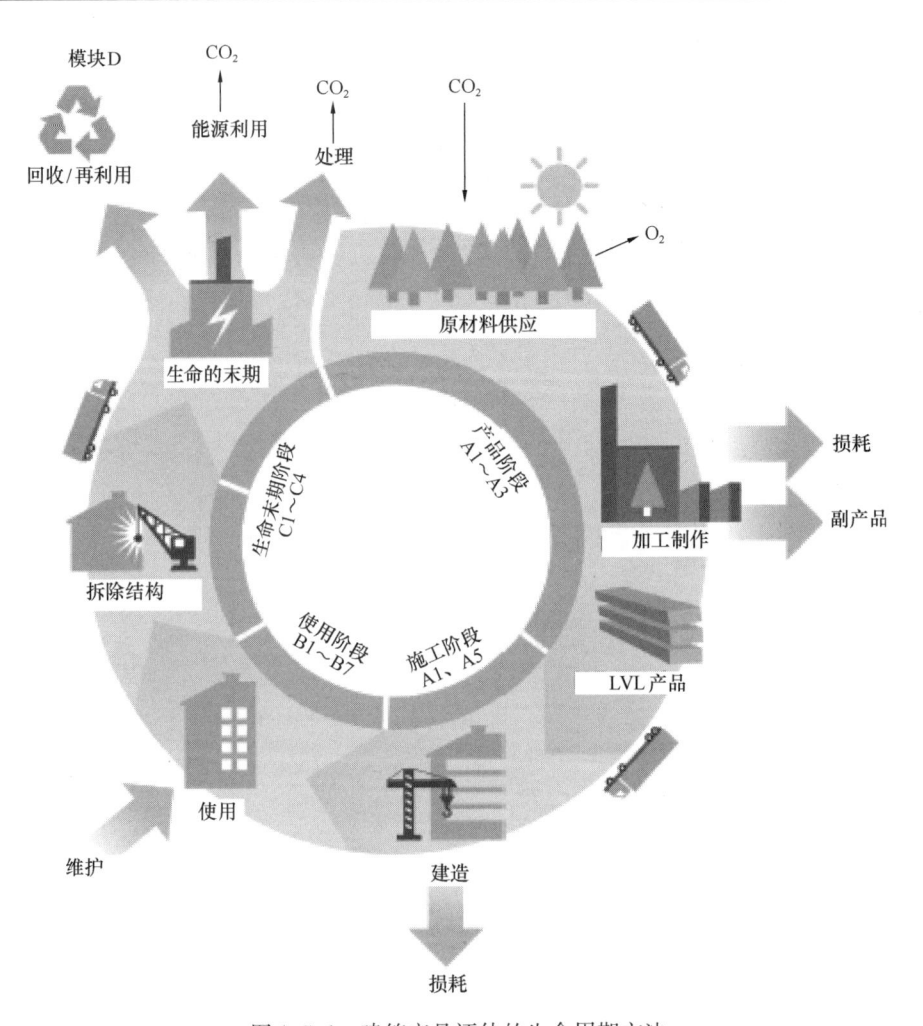

图 1.5.1　建筑产品评估的生命周期方法

1.5.3　建筑和建筑产品的环保性能

欧洲标准系列《建筑工程的可持续性》CEN/TC 350（"Sustainability of Construction Works" CEN/TC 350）指导了对建筑物和建筑产品可持续性的评估。该标准系列旨在加强对环境影响尽可能小的产品与建筑的供求。建筑物的环保评估是基于全生命周期方法，包括并评估了建筑物生命周期的每个不同阶段（图 1.5.1）。

在产品和使用层面，环保产品声明（EPD）采用生命周期评估方法并呈现产品全生命周期的量化环保信息。EPD 能够在建筑层面对相同功能的不同产品进行比较。对于 LVL，最适合在结构类型方面进行比较，例如相同承载力和刚度的结构。欧洲标准 EN 15804 为建筑产品或建设服务的环保产品声明提供了产品分类规则（PCR）（表 1.5.1）。欧洲标准 EN 16485 中则提供了生物碳含量的计算原则。

环保产品声明 EPDs 最常用的环保指标是全球变暖潜势（GWP），也称为碳足迹。GWP 反映了某产品全生命周期各阶段的温室气体排放量，其主要是原材料供应阶段的化石燃料使用和生产阶段的能源使用的结果（即表 1.5.1 中 A1~A3）。

基于 EN 15978 的建筑环保评估生命周期阶段　　　　　　表 1.5.1

生命周期阶段		模块	
建筑生命周期信息	产品阶段	A1	原料供应
		A2	运输
		A3	生产
	施工过程阶段	A4	运输
		A5	施工安装过程
	使用阶段	B1	使用
		B2	维护
		B3	维修
		B4	替换
		B5	翻新
		B6	运营耗能
		B7	运营用水
	生命末期阶段	C1	解构、拆除
		C2	运输
		C3	废物处理
		C4	清除
系统边界外的其他信息	潜在的效益和负担	D	重复利用、回收、循环利用的潜能

在建筑层面，EN 15978 标准为新建筑和既有建筑的环保性能评估提供了系统的计算规则。木结构建筑的环保性能主要来自于它们的自重轻（与其他建筑材料相比）、材料和建筑物的节能效率、木材终身的碳储量以及木材的可再生与可持续的资源。木结构建筑显然与其他建筑一样具备 50～100 年的使用寿命，而通过恰当的设计和良好维护，其使用寿命可达 100 年甚至更长。

1.5.4　LVL 对全球变暖的影响

LVL 的制造通常消耗的是可再生能源（图 1.5.2），这与其他建筑材料相比，降低了温室气体排放，减缓了全球变暖趋势。此外，LVL 存储了约木材干重 50％的生物碳。这些生物碳在其全生命周期中被储存在 LVL 中，直到它被释放回大气中又被成长中的下一代树木所吸收。

当 LVL 用于建筑承重结构时，LVL 的全球变暖潜能值（GWP）已由制造商确定如下：

（1）在不同的生产单位，原材料的提取和能源使用是相似的，但是不同单位和国家使用的能源组合不同。能源组合会影响生产阶段的温室气体排放（模块 A1～A3）。生物碳含量单

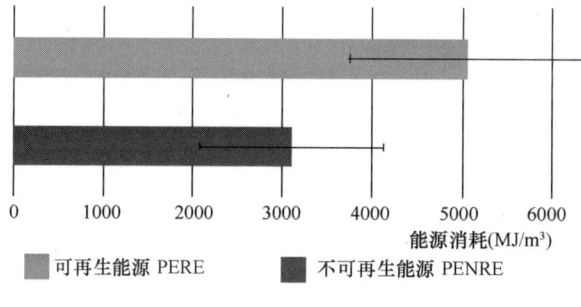

图 1.5.2　LVL 生产阶段（A1～A3）使用的主要能源
（包括可再生能源和不可再生能源）

可再生能源 PERE　　不可再生能源 PENRE

独给出。

（2）施工阶段（模块 A4～A5）包括到中欧市场的运输和正常的施工。

（3）使用阶段（模块 B1～B7）被认为可忽略不计。

（4）生命末期阶段（模块 C1～C4）考虑将 LVL 作为能源使用。

（5）模块 D 的其余好处，主要基于具有生物能源替代效应，与典型的局部能源组合相比，当 LVL 在使用生命末期时可作为生物能源被利用。

源于生物的全球变暖潜能值（GWP）是指生物碳在生产阶段储存和生命末期释放的总和。整个生命周期的总和接近于零。

化石能源的全球变暖潜能值（GWP）的综合结果表明，生产阶段（A1～A3）占比 90%（图 1.5.3），建造阶段（A4～A5）占 10%，生命末期阶段（C1～C4）占化石能源 GWP 的 2.5%。在模块 D 中，GWP 效益表示为生物能源替代的化石燃料的数量。

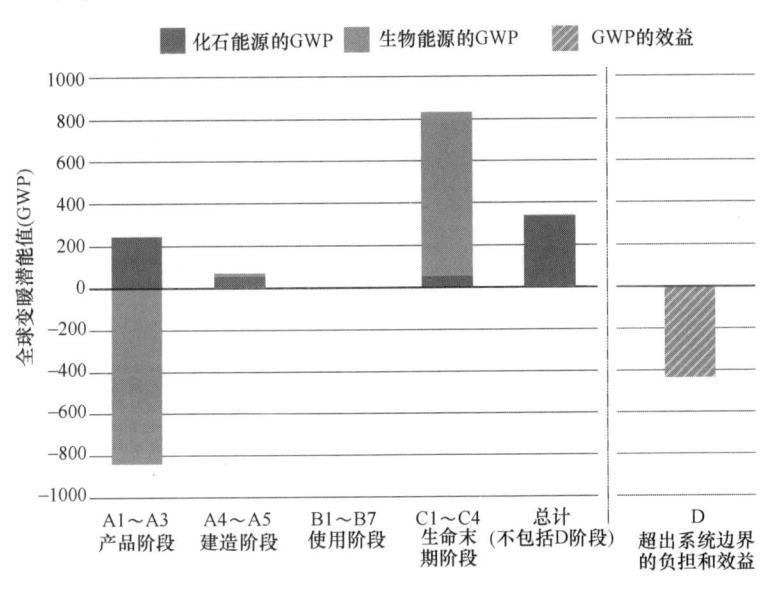

图 1.5.3　LVL 不同阶段的全球变暖潜能值

1.5.5　建筑对全球变暖的影响

建筑的生命周期涵盖了从"摇篮到坟墓"的所有生命周期阶段，也包括建筑生命周期以外的效益和负担。这些生命周期阶段以模块 A1～C4＋D 表示（见本指南图 1.5.1 和表 1.5.1）。木框架建筑和混凝土框架建筑的环保性能的评估，是基于芬兰一个通用的建筑类型（4 层住宅建筑）。评估是根据欧洲标准 EN 15978 进行的，具体假设见表 1.5.2。

木框架建筑和混凝土框架建筑的方案		表 1.5.2
项目	混凝土框架建筑	木框架建筑
系统边界	4 层住宅建筑，总建筑面积 1922m²，混凝土结构，木屋盖结构，包括的所有设备装置（暖通空调、管道、电力），能源供应基于芬兰的平均热量和电力	4 层住宅建筑，总建筑面积 1922m²，底层混凝土结构，其他楼层为木结构，包括的所有设备装置（暖通空调、管道、电力），能源供应基于芬兰的平均热量和电力

续表

项目	混凝土框架建筑	木框架建筑
参考期	50 年	50 年
使用期间	窗户更换过 1 次	窗户更换过 1 次，每 10 年对外装饰层（木材）进行喷漆
生命末期	混凝土：地面施工的粉碎和回收 木材：碎屑和能量回收	混凝土：地面施工的粉碎和回收 木材：碎屑和能量回收
超出系统边界范围的效益和负担（模块 D）	混凝土：碳化 木材：生物能源碳排放量与天然气排放量相比	混凝土：碳化 木材：生物能源碳排放量与天然气排放量相比

木框架建筑的整个生命周期及后期的全球变暖潜能值为二氧化碳用量 $798kg/m^2$，混凝土框架建筑的全球变暖潜能值为二氧化碳用量 $1022kg/m^2$（图 1.5.4）。

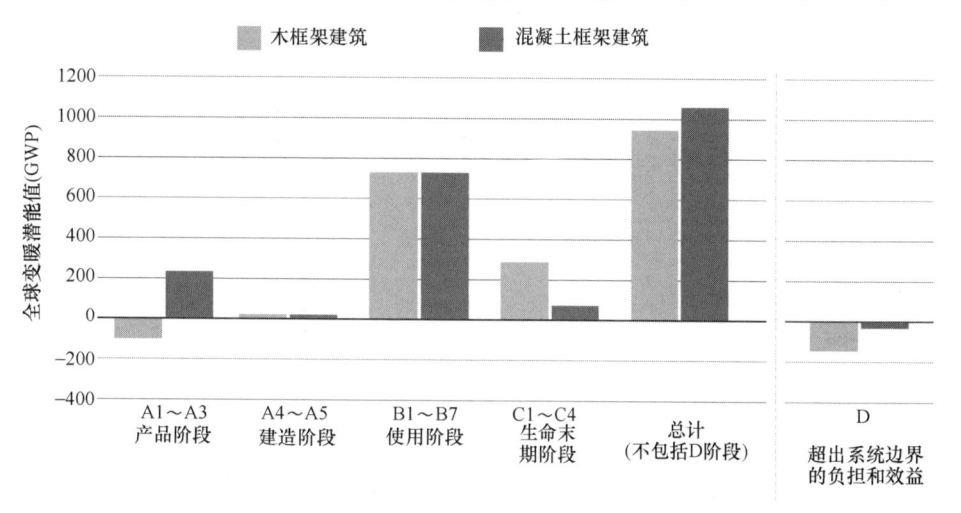

图 1.5.4　木框架建筑与混凝土框架建筑的全球变暖潜能值（GWP）

1.6　LVL 的生产

LVL 的生产过程遵循严格的质量标准并由检验员进行审核，从而确保成品可安全使用且满足规定的终端使用要求。LVL 是将旋切木单板叠层胶合制成的均匀的木质板材，该工艺将木材原材料中的自然缺陷分散在整个产品中，从而消除了任何单独的薄弱环节。图 1.6.1、图 1.6.2 简化的生产示意说明了工厂内的 LVL 生产过程。

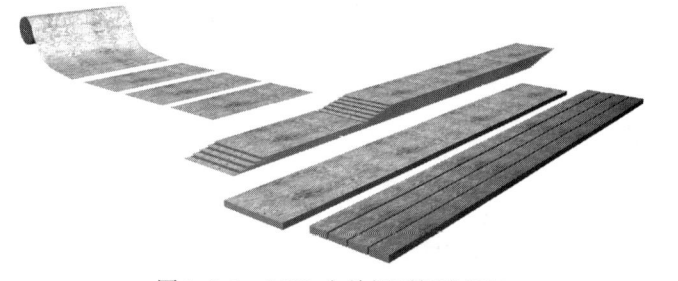

图 1.6.1　LVL 由单板到标准板坯

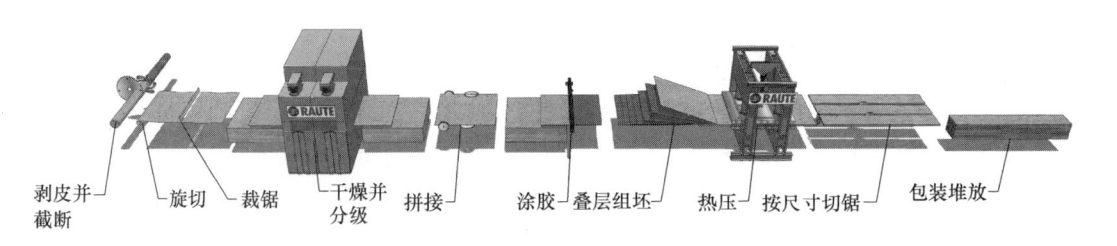

剥皮并　旋切　裁锯　干燥并　拼接　涂胶　叠层组坯　热压　按尺寸切锯　包装堆放
截断　　　　　　　　分级

图 1.6.2　LVL 生产过程示意

原木以特定长度从森林运到工厂，将原木去皮、修整并切割成原木段。在旋切线上，将原木段旋切成单板坯。将湿单板裁成一定尺寸，必要时进行干燥、分级和组坯。然后，将胶粘剂涂在每张单板的上表面，将单板叠层组坯形成 LVL 板坯。在热压中，胶粘剂固化并将单板胶合在一起。最后，在堆垛和包装前，对形成的 LVL 板进行修边或按尺寸裁切特定规格（如按特定的梁高）。

每 $1m^3$ LVL 大约需要 $2.5m^3$ 去皮原木，这与生产胶合板所需原材料量相当。而 LVL 生产过程产生的副产品要比最终产品还多（图 1.6.3），但这些副产品不会被浪费，它们被转售用于生产纸浆、纤维板和其他木制品，甚至用于能源生产和装饰用途，生产过程中残余胶粘剂也可在工厂内重复利用。

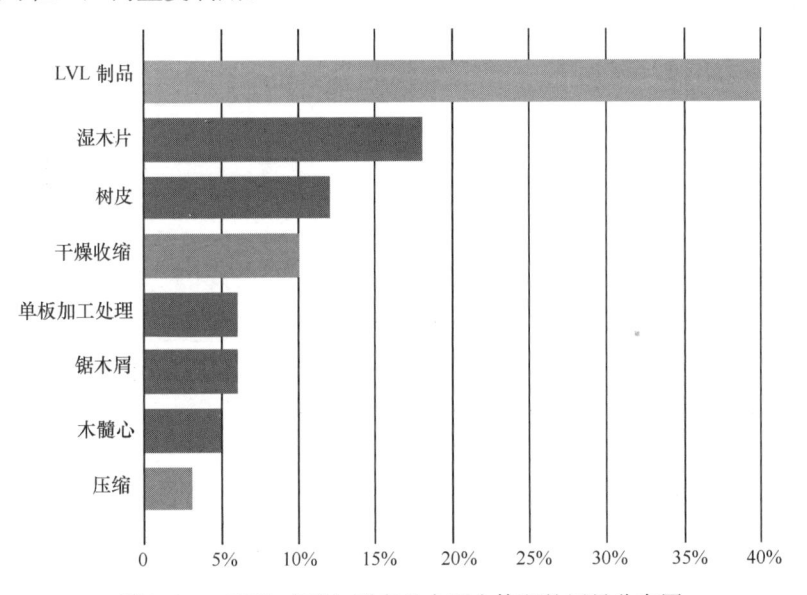

图 1.6.3　LVL 产品与副产品占原木体积的用量分布图
（包括收缩损耗和压缩损耗）

1.6.1　原木到原木段

为了保证高质量的原材料，原木在被采伐后立即被运送到 LVL 生产工厂。图 1.6.4 所示为森林中采伐原木。在工厂堆场，会对原木堆进行喷水来避免干燥开裂以及害虫侵袭。

在自动锯切线上将原木切割成所需长度的原木段，并将其传送到剥皮机。剥皮机将树皮剥离至树木的形成层，使原木段没有树皮。在剥皮过程中，应避免对原木段表面造成伤害，因为旋切时木材最外层的单板质量最好。

调温调湿会提高原木段内部的温度使其软化而易于旋切（图1.6.5）。在北方冬季环境下，将原木浸泡在有覆盖物和具有加热条件的调理池内进行软化。

图1.6.4　原木采伐　　　　　　　　　　　图1.6.5　从调理池中提取原木段

1.6.2　原木段到单板

由斜梯式输送机将原木段逐一提升到定心机上，以进行XY定心（图1.6.6）。原木段定心机在优化原材料利用率和单板产量方面发挥着关键作用。为了从原木段中得到最大数量的单板，原木段在车床主轴之间采用高精度激光测量进行最佳的定心对准。

在旋切机中，去皮原木段以恒定的速度在主轴之间旋转，同时刀座向原木段芯部移动（图1.6.7）。对于LVL的生产，针叶材单板的标准厚度为3mm。根据欧洲标准EN14374，结构LVL中的单板最大厚度为6 mm。单板是通过控制刀刃和固定辊压轴之间的间隙来加工得到。刀刃的间隙小于单板厚度，以确保足够的压力和高质量单板。图1.6.8为单板旋切生产线示意，从原木段定心（图下）到单板裁切和堆叠（图上）。

图1.6.6　XY激光定心装置　　　　　　　　图1.6.7　旋切方法示意

彩色摄像技术被用来识别和分析单板上的木节、孔隙、裂缝、树皮和腐朽等微小细节，基于摄像分析，系统会优化单板的切割点，然后将单板裁切成片状，并根据预先设定的参数切除开裂、毛边和大孔洞等缺陷。

图 1.6.8　单板旋切线生产线示意

旋切下的单板按其尺寸和含水率被堆叠在不同的堆垛箱中，而由于针叶材的含水率变化范围很大，从 30% 到超过 150% 不等，所以通常将针叶材单板分为 2～3 个含水率等级。根据含水率来分类单板，可以提高干燥效率并达到加工所需的最终含水率。

1.6.3　单板干燥和分级

干燥处理的目标是将湿单板干燥至适合胶合的含水率，单板水分过高不利于胶合，并在热压过程中将产生蒸汽，通常设置的目标含水率低于 5%。通过自动调节可将烘干机内部的速度、温度和湿度保持在最佳水平。干燥单板所需的能量可以由工厂的副产品产生。图 1.6.9 为单板干燥线示意。图 1.6.10 为单板干燥机进料口。

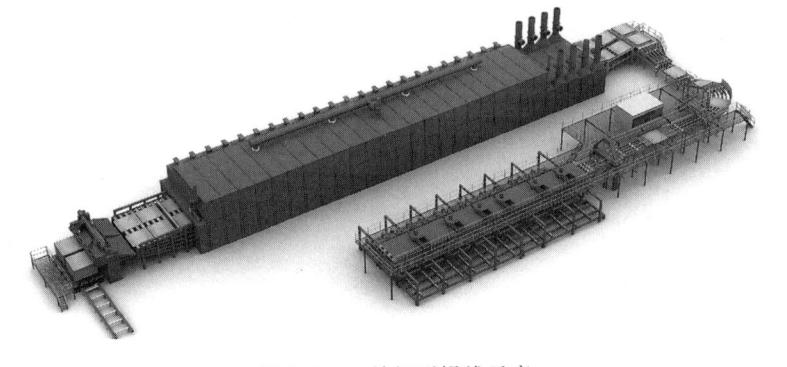

图 1.6.9　单板干燥线示意

全自动机器扫描系统随着加工快速分析单板的缺陷，如木节、开裂、断裂、微裂缝、腐朽、树脂孔和色变（图 1.6.11）。图像数据以毫秒为单位进行分析，并用于将单板堆叠到不同堆垛箱中（图 1.6.12）。干燥后的单板进行含水率测量，以确保达到目标含水率。根据射频分析和超声传播的时间，对单板进行密度测量和强度分级。

图 1.6.10 单板干燥机进料口

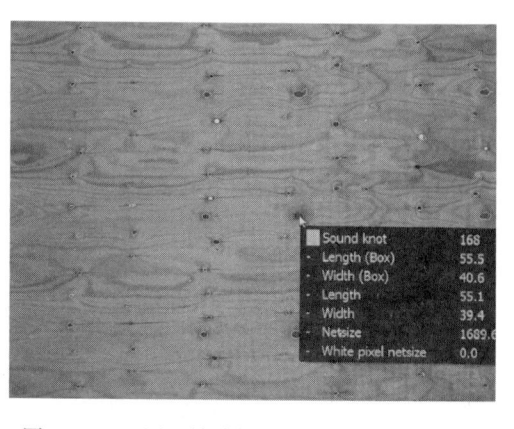

图 1.6.11 用于缺陷扫描分析的 VDA 摄像图

不同尺寸的单板片（即"木片"）可以组成所需宽度的组合单板。组合单板作为中间的芯板使用，其目的是通过最大限度地利用剥皮后的木材，以便提高单板的产量。可以从旋切线和干燥线上收集到零碎的单板片。单板可以由湿的或干燥的单板片拼接。拼接时，这些单板片通过胶粘剂或胶带黏合在一起，以形成完整尺寸的单板用于生产 LVL（图 1.6.13）。

图 1.6.12 单板堆垛箱

图 1.6.13 拼接单板

在单板的拼接生产线上（图 1.6.14），将全自动机器扫描系统分析获得的单板缺陷进行裁剪，并进行重新拼接，图 1.6.15 为单板拼接示意。

最后，单板经过干燥和分级后再进行储存（图 1.6.16）。

1.6.4 组坯和热压

胶粘剂是由树脂、固化剂和水在现场混合而成的。在 LVL 的生产中，每一立方米的 LVL 大约需要干重 30kg 的酚醛树脂胶。

单板所需要的长度和适当的粘接缝是通过两块单板采用斜搭接来实现的。将斜搭接的单板送入组坯线上，在一侧胶合后（图 1.6.17），再将接缝错开铺设，形成连续的 LVL 坯体。单板通常按顺纹方向进行组坯，但在某些产品中，部分单板是采用横向铺设的。LVL 通常由奇数层组坯制作，也可生产构造特殊的产品来满足特定的终端使用需求。

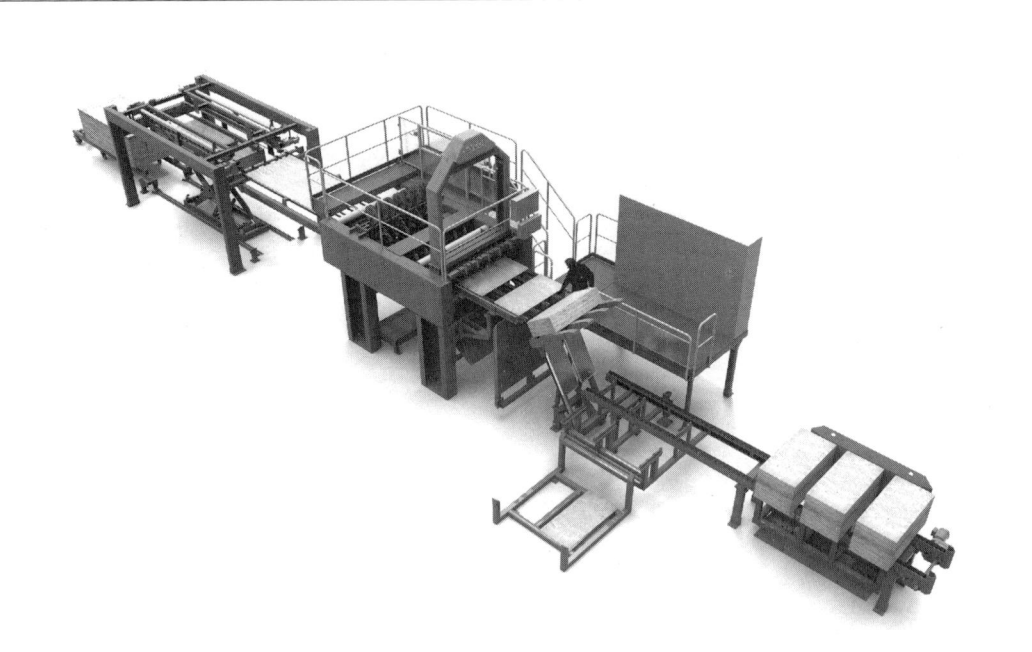

图 1.6.14　湿单板拼接线

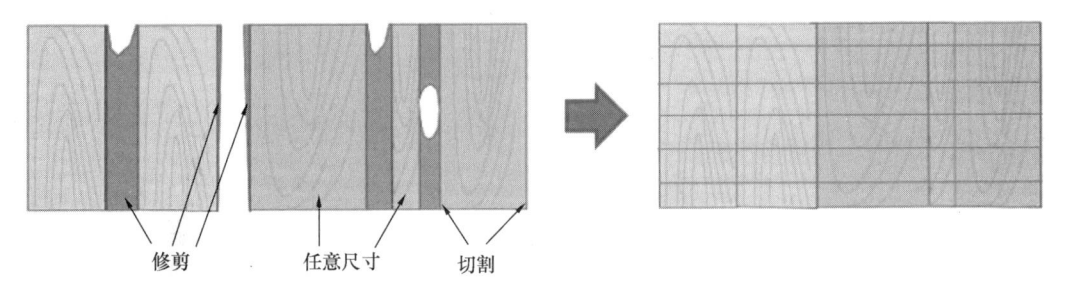

修剪　　　任意尺寸　　　切割

图 1.6.15　湿单板拼接示意

图 1.6.16　单板经过干燥和分级后的储存

图 1.6.17 斜搭接的单板端部

在单板组坯生产线上（图 1.6.18），当单板通过带式传输机移动时，自动涂胶机将胶粘剂涂在单板的上面一侧（图 1.6.19），并且，单板边缘以约 120mm 的间距错开进行铺设（图 1.6.20）。由此形成的单板拼接缝交错连接，最大限度地提高了 LVL 的强度性能。

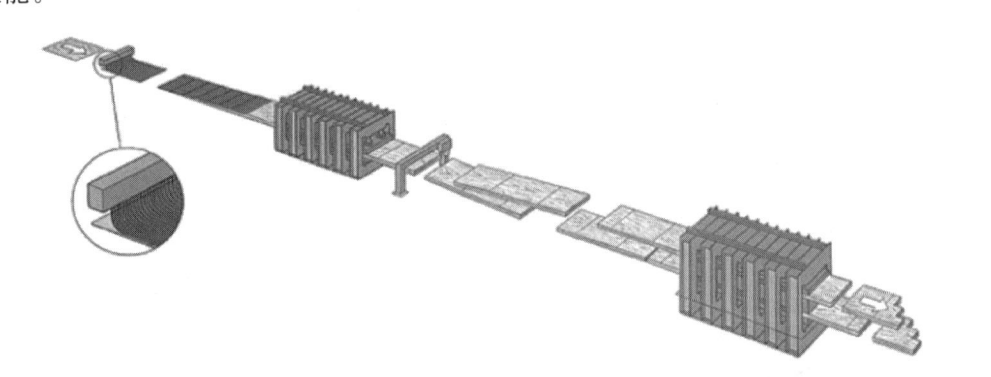

图 1.6.18 单板组坯生产线

图 1.6.19 自动涂胶机进行涂胶（LEG）

图 1.6.20 单板边缘错开铺设

图 1.6.21 单板组坯预压(冷压)

单板涂胶组坯后,需要进行板坯的预先冷压,使胶水均匀地分布在单板之间(图 1.6.21)。

热压通常是持续进行的,以满足产品长度的变化,LVL 的最大长度(18~25m)主要受限于生产厂房的空间或交付给用户的道路条件。热压必须保证所有胶层达到适当的固化温度,一旦固化后胶粘剂就会变得耐熔且不溶于水,即耐候性很强。酚醛树脂胶的热压时间取决于产品厚度,从 15~90min 不等,长时间的高压会压缩木材纤维,从而导致产品密度较高。

图 1.6.22 为单板热压生产线,图 1.6.23 为 LVL 坯体进入三层热压机。

图 1.6.22 单板热压生产线

图 1.6.23 三层热压

1.6.5 成品

LVL 板通常根据客户要求的宽度和长度规格来切割成相应的尺寸。此外,LVL 表面可以采用砂光或以其他方式进行处理。一些制造商也用门式锯切设备进行斜切、对角线切割或倒角切割。图 1.6.24 为 LVL 锯切和包装生产线。

图 1.6.24 LVL 锯切和包装生产线

最后，完好的包装可以保护成品板不受污染、潮湿和搬运损伤，使其保持平直，便于从工厂到客户的运输过程中的存储和搬运。图 1.6.25 为包装后的 LVL。

图 1.6.25　包装后的 LVL

1.6.6　生产小结

LVL 的均质构造及优化的生产工艺使其可在几乎没有原材料损耗的情况下按尺寸切割成多种结构与产品。单板旋切系统确保原木的最佳性能得到最高效的利用。随着市场上新的制造商的出现，全球产量不断增加，供应情况也在不断改善。随着住宅建筑的建造和木制品环保意识的提高，LVL 的需求持续增长。更多详细的产量说明可见芬兰木工工程师协会（Finnish Woodworking Engineers' Association）2018 年发布的《人造板工业》（Wood-based Panel Industry）。

1.7　深加工

LVL 制造商可以根据客户要求提供产品的深加工来作为增值服务，这既可以直接在加工厂内完成，也可以由配备有 LVL 加工专用设备的分包商完成。增值服务可为客户和建筑工地节约时间并减少浪费。

1.7.1　表面砂光：光滑砂光或校准砂光

标准的 LVL 出厂时表面是未经砂光的（图 1.7.1），它可用两种方式进行砂光。光滑砂光可以改变 LVL 的目视外观，并通过去除深色胶水污渍和均衡单板局部颜色的差异来清洁和平滑表面。光滑砂光可以在一侧或两侧进行，两侧进行时使产品厚度减少约 2mm（每个表面 1mm）。在外观的应用上必须注意到，在 LVL 构件正面的表面单板的斜搭接处

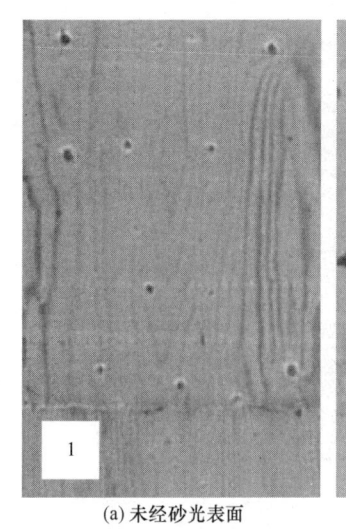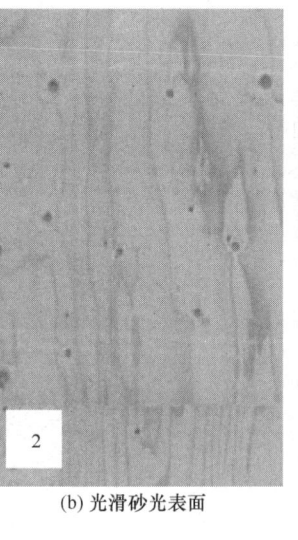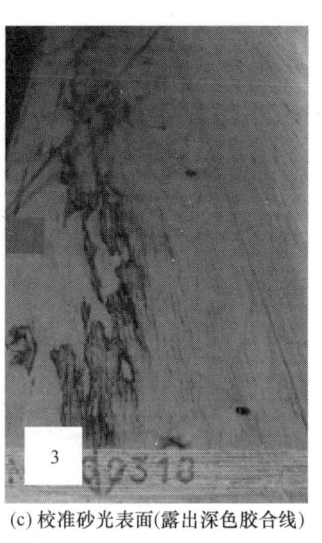

|(a) 未经砂光表面|(b) 光滑砂光表面|(c) 校准砂光表面(露出深色胶合线)|

图 1.7.1　LVL 单板表面外观

是用无色胶粘剂胶合的，但是在构件底部一侧，单板斜搭接的胶合线是深棕色的，与单板之间的胶合线相类似。

　　另一种可进行的砂光处理是在 LVL 的两侧正面进行的厚度校准砂光。校准砂光使产品厚度减少约 3mm（每面 1.5mm），校准后的厚度公差为±0.5mm。除非在校准砂光后的表面使用不透明的涂层，否则不建议在外观的应用中采用校准砂光。因为校准砂光时也许会穿透表面单板，从而露出深色的胶合线，尤其是在较厚的产品中。

　　用于结构设计计算的必须是产品砂光后的名义尺寸。

1.7.2　特殊切割

　　LVL 板或梁可以锯切成特殊形状或采用斜锯产生锥形梁或柱，斜锯通常用于生产门式框架单锥形柱和橡条构件（图 1.7.2）。制造商对定制产品也可有特殊的切割精度，例如工业客户。

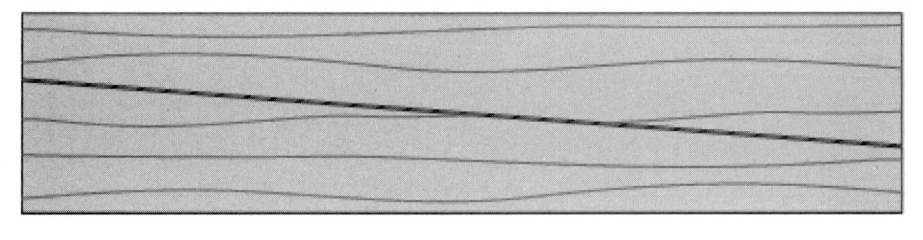

图 1.7.2　LVL 板的斜锯示意

1.7.3　数控机床机械加工

　　数控机床（CNC）机械加工可实现梁的钻孔、开孔洞、开槽和梁端部倒角（图 1.7.3）。加工需要由客户提供构件的几何图形文件，例如，每一种不同类型的待加工构件都需要采用闭合线绘制成 1：1 比例的 DWG 图。

(a) LVL面板上开洞　　　　　　　　　(b) LVL梁上开孔

(c) 切割成特殊形状的LVL-P屋盖梁

图 1.7.3　LVL 板的 CNC 加工示意

1.7.4　边缘外形

　　LVL 板的边缘可以采用斜搭、半搭、榫槽（T&G）或凹槽（G&G）等边缘外形（图 1.7.4、图 1.7.5）。长边可在铣刀线上进行轮廓加工，而多边可在五轴数控机床（CNC）上进行。

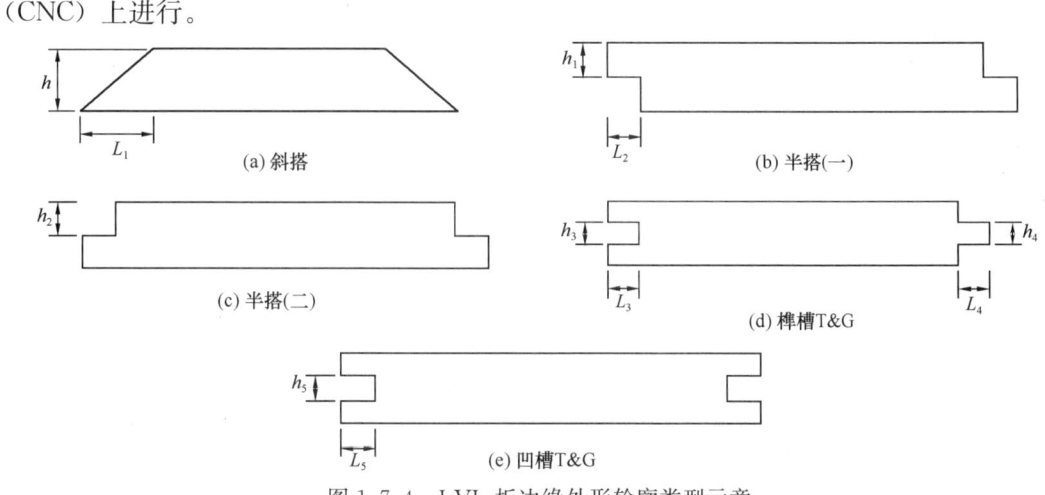

(a) 斜搭　　　　　　　　　　　　(b) 半搭（一）

(c) 半搭（二）　　　　　　　　　(d) 榫槽T&G

(e) 凹槽T&G

图 1.7.4　LVL 板边缘外形轮廓类型示意

图 1.7.5　LVL-C 板边缘榫槽（T&G）的连接示意

1.7.5　表面处理

LVL 制造商为其产品提供了多种表面处理方式：

（1）防潮处理提高了 LVL 在存储、运输和建筑工地期间抵御临时不良天气影响的能力。

（2）防腐处理可降低霉菌生长和出现蓝变的风险。建议可用于使用环境 2 级的条件，例如用于阁楼和避难所的屋盖结构。

（3）阻燃处理提高了 LVL 构件的防火等级，从 D 级提高到 C 级或 B 级，使其应用范围更广。除某些涂料外，阻燃处理只能用于使用环境 2 级的条件。

（4）LVL 表面可涂用完全带色的不透明涂料，也可用半透明的着色剂或清漆着色。

图 1.7.6、图 1.7.7 为经过防潮处理的 LVL 板和梁。

图 1.7.6　经防潮处理的 LVL 板

1.7.6　多层胶合构件

　　热压胶合的 LVL 产品最大厚度可达 75mm，但通过将多块 LVL 板进行胶合可生产出更大厚度的多层胶合构件（GLVL）。GLVL 可以达到层板胶合木梁的尺寸，也可胶合出大幅面的板。而在实际应用中，受锯切和起重设备的能力限制，GLVL 的最大厚度约为 500mm。无须热压且可用于承重结构的聚氨酯胶（PU）、三聚氰胺脲醛胶（MUF）、间苯二酚甲醛胶（PRF）等胶粘剂都能用于 GLVL 的多层胶合（图 1.7.8）。

 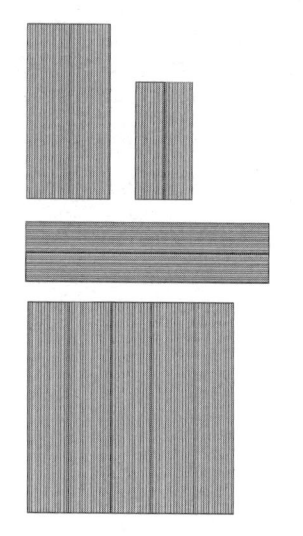

图 1.7.7　LVL-P 梁防潮处理　　　　图 1.7.8　多层胶合的 GLVL 梁和板

1.7.7　组合结构

　　结构组件可通过组合 LVL 构件来制作，如预应力蒙皮板、箱形板、工字梁、箱形梁、组合桁架等（图 1.7.9、图 1.7.10）。

图 1.7.9　采用结构用胶制造的 LVL 组合楼盖单元

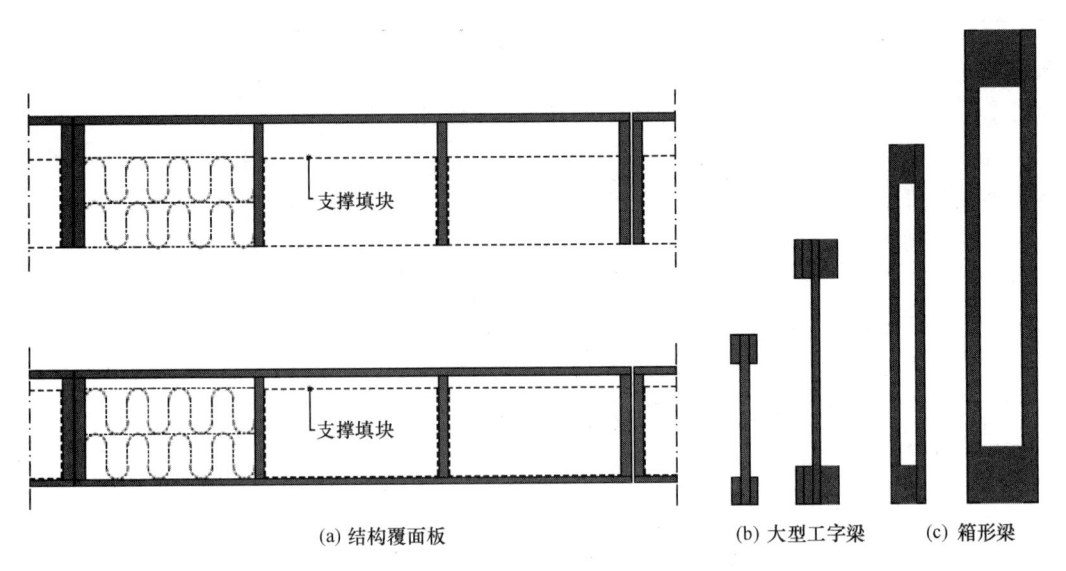

(a) 结构覆面板   (b) 大型工字梁   (c) 箱形梁

图 1.7.10 采用 LVL 制造的组合构件示意

1.8 LVL 规格和组坯

　　LVL 是由 3mm 厚旋切单板在连续叠层热压工艺中生产的，此工艺最宜生产薄板，而宽或长的梁、板和墙骨柱则需从 1200~2500mm 宽的板坯中切割。根据生产线的不同，构件最大长度可达 18~25m。由于连续的生产工艺，每个板坯的长度可专门定制。然而，由于生产工艺控制，最小长度被限制为 2000mm，更短的构件则需另行切割。规定标准宽度是为了减少浪费，并补充其他建筑结构的尺寸。LVL 产品标准厚度和组坯方式见表 1.8.1。

LVL 产品的标准厚度和组坯方式   表 1.8.1

标准厚度 （mm）	单板层数	LVL-P 组坯方式	LVL-C 组坯方式	
			组坯	横向单板层数
24	8	ⅡⅡⅡⅡⅡⅡ	Ⅱ-Ⅱ-Ⅱ	2
27	9	ⅡⅡⅡⅡⅡⅡⅡ	Ⅱ-Ⅲ-Ⅱ	2
30	10	ⅡⅡⅡⅡⅡⅡⅡⅡ	Ⅱ-ⅠⅢ-Ⅱ	2
33	11	ⅡⅡⅡⅡⅡⅡⅡⅡ	Ⅱ-ⅢⅢ-Ⅱ	2
39	13	ⅡⅡⅡⅡⅡⅡⅡⅡⅡ	Ⅱ-Ⅲ-Ⅲ-Ⅱ	3
42	14	ⅡⅡⅡⅡⅡⅡⅡⅡⅡ	—	—
45	15	ⅡⅡⅡⅡⅡⅡⅡⅡⅡⅡ	Ⅱ-ⅠⅢ-ⅠⅢ-Ⅱ	3
48	16	ⅡⅡⅡⅡⅡⅡⅡⅡⅡⅡ	—	—
51	17	ⅡⅡⅡⅡⅡⅡⅡⅡⅡⅡⅡ	Ⅱ-ⅢⅢ-ⅢⅢ-Ⅱ	3
57	19	ⅡⅡⅡⅡⅡⅡⅡⅡⅡⅡⅡⅡ	Ⅱ-Ⅲ-ⅢⅢ-Ⅲ-Ⅱ	4
63	21	ⅡⅡⅡⅡⅡⅡⅡⅡⅡⅡⅡⅡⅡ	Ⅱ-Ⅲ-Ⅲ-Ⅲ-Ⅲ-Ⅱ	5
69	23	ⅡⅡⅡⅡⅡⅡⅡⅡⅡⅡⅡⅡⅡⅡ	Ⅱ-ⅠⅢ-Ⅲ-Ⅲ-ⅠⅢ-Ⅱ	5
75	25	ⅡⅡⅡⅡⅡⅡⅡⅡⅡⅡⅡⅡⅡⅡⅡ	Ⅱ-ⅠⅢ-ⅠⅢ-ⅠⅢ-ⅠⅢ-Ⅱ	5

在正常的建筑场地湿度环境下，为确保梁的尺寸稳定性，标准的 LVL-P 梁的宽度与高度之比规定为 1：8。当梁的一侧直接暴露时可能导致较高的梁发生凹曲变形。表 1.8.2 给出了部分制造商生产的 LVL-P 梁的标准尺寸，因此，采用标准尺寸通常能够在最短的交付时间内将产品提供给用户。LVL 易于切割，可以根据不同的要求单独定制加工尺寸，这使其成为许多建筑结构体系的理想选择。如果在整个生产过程中都能够控制湿度条件，则可以采用更小宽高比的梁，例如，在工厂生产用于空旷建筑的木屋盖构件时。

LVL-P 梁的标准尺寸　　　　　　　　　　　　　　　　表 1.8.2

梁宽度	梁高度（mm）										
（mm）	200	220	225	240	260	300	360	400	450	500	600
27	√	√	—	—	—	—	—	—	—	—	—
33	√	√	√	√	√	—	—	—	—	—	—
39	√	√	√	√	√	√	—	—	—	—	—
42	√	√	√	√	√	√	√	—	—	—	—
45	√	√	√	√	√	√	√	—	—	—	—
48	√	√	√	√	√	√	√	—	—	—	—
51	√	√	√	√	√	√	√	√	—	—	—
57	√	√	√	√	√	√	√	√	√	—	—
63	√	√	√	√	√	√	√	√	√	√	—
69	√	√	√	√	√	√	√	√	√	—	—
75	√	√	√	√	√	√	√	√	√	√	√

对于因湿度条件变化而对尺寸变化敏感的结构，采用 LVL-C 是最合适的选择。

LVL-C 梁（图 1.8.1）与板（图 1.8.2）通常根据客户要求进行生产，因此其尺寸没有标准化。但表 1.8.1 中给出的标准厚度确保了材料的有效利用。尽管 LVL 板的最大宽度取决于生产线，但是其常用宽度为 900mm、1200mm、1800mm 和 2500mm。

图 1.8.1　LVL-C 梁

LVL-P 墙骨柱（图 1.8.3）的标准尺寸小于梁，常用宽度为 39mm 或 45mm，高度不超过 200mm。非承重墙的标准墙骨柱截面尺寸为 39mm×66mm 或 39mm×92mm，长度分别为 2550mm、2700mm、3000mm、3600mm 和 6000mm。

图 1.8.2　LVL-C 板　　　　　　　　图 1.8.3　LVL-P 墙骨柱

由于 LVL 构件是由直线型板坯切割而成，在正常生产过程中不能对梁进行预先起拱，因此在设计时不应进行预起拱设计。

采用多层 LVL 胶合而成的 GLVL 梁和板可构成更大的厚度。

虽然标准尺寸保证了材料的高效利用，但对特殊项目需要采用定制尺寸的多层胶合 GLVL，也可根据具体要求，通过协商从供应商处获得。

GLVL 可由 LVL-P 或 LVL-C 层板制成。

GLVL 梁和板的标准尺寸　　　　　　　　　　表 1.8.3

厚度	梁高度或板宽度（mm）											
（mm）	200	220	225	240	260	300	360	450	600	900	1800	(2500)
84	P/C	P/C	P/C	P/C	P/C	P/C	P/C	P/C	P/C	C	C	C
90	P	P	P	P	P	P	P	P	P	—	—	—
96	P/C	P/C	P/C	P/C	P/C	P/C	P/C	P/C	P/C	C	C	C
108	P/C	P/C	P/C	P/C	P/C	P/C	P/C	P/C	P/C	C	C	C
120	P/C	P/C	P/C	P/C	P/C	P/C	P/C	P/C	P/C	P/C	C	C
133	P/C	P/C	P/C	P/C	P/C	P/C	P/C	P/C	P/C	P/C	C	C
144	P/C	P/C	P/C	P/C	P/C	P/C	P/C	P/C	P/C	P/C	C	C

注：表中 P 表示采用 LVL-P 加工制作；C 表示采用 LVL-C 加工制作；P/C 表示可采用 LVL-P 或 LVL-C 加工制作。

1.9　允许偏差

欧洲标准 EN 14374：2018 中对 LVL 构件的允许偏差进行了规定，并且允许偏差大小取决于构件的尺寸（表1.9.1）。表1.9.1为未经砂光且未经加压处理的LVL允许偏差值，表中各尺寸的定义见图1.9.1。

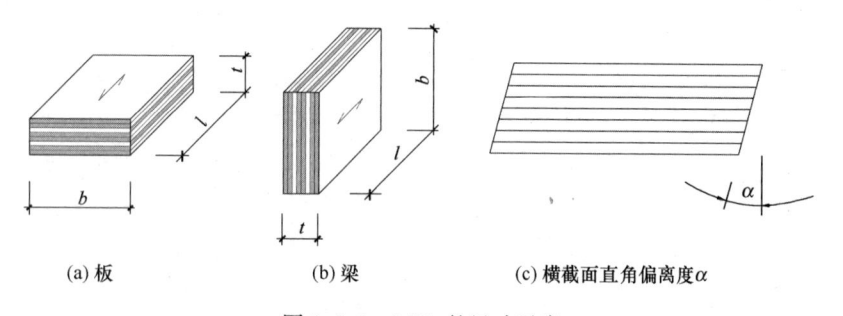

(a) 板　　　　　　　(b) 梁　　　　(c) 横截面直角偏离度 α

图 1.9.1　LVL 的尺寸示意

LVL 的公称尺寸和公称角度的允许偏差值　　　　　　表 1.9.1

公称尺寸		允许偏差
t	$t \leqslant 27$mm	±1mm
	27mm$< b \leqslant 57$mm	±2mm
	$t > 57$mm	±3mm
b	$b \leqslant 300$mm	±2mm
	300mm$< b \leqslant 600$mm	±3mm
	$b > 600$mm	±0.5%
l	$l \leqslant 5$m	±5mm
	5m$< l \leqslant 20$m	±0.1%
	$l > 20$m	±20mm
横截面直角的最大偏差 α		1:50（约1.1°）

注：图中符号的定义见图 1.9.1。

1.10　LVL 产品的 CE 标识和认证

在欧洲地区，结构用LVL有其统一的欧洲标准《欧洲标准：木结构—结构层压单板材—要求》EN 14374，该标准为LVL产品的强制性CE标识和性能声明书（DoP）提供了依据。由LVL制成的预应力蒙皮板等结构构件就可根据供应商特定的欧洲技术评估（ETA）应用CE标识。

作为一种用于承重结构的胶合工程木制品，结构LVL对性能稳定性评估和验证（AVCP）有很高的要求。欧盟委员会第97/176/EC号决定为结构LVL制订了AVCP系统1，而AVCP系统1的要求则在欧盟《建筑产品法规》（CPR）305/2011的附录V，经《授权管理条例》（Commission Delegated Regulation）"（EU）第564/2014号修订"中作出规定。在AVCP系统1中，被指定的产品认证机构应根据本机构进行的下列评估和验证结果，决定建筑产品性能稳定证书的颁发、限制、暂停或撤销：

（1）在测试（包括抽样）的基础上，对建筑产品的性能进行评估，以确定产品的胶合强度（胶粘剂胶合质量）和防火性能。

（2）对制造工厂和工厂生产控制的初步检查。

（3）对工厂生产控制进行持续监测、评估和评价，包括基本强度特性。

为了满足 AVCP 系统 1 的要求，LVL 制造商必须执行下列规定：

（1）明确预期用途时，应对相关重要特性（弹性模量、抗弯强度、抗压强度、抗拉强度、甲醛释放量和耐久性）进行测试或评估。

（2）工厂生产控制。

（3）制造商根据规定的测试方案，对工厂抽取的试样进行进一步测试。

（4）LVL 产品的性能声明书（DoP）。

（5）LVL 产品的 CE 标识、（图 1.10.1）。

对建筑产品的要求是由国家制定的。产品的性能声明书（DoP）和产品的 CE 标识提供了一种统一的方式，以表明在协调一致的产品标准范围内，产品性能符合这些要求。基于这些特性，可按照欧洲规范的承重结构设计标准体系设计结构 LVL 产品。

【注】按照 EN14374：2004 规定，经防火处理和防腐处理的 LVL 产品不能使用 CE 标识，因为这些处理方法目前不包括在 EN14374 标准范围内。

LVL 产品也可能有其他不包括在 CE 标识和 DoPs 中的特性的自愿性证书，如建筑物理属性、排放物或某些国家要求的设计参数。此类证书的示例如欧洲产品证书、芬兰的 M1 排放证书和德国的通用型式的认可（Allgemeine Bauartgenehmigung）。

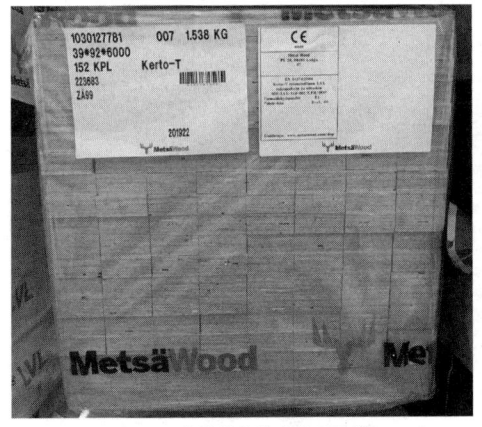

(a) LVL 产品外包装上的 CE 标识

(b) LVL 产品上的 CE 标识

图 1.10.1　LVL 产品的 CE 标识

1.11　设计工具

与其他承重建筑材料相同，LVL 结构也是采用计算机辅助设计工具设计的。虽然，一些符合欧洲规范设计的结构计算程序也包含 LVL 产品库，但用户通常仍需将 LVL 产品特征输入软件数据库。典型的结构计算软件有 Autodesk Robot structural Analysis、Dlubal RF Timber、Frilo HO11＋和 Mitek Roofcon/Trusscon 等，而由于上述软件并不完全包含符合欧洲规范 EN 1995 Eurocode 5 的 LVL 特征参数，它们的一些设计结果，例如支座反力还需要人工验算。产品标准 EN 14374 中规定 LVL 强度等级将指导今后软件的开发。各 LVL 制造商也正在分别制定其产品品牌特性，并提供定制的计算软件（图 1.11.1、图 1.11.2），如 Finnwood® 和 Calculatis® 等。

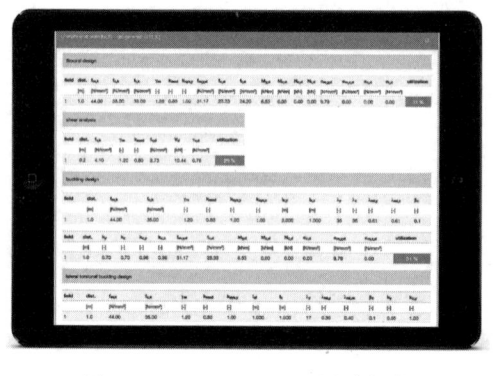 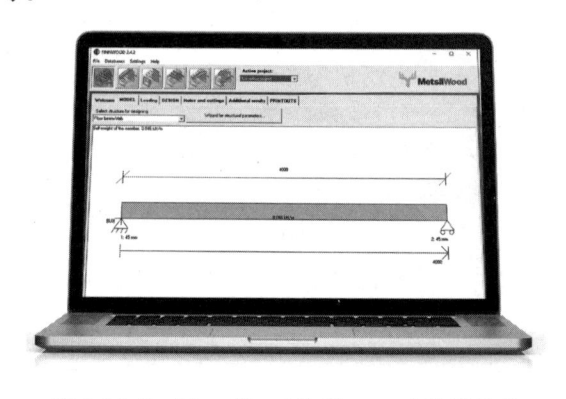

图 1.11.1 Stora Enso 设计软件　　　　图 1.11.2 MetsäWood 的 Finnwood 设计软件

如 Autodesk AutoCAD 等二维设计软件常用作基础的结构设计图纸，更详细的 LVL 构件信息可通过三维的建筑信息建模（BIM）实现。除了项目的策划阶段，BIM 支持从成本与施工管理到设施运营的所有建筑环节及建筑全生命周期。LVL 供应商已经为 Autodesk Revit、Archicad、Vertex BD、HSB CAD、CAD Works、Trimble SketchUp 及其他设计软件环境创建了 LVL 构件的 BIM 库。这些 BIM 库通过制造商网站或者如 ProdLib 等门户程序工具发布（图 1.11.3）。

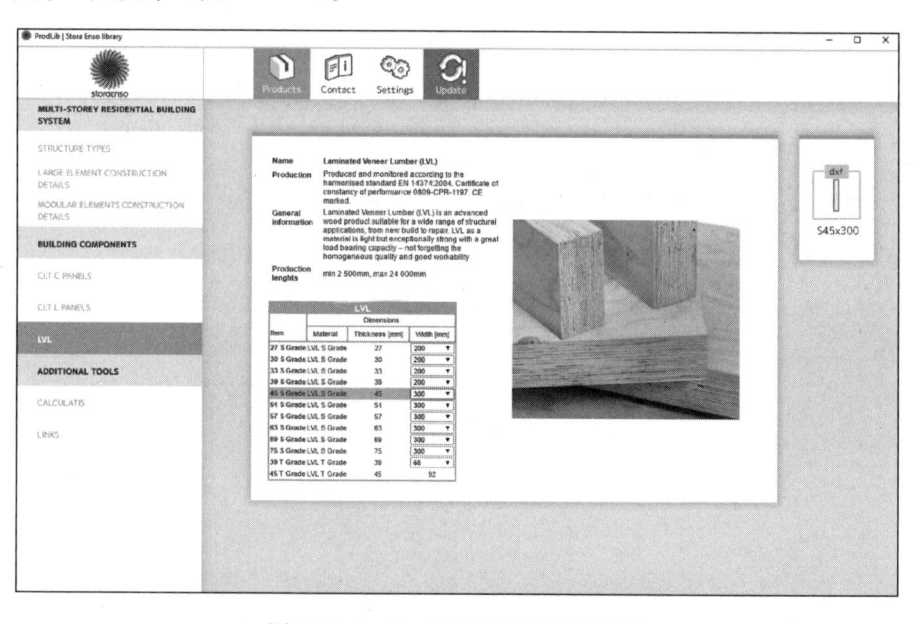

图 1.11.3 ProdLib 的 BIM 对象门户

设计软件可以创建用于切割 LVL 构件的 CNC 机床（CAM）的导向文件，以提高整个生产过程的效率。例如，HSBCAD 和 Vertex BD 软件就在从设计到工厂制造的系统链支持方面具备强大能力。

IFC 文件传输格式 2×3 和 ifc4 支持工程木制品的一些基本特性，下一代格式将更好地考虑这些特性。例如，由于产品的正交各向异性特性，重要的是能够在 IFC 对象中准确定义其方向（纵向、横向、平行于面层单板和垂直于面层单板）。

1.12　LVL 的基本特性

1.12.1　强度和刚度特性

LVL 具有均匀的材料特性，首先是由于产品中木节等自然缺陷的消除和均匀分布，其次是由于叠层效应进一步消除了上述影响。单板的强度分级也减少了产品各强度等级内的差异，因而最高等级的 LVL 其强度水平接近于无节材，而由于变异性小，其用于结构设计中的 5% 特征值也很高。

LVL-P 在顺纹方向具有最高的强度和刚度特性。由于其正交胶合的单板，LVL-C 在顺纹方向的强度值降低了约 20%，但在与面层单板垂直方向（横纹方向）的强度和刚度更大，这些特性可以应用于板式结构中。表 1.12.1 列出了常用 LVL 强度等级的基本力学性能。

<table>
<tr><td colspan="6" align="center">常用 LVL 强度等级的基本力学性能　　　　　　　　表 1.12.1</td></tr>
<tr><td align="center">强度等级</td><td></td><td>LVL 48 P</td><td>LVL 32 P</td><td>LVL 36 C</td><td>LVL 25 C</td></tr>
<tr><td align="center">典型应用</td><td></td><td>梁</td><td>墙骨柱</td><td>面板</td><td>面板</td></tr>
<tr><td colspan="6" align="center">强度标准值（N/mm²）</td></tr>
<tr><td align="center">窄面抗弯强度，h＝300mm</td><td>$f_{m,0,edge,k}$</td><td>44</td><td>27</td><td>32</td><td>20</td></tr>
<tr><td align="center">宽面抗弯强度</td><td>$f_{m,0,flat,k}$</td><td>48</td><td>32</td><td>36</td><td>25</td></tr>
<tr><td align="center">宽面横纹抗弯强度</td><td>$f_{m,90,flat,k}$</td><td>—</td><td>—</td><td>8</td><td>—</td></tr>
<tr><td align="center">顺纹抗压强度</td><td>$f_{c,0,k}$</td><td>29</td><td>21</td><td>21</td><td>15</td></tr>
<tr><td align="center">窄面横纹抗压强度</td><td>$f_{c,90,edge,k}$</td><td>6</td><td>4</td><td>9</td><td>8</td></tr>
<tr><td align="center">顺纹抗拉强度</td><td>$f_{t,0,k}$</td><td>35</td><td>22</td><td>22</td><td>15</td></tr>
<tr><td align="center">窄面顺纹抗剪强度</td><td>$f_{v,edge,0,k}$</td><td>4.2</td><td>3.2</td><td>4.5</td><td>3.6</td></tr>
<tr><td align="center">宽面顺纹抗剪强度</td><td>$f_{v,flat,0,k}$</td><td>2.3</td><td>2.0</td><td>1.3</td><td>1.1</td></tr>
<tr><td align="center">尺寸效应参数</td><td>$s,[-]$</td><td>0.15</td><td>0.15</td><td>0.15</td><td>0.15</td></tr>
<tr><td colspan="6" align="center">平均刚度（N/mm²）</td></tr>
<tr><td align="center">顺纹弹性模量</td><td>$E_{0,mean}$</td><td>13800</td><td>9600</td><td>10500</td><td>7200</td></tr>
<tr><td align="center">宽面弯曲中横纹弹性模量</td><td>$E_{m,90,mean}$</td><td>—</td><td>—</td><td>2000</td><td>—</td></tr>
<tr><td align="center">窄面剪切模量</td><td>$G_{0,edge,mean}$</td><td>600</td><td>500</td><td>600</td><td>500</td></tr>
<tr><td colspan="6" align="center">密度（kg/m³）</td></tr>
<tr><td align="center">平均值</td><td>ρ_{mean}</td><td>510</td><td>440</td><td>510</td><td>440</td></tr>
<tr><td align="center">标准值</td><td>ρ_k</td><td>480</td><td>410</td><td>480</td><td>410</td></tr>
</table>

LVL 的弯曲强度和刚度特性的变异系数通常小于 10%，而胶合木和胶合板的变异系数为 12%～20%，结构木材的变异系数为 15%～30%。因此，用于结构设计的非 LVL 材料的 5% 特征值显著降低。表 1.12.2 比较了一些常见结构木制品的基本力学性能。

常用结构木材制品的基本力学性能　　　　表 1.12.2

结构用木材		锯材 C18 (EN 338：2016)	胶合木 GL24h (EN 14080：2013)	云杉胶合板 21mm
典型应用		梁/墙骨柱	梁	面板
强度标准值（N/mm²）				
抗弯强度	$f_{m,0,k}$	18	24	20.6
宽面横纹抗弯强度	$f_{m,90,flat,k}$	—	—	12.8
横纹抗压强度	$f_{c,90,k}$	2.2	2.5	—
顺纹抗剪强度	$f_{v,k}$	3.4	3.5	3.5
平均刚度（N/mm²）				
顺纹弹性模量	$E_{0,mean}$	9000	11500	8230
弯曲中横纹弹性模量	$E_{m,90,mean}$	—	—	3770
密度（kg/m³）				
平均值	ρ_{mean}	380	420	460
标准值	ρ_k	320	385	400

有关 LVL 的力学性能的更多信息，见本指南第 4.2 节。

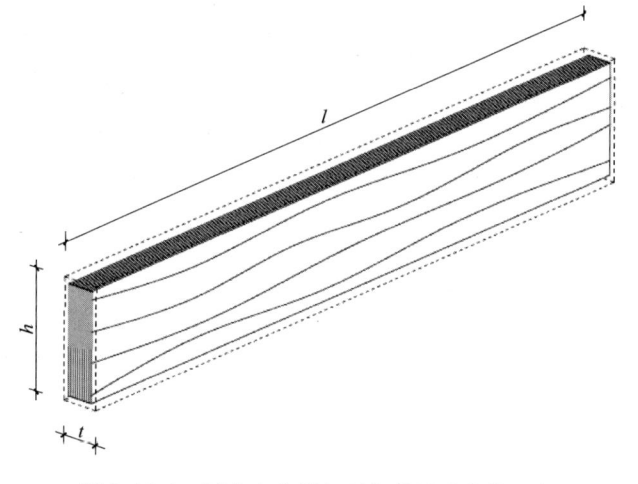

图 1.12.1　因含水率增加引起的尺寸变化示意

1.12.2　建筑物理特性

1. 含水率

LVL 产品出厂时含水率（MC）为 8%～10%，接近使用环境等级为 1 级的含水率。如果保证构件不受天气影响，这将显著减少由于结构中的含水率变化而引起的初始尺寸变化。LVL 将随自身含水率的变化而胀缩。

这些尺寸变化的程度取决于木材纹理方向和产品类型。表 1.12.3 显示了当含水率增加 3% 时 LVL 的尺寸变化。LVL-C 梁的高度方向变化要小得多，因为横向单板有效地防止了梁在高度方向上的变形。

含水率增加 3% 时 LVL 的尺寸变化值　　　　表 1.12.3

产品类型	方向	初始尺寸	含水率增加 3% 时的尺寸	差值
LVL-P	长度 l（mm）	5000	5001.5	+1.5
	宽度 t（mm）	57	57.5	+0.5
	高度 h（mm）	260	262.5	+2.6
LVL-C	长度 l（mm）	5000	5001.5	+1.5
	厚度 t（mm）	57	57.5	+0.5
	高度 h（mm）	260	260.3	+0.3

未经处理的木材表面具有吸湿性，这意味着它们从湿空气中吸收水分，并向相对湿度低的周围空气中释放水分。这种含水率动态平衡现象有利于改善建筑室内空气质量。

2. 热工性能

根据 EN ISO 10456 的规定，LVL 的导热系数 λ 约为 $0.13W/(m \cdot K)$，具体取决于其密度和含水率，比热容 c_p 为 $1600J/(kg \cdot K)$。

LVL 的热膨胀可以忽略不计，并且其尺寸在温度变化期间保持稳定。因此，与因含水率变化而引起的膨胀和收缩不同，在结构设计中无须考虑 LVL 的温度变化。

有关建筑物理的更多信息，见本指南第 8 章。

1.12.3　排放与产品安全

高温固化的酚醛胶粘剂和木材原材料都含有少量游离甲醛。在欧洲，LVL 产品的甲醛释放量是根据 EN 717-1（气候箱法）或 EN ISO 12460-3（气体分析法）标准进行测定。LVL 产品的甲醛释放量可以很容易地达到 EN 14374 的 E1 级要求，即不超过 0.1×10^{-6}（EN 717-1）。LVL 制造商常特别地宣称其不超过 0.03×10^{-6} 的超低甲醛释放量水平，此限值是一些建筑产品协会为证明其产品的低排放而自愿设定的。如德国预制建筑质量协会（Qualitätsgemeinschaft Deutscher Fertigbau，QDF）在 QDF-Positivliste 标准中规定对于木质材料甲醛限值为 0.03×10^{-6}。

关于挥发性有机化合物（VOC）的欧洲分类系统正在编制中，但目前不同国家自主或依法采用了不同的分类系统。例如，在芬兰，LVL 产品通过认证可证明其符合芬兰建筑信息基金会（RTS）对建筑材料的 M1 排放分类要求。M1 分类标准设定了总挥发性有机化合物（TVOC）、甲醛、氨、致癌物和感官评价的极限值。

在高温固化后，LVL 单板之间的胶粘剂变成惰性聚合物，不会与周围环境中的其他物质相溶或反应，且对人畜安全无害。

标准 LVL 产品中，高度关注物质（SVHC）的含量不超过欧洲化学品管理局候选清单中所列物质的 0.1%，因为这些物质并非故意被加入产品中。制造商持续关注候选列表进行更新。

LVL 不包含任何分类为危险废物的物质，且在合并后的欧洲废物分类目录中的废物代码为"-170201 木材（建筑和拆卸废物）"。

在生命周期终止后，LVL 可用于如生物能源生产。

1.12.4　声学

LVL 构件可以与其他木构件类似的方式用于木框架结构中，以达到所需的隔声水平。如果木结构能通过细致的节点处理使其密封，那么木结构就能有效地隔绝中高频噪声。然而，由于木结构自重轻，这使得设计能够完全阻隔低频噪声的隔声结构就具有挑战性。因此，分层结构对于公寓间隔墙的空气声隔声是必要的。为保持低频中的撞击声级足够低，楼盖结构就需要增加额外的重量和弹性层。

尽管存在低频挑战，但居住在精心设计的多层木结构建筑中的人们的真实反馈仍然是积极的。这些建筑被认为是安静的，而木结构建筑的房间声学通常被认为是舒适的。其中原因之一是与钢和混凝土相比，木构件的表面密度较低而利于吸声。

如在体育馆和学校中，结实的穿孔 LVL 板可与填充在板后空腔内的矿棉组合使用从而来吸声，这些板的良好抗撞击性能也是其优势，特别适用于球馆的墙体。

1.12.5 消防安全

木材燃烧时，在木材表面会形成一层炭化层。该炭化层起到了隔热的作用，抑制了剩余木材截面的进一步燃烧。这样可以预测木结构在火灾中的行为，且可以根据欧洲规范 EN 1995 Eurocode 5 中定义的炭化速率计算其耐火性。当特征密度大于或等于 $480kg/m^3$ 时，LVL 的名义线性炭化速率 β_n 为 $0.65mm/min$，梁和柱的名义炭化速率 β_0 为 $0.70mm/min$。

由于 LVL 的横截面通常很薄，产品厚度最大为 75mm，它们通常需要额外的保护，以达到所需的防火性能。通常是通过直接在 LVL 构件上覆盖石膏板，以及在 LVL 框架结构的孔洞中覆盖石膏板或填充矿棉绝缘材料的来实现。欧洲规范 EN 1995 Eurocode 5 提供了计算耐火性的规定。

通过对建筑产品防火等级分类来控制火焰蔓延的风险。在欧洲未处理的 LVL 的防火等级与实木相同，为 D-s2，d0 等级，其中 D 为可燃性等级，s2 为产生烟雾量等级，d 为燃烧滴落物防火。在一些主要用于室内的结构中，阻燃处理后 LVL 的防火等级可达到 B-s1，d0 级，从而来改善防火分类要求。

有关消防安全的更多信息，见本指南第 6 章。

1.12.6 地震区结构

LVL 结构可用于地震地区。除非进行特殊评估，否则 LVL 结构应在静态或准静态作用下应用。在地震地区，根据 Eurocode 8（EN 1998-1：2004 条款 1.5.2 和 8.1.3b）和适用的国家施工规则定义，用于设计的 LVL 板的性能系数仅限于非耗能或低耗能结构（$q \leqslant 1.5$）。

LVL 结构自重轻，降低了抗震设计中的设计荷载。LVL-C 板有较大的尺寸，所以可作为坚固的板式支撑构件以抵抗地震荷载。特别是 LVL-C 构件对于连接件的开裂或脆性破坏不很灵敏，因此，它可产生屈服并吸收更多的能量。在抗震设计中，要充分利用这些特性并将 LVL 用于高耗能结构中，并且，需要根据 EN 12512 对 LVL 板与销钉连接的性能进行循环加载测试。

1.12.7 LVL 表面的视觉特性

软木 LVL 是由去皮的针叶材树种的单板制作而成。针叶材的一个固有特征是树枝沿着树干呈簇状分布（环状木节），因此，在旋切单板上可能经常出现木节。

LVL 主要作为从外部不能观察到的结构承重构件，因此，生产中对旋切单板的分类主要基于单板的强度特性，而不是其外观特性。在去皮过程中，单板会因去皮而产生细小的裂缝。这些裂缝可能因含水率变化或砂光引起的膨胀或收缩而变得明显可见。此外，表面层单板的斜搭接有时会重叠在一处，使接缝略微张开。由于含水率的变化，这种情况以后也可发生在经过砂光的产品表面。其他可能出现的表面缺陷包括树脂袋、树皮和裂缝。在生产过程中，未砂光的表面可能会粘附一些污渍。一些制造商根据特殊要求提供更高等级的表面层单板。

在产品的正面，一种浅色的三聚氰胺胶粘剂用于连接表面单板的斜搭接。在产品的内部，斜搭接采用与单板之间相同的酚醛树脂胶粘剂来实现胶合，这些胶缝为深棕色。单板斜搭接的间距取决于生产工艺，一般为 1.9m 或 2.5m。当 LVL 构件直接作为外观装饰应用时，设计人员需指定构件表面的外观等级。特别是将 LVL 切割成特殊形状时，也必须考虑外观这一点。

标准 LVL 出厂是未砂光的，但可以通过光滑砂光来改善 LVL 表面视觉外观，通过去除任何深色胶渍和平衡单板的局部颜色差异来清洁和平滑表面。另一种可选的砂光处理方法就是校准砂光，其可以实现更精确的厚度公差，例如 LVL 门板组件。除非在表面使用一些不透明的涂层，否则不建议将校准砂光用于可看见的外观应用，因为，进行校准砂光处理时可穿透面层单板，从而露出深色的胶合线，尤其是在较厚的产品中。有关砂光规定的更多信息，见本指南第 1.7.1 节。图 1.12.2 为单板表面外观示意。

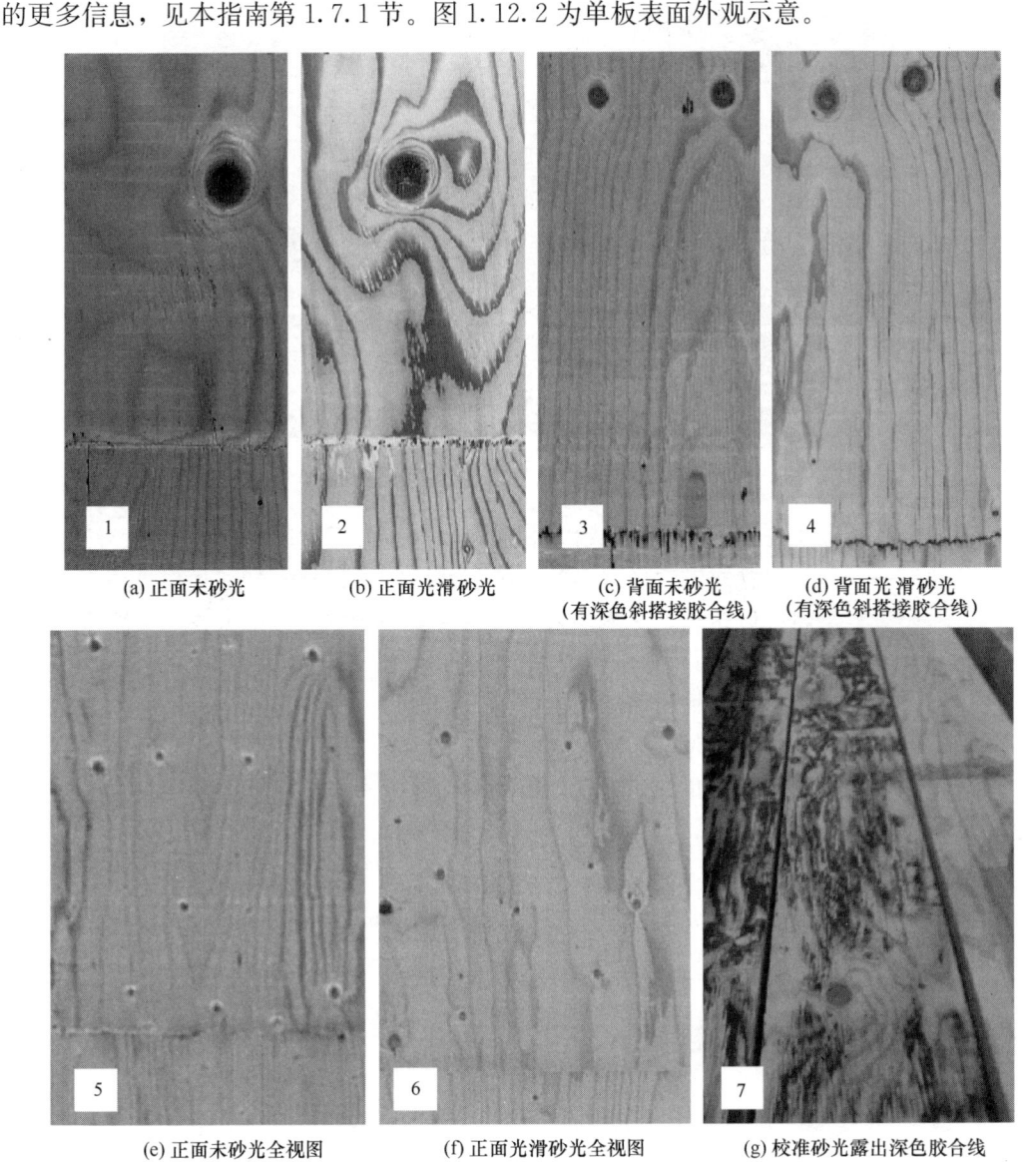

(a) 正面未砂光　　(b) 正面光滑砂光　　(c) 背面未砂光　　(d) 背面光滑砂光
　　　　　　　　　　　　　　　　　　　　　　　（有深色斜搭接胶合线）　（有深色斜搭接胶合线）

(e) 正面未砂光全视图　　(f) 正面光滑砂光全视图　　(g) 校准砂光露出深色胶合线

图 1.12.2　LVL 单板表面外观示意

1.12.8 LVL 的表面涂层

LVL 表面可用完全有色的不透明涂料、半透明染料或清漆进行涂饰（图 1.12.3）。由于剥落的裂缝，LVL 的表面比实木等更需要进行涂饰。由于产品的收缩和膨胀导致面层单板出现了裂纹。在室内条件下这些裂缝通常对 LVL 不产生任何不利影响，但在露天环境的应用中，则需要一种有色覆面涂料来保护 LVL。但是，如果湿气仍然渗透到 LVL 构件中，例如在连接件的渗透点、在边缘或其他类似的区域，则厚涂层将会剥落。这种情况在大面积的连续表面上尤为明显。如果表面裂缝对于 LVL 构件所涉及的使用而言不存在任何问题，那么采用轻质的非成膜表面处理可能是一种合适的选择。这可能需要频繁地进行维护，但是维护处理很容易进行。

图 1.12.3 LVL 梁表面的涂层

涂层的耐久性取决于多种因素：基材及其制备方法、暴露在阳光下的程度、涂层的颜色和颜色的深浅，以及暴露在潮湿环境中的程度。对 LVL 进行涂层处理的一般原则如下：

（1）尽快涂上涂料，以防止紫外线辐射对木材表面的影响。如果需要，在涂覆之前先打磨表面。

（2）用替代木质复合材的填料填充任何空隙，例如木节掉落后的孔洞。

（3）选择具有防止蓝变和霉菌的涂剂。

（4）将构件的边缘略微倒角圆化处理，以确保边缘也有足够厚度的涂层。对于所有单板木制品，边缘涂层尤为重要。

（5）涂层应有适当的厚度。至少涂覆两层涂料，以确保涂层的适当干燥。

在对 LVL 进行涂料处理的所有情况下，应与涂料制造商详细讨论其应用，以确保产品的适用性。

1.13 LVL 板之间的连接

LVL-C 板的连接可采用构件支承或自支承。承载力取决于节点设计，且必须根据具体情况进行验证，包括连接件直径、最小嵌入深度、间距和边距。对于连接件的定位，通常默认作用力方向与接缝平行。

图 1.13.1 表明了板连接的原理。在构件支承面板的连接中，面板边缘通常是平直的，平行于接缝的作用力通过承重构件从一个板传递到另一个板上。在其他结构特征允许的情况下，一种用于自支承连接的简单解决方案是采用直边面板，并在其上方或下方固定木条或钢板条。否则，面板的边缘需要采用机械加工。一种常见的机械连接类型是半搭接连接，也就是将部分面板厚度切削加工成可产生相匹配的边缘现状。当边缘开槽为舌形轮廓时，可将单独的木板条作为表面卡键或内部卡键放置在半搭接边缘 [图 1.13.1 (b)]。合适的钉和螺钉尺寸在 4.7 节中定义。

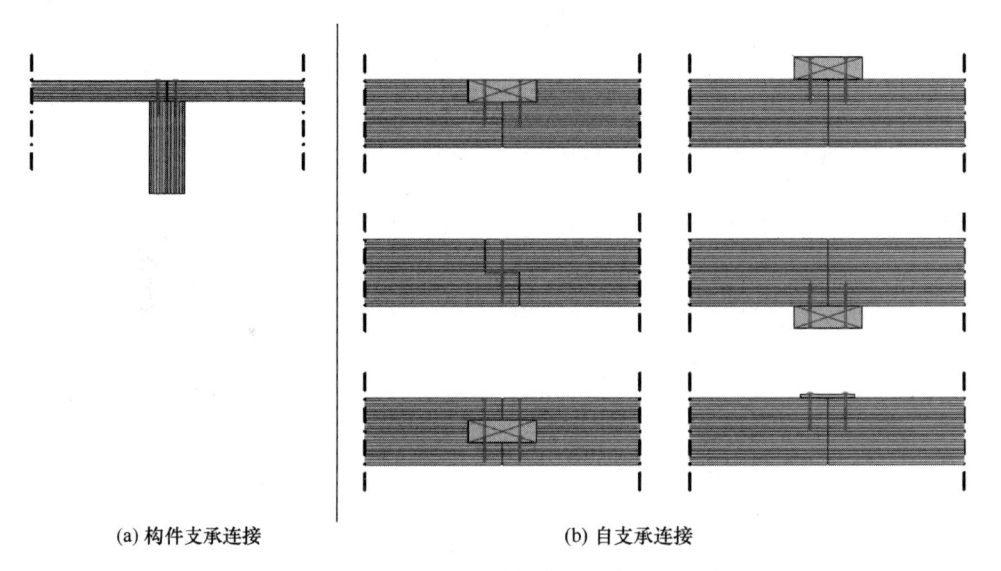

(a) 构件支承连接　　　　　　　　　　　　(b) 自支承连接

图 1.13.1　LVL-C 面板的结构支承和自支承连接示意

第 2 章　楼盖、墙体、屋盖和特殊应用中的 LVL 结构

2.1　概述

旋切板胶合木（LVL）既有多种标准尺寸，又可由用户定制截面尺寸。梁和搁栅适合使用高宽比大的横截面，因为它制成的墙体、楼盖和屋盖的保温隔热性好，且材料利用率高，抗弯刚度大，挠度较小。在屋面结构中，屋脊梁和多跨檩条很适合采用通长的 LVL 材料。通过标准连接件和简单的节点构造，LVL 很容易与其他结构进行组合。明确的 LVL 材料性能和设计方法，为设计人员提供可靠的设计依据，以确保承重木结构的安全可靠。

LVL-P 具有较高的抗弯强度和抗弯刚度，一般用作受弯构件。图 2.1.1 为采用 LVL 梁的芬兰阿尔托大学 Aika 舞台。有时，LVL 可能存在较大局部应力的作用，例如受力方向与木纹成一定夹角的连接节点，此时应选用由正交层板组成的 LVL-C 旋切板胶合木。LVL-C 在正交两个方向都具有较大的刚度、承载力和尺寸稳定性，因此，适用于如双向楼板这样在两个方向受弯的板件。

图 2.1.1　芬兰阿尔托大学的 Aika 舞台

2.2　楼盖结构

　　LVL 建造楼盖结构有多种方式，可以用作传统搁栅楼盖的搁栅（图 2.2.1）或覆面板，也可以由 LVL 整体作为重型木结构楼盖。LVL-P 搁栅的尺寸精确，弹性模量高，建造的楼板坚固耐用。LVL 用于轻型木结构楼盖可以实现较大的跨度，而整张 LVL 板作为楼盖可以减小结构高度。平直、尺寸精确且干燥的 LVL-P 搁栅是工厂制作预制楼盖的理想构件。

(a) 搁栅楼盖　　　　　　　　　　　　　　　(b) 搁栅的齿板连接

图 2.2.1　LVL-P 搁栅楼盖示意

2.2.1　梁和搁栅楼盖

　　楼盖挠度和人员走动使楼盖振动引起的舒适度如何，通常是设计木楼盖搁栅时要重点考虑的问题。木搁栅强度高，如果支承足够可靠，则承载能力一般不会成为主要问题。LVL 搁栅具有较大的刚度，并且外形平直、尺寸精确，是轻型木结构理想的搁栅材料。其含水率在建造前后不会有大的变化，从而减少了因含水率改变而引起的楼面变形和楼板吱吱作响。

　　LVL 搁栅楼盖可以支承在木、钢和混凝土的框架或墙体上。LVL-P 搁栅的宽高比一般为 1:8，该比值也适用于跨度较大的楼盖结构。LVL 楼盖搁置长度建议不小于 45mm，以保证楼盖具有足够的支承长度。图 2.2.2 为 LVL-P 搁栅楼盖结构示意。

　　楼盖构件可以在工厂预制，这样节省了现场施工时间，减少了材料浪费，由于工厂环境干燥，构件质量也有所提高。在工厂预制的搁栅楼盖用材量稍高，这是因为在安装好的楼盖结构体系中，单元拼接处形成了双搁栅。图 2.2.3 为工厂预制的 LVL 楼盖体系的结构示意。

　　楼盖的挠度和振动不仅与楼盖搁栅有关，还与楼盖搁栅上的覆面板以及垂直于楼盖跨度方向的作为搁栅支撑的横撑有关。根据典型的覆面板的刚度，建议搁栅间距为 400mm。最大间距不应超过 600mm，以避免覆面板挠度过大。另外，为达到最好的效果，建议使用聚氨酯胶粘剂将覆面板粘合到搁栅上。根据现场或工厂预制的粘合条件，以及相关标准

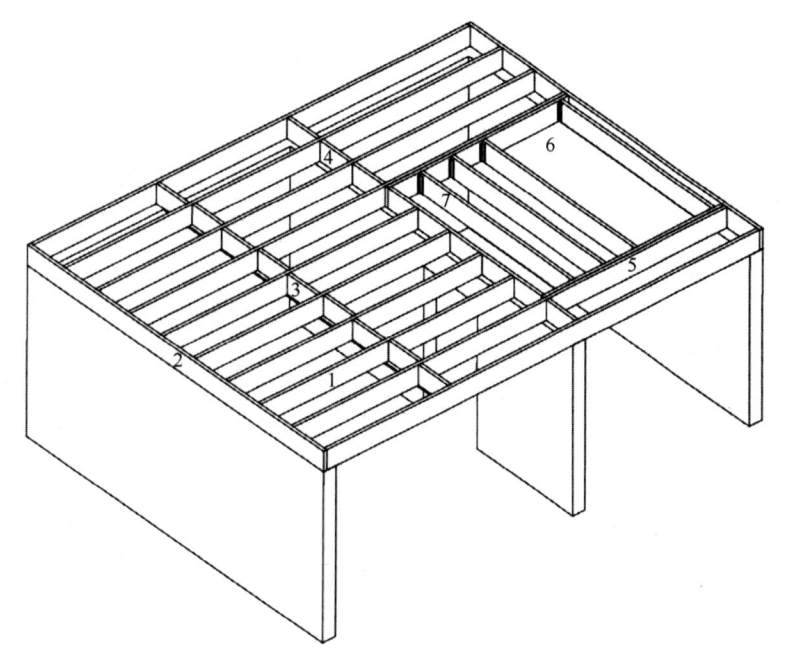

图 2.2.2　LVL-P 搁栅楼盖结构示意

1—楼面搁栅；2—边缘搁栅；3—搁栅跨中横撑；4—搁栅支座横撑；5—托梁；

6—楼梯开口封边搁栅；7—搁栅吊

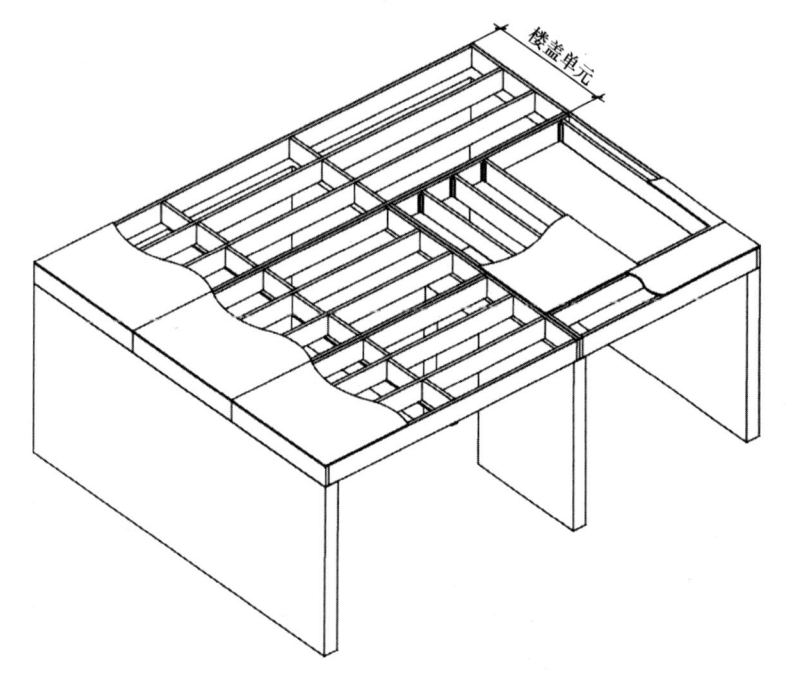

图 2.2.3　工厂预制的 LVL 楼盖体系结构示意

（如芬兰国家规范）的要求，结构计算中可利用至少一半的胶粘组合效应。

　　搁栅之间的横撑可减少集中荷载作用下的挠度，但需要将横撑可靠地固定在搁栅上，以提供所需的侧向刚度，并避免长期荷载效应下的地板吱吱作响（图 2.2.4）。如果搁栅跨度

$L>4$m，建议在跨度中心以 1m 的间距设置 2 道横撑［图 2.2.4 (b)］。最好的改进方法是将横撑固定在安装于楼盖搁栅下的横向受拉板上［图 2.2.4 (c)、(d)］。搁栅下方的横向受拉板最小尺寸为 22mm×100mm，采用直径 2.8mm 长 75mm 的钉固定到搁栅和横撑上。

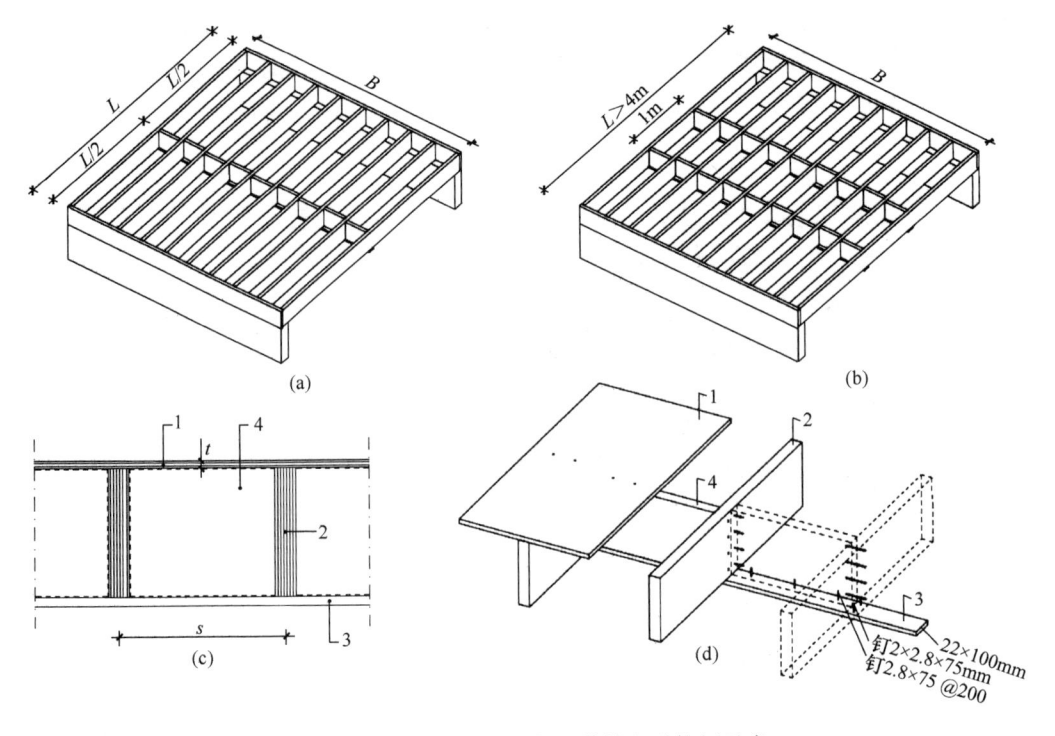

图 2.2.4　楼盖搁栅的横撑和受拉板示意
1—覆面板；2—楼盖搁栅；3—搁栅下横向受拉板；4—横撑

与单跨结构相比，多跨结构可以减少挠度，并使结构跨度做得更大。但是，如果楼盖搁栅在不同房间之间是连续的，则建议搁栅设计得保守一点，这是因为人们会感受到相邻房间的楼板振动。

在设计中，楼盖振动的控制依据为：

(1) 当最低固有频率 f_1 高于 8Hz 时，1kN 集中荷载下的挠度需满足国家相关标准的要求；

(2) 当 f_1 为 4.5Hz～8Hz 时，加速度值需满足国家相关标准的要求。

建议将搁栅楼盖设计为 $f_1>8$Hz，1kN 集中荷载下的挠度相对容易控制；如果要达到加速度的控制标准，就需要在结构上增加相当大的额外重量。有关楼盖振动设计的更多信息，参见本指南第 4.3 节的 4.3.14。

公寓内部的楼板可以是没有隔声和防火要求的轻质楼盖，此时楼盖振动由 1kN 集中荷载下的挠度控制。公寓之间的楼板因隔声和防火要求，往往楼板下部设置防火材料，上部还有额外重量，此时最低固有频率 $f_1>8$Hz 是难以达到的。图 2.2.5 和图 2.2.6 给出了不同搁栅尺寸的最大跨度。使用正常尺寸搁栅的楼盖，搁栅跨度可以达到 6 m；如果选用的搁栅高度足够大，跨度也可以达到或超过 8m。

图 2.2.5 为住宅楼盖初步设计时采用 LVL 48P 搁栅的最大跨度，根据欧洲标准 EN

1995-1-1：2004 ＋ A1：2008 及其芬兰国家附录进行计算，可变荷载为 2.0 kN/m²，隔墙荷载为 0.3 kN/m²，楼盖自重为 0.6kN/m²。其中，标准型楼板的搁栅间距为 400mm，覆面板为 22mm 厚 OSB，覆面板与搁栅无胶粘剂连接、无横撑；增强型楼板搁栅和覆面板同标准型楼板，但搁栅下设置横撑、覆面板与搁栅采用加了胶粘剂的连接，搁栅下横撑断面为 45mm×45mm、间距为 400mm。楼板最低固有频率 $f_1 >$ 8Hz，在 1kN 集中荷载下的最大挠度为 0.5mm～0.8mm，具体挠度值取决于跨度（需符合欧洲规范 EN 1995-1-1 的芬兰国家附录的规定）。

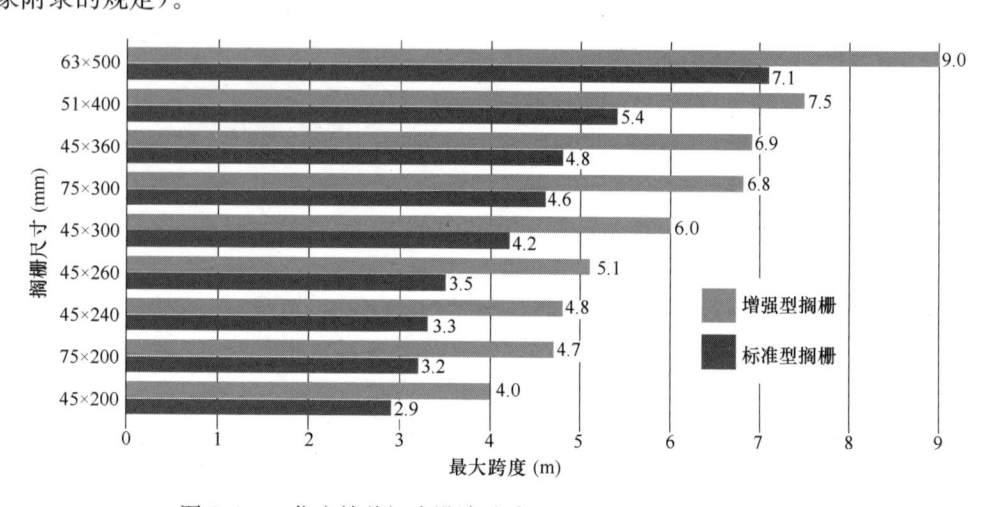

图 2.2.5　住宅楼盖初步设计时采用 LVL 48P 搁栅的最大跨度

　　图 2.2.6 为隔声楼盖初步设计时采用 LVL 48P 搁栅的最大跨度，根据 EN 1995-11：2004 ＋ A1：2008 及其芬兰国家附录进行计算，可变荷载为 2.0kN/m²，隔墙荷载为 0.3kN/m²，楼盖自重为 1.6kN/m²（包括 50mm 的水泥砂浆层）。其中，标准型楼板的搁栅间距为 400mm，覆面板采用 22mm 厚 OSB，与搁栅无胶粘剂连接、无横撑。增强型楼板搁栅间距仍为 400mm，覆面板也是 22mm 厚 OSB，但覆面板与搁栅加了胶粘剂的连接，且有横撑，搁栅下横撑断面为 45mm×45mm、间距为 400mm。最低固有频率 $f_1 >$ 8Hz，在 1kN 集中荷载下的最大挠度为 0.5mm～0.8mm，具体取决于跨度（需符合欧洲规范

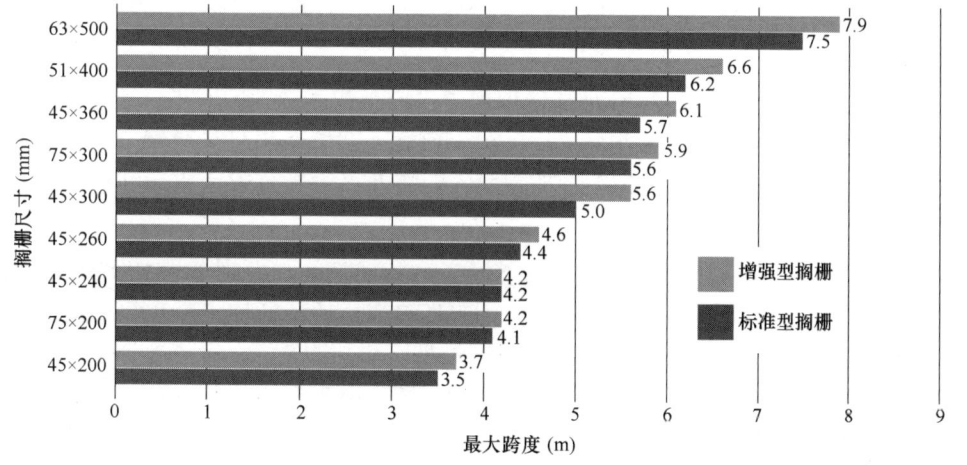

图 2.2.6　隔声楼盖初步设计时采用 LVL 48P 搁栅的最大跨度

EN 1995-1-1 的芬兰国家附录的规定）。

图 2.2.7 为 LVL 搁栅楼盖的结构构造。

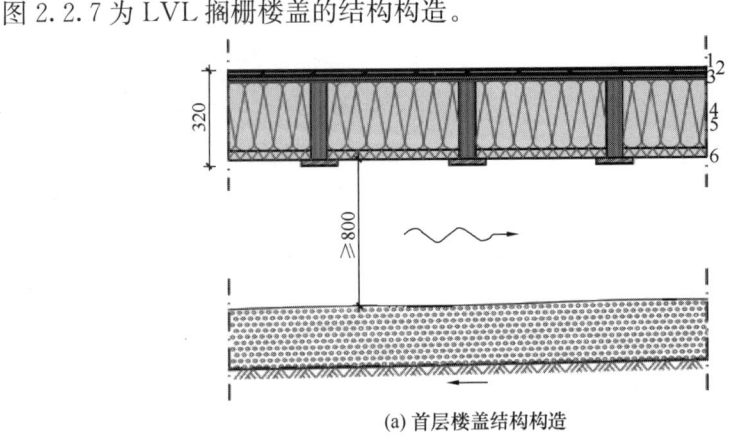

(a) 首层楼盖结构构造

1—地板；2—18mm 厚胶合板；3—防水透气膜；4—45mm×260mm LVL 搁栅间距 400mm；

5—230mm 厚矿棉隔热层+30mm 防风层+隔热材料　6—支撑木板条

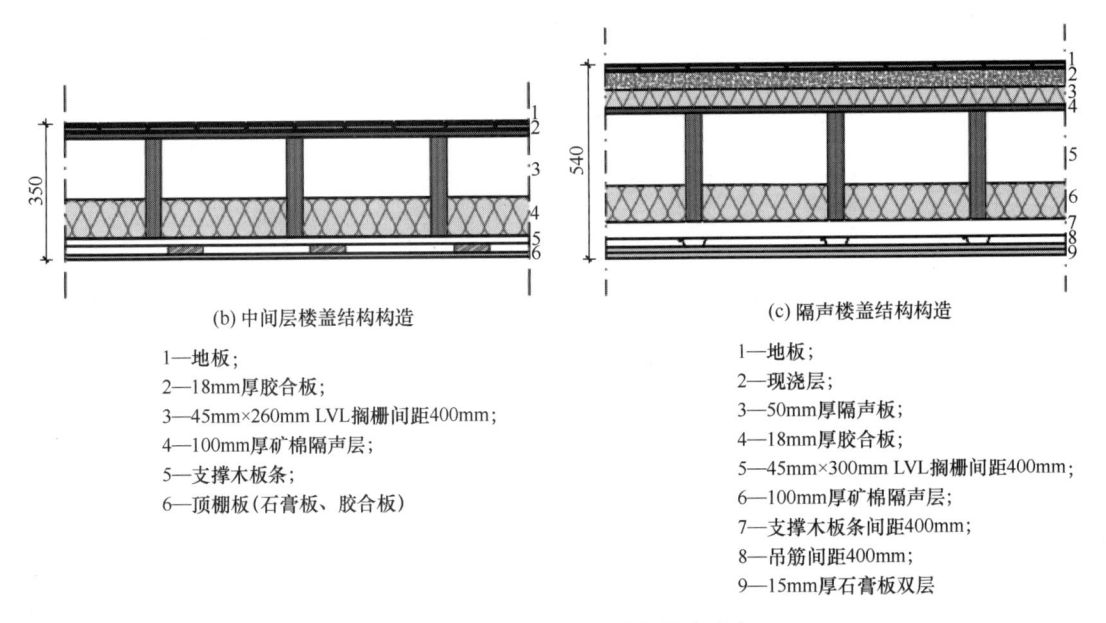

(b) 中间层楼盖结构构造

1—地板；

2—18mm 厚胶合板；

3—45mm×260mm LVL 搁栅间距 400mm；

4—100mm 厚矿棉隔声层；

5—支撑木板条；

6—顶棚板 (石膏板、胶合板)

(c) 隔声楼盖结构构造

1—地板；

2—现浇层；

3—50mm 厚隔声板；

4—18mm 厚胶合板；

5—45mm×300mm LVL 搁栅间距 400mm；

6—100mm 厚矿棉隔声层；

7—支撑木板条间距 400mm；

8—吊筋间距 400mm；

9—15mm 厚石膏板双层

图 2.2.7　LVL 搁栅楼盖结构构造示意

2.2.2　楼盖大梁

LVL-P 构件经常作为支撑搁栅的主梁、洞口边梁，以及楼梯的洞口边梁使用。搁栅可放置于大梁上方，也可用搁栅吊固定于大梁侧面，或者采用斜向钉连接于大梁的侧面。

楼盖大梁通常采用 LVL 组合梁（多片 LVL 拼接而成），以减小梁高并保证具有足够的承载力。连接方式采用圆钉、螺钉或螺栓，保证构件可靠连接，见图 2.2.8，尤其当搁栅连于大梁侧面时，组合梁可靠连接尤为重要。组合梁层板至少需采用两排间距不小于 300mm 的钉连接。单侧承受荷载的 LVL 组合梁，最多采用 3 层层板组成。顶部受力或两侧受力相同的 LVL 组合梁，层板数可达到 4 层。LVL 供应商应提供侧向连接的连接件承载能力表。图 2.2.9 为 LVL 48P 梁的跨度和承载能力关系图，用于楼面梁的初步估算。

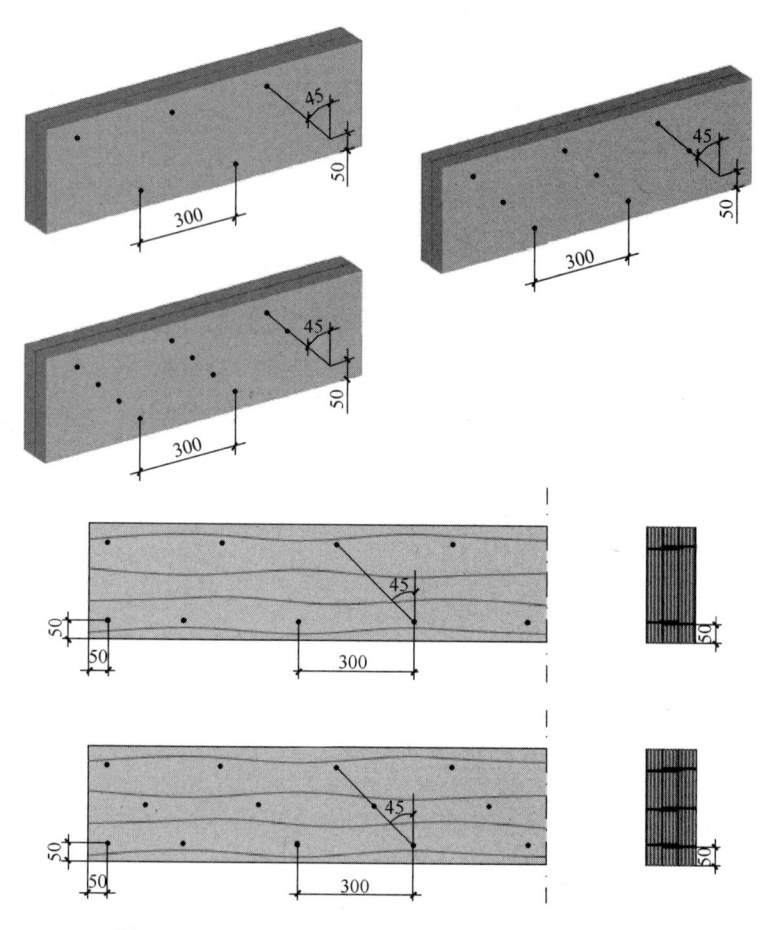

图 2.2.8　多根 LVL 组合梁的钉连接和螺钉连接示意

　　图 2.2.9 按欧洲标准 EN 1995-1-1：2004 ＋ A1：2008 及其芬兰国家附录进行计算。其中，永久荷载为标准荷载的 20％（kN/m²）；使用环境等级（Service Class）为 1 级或 2

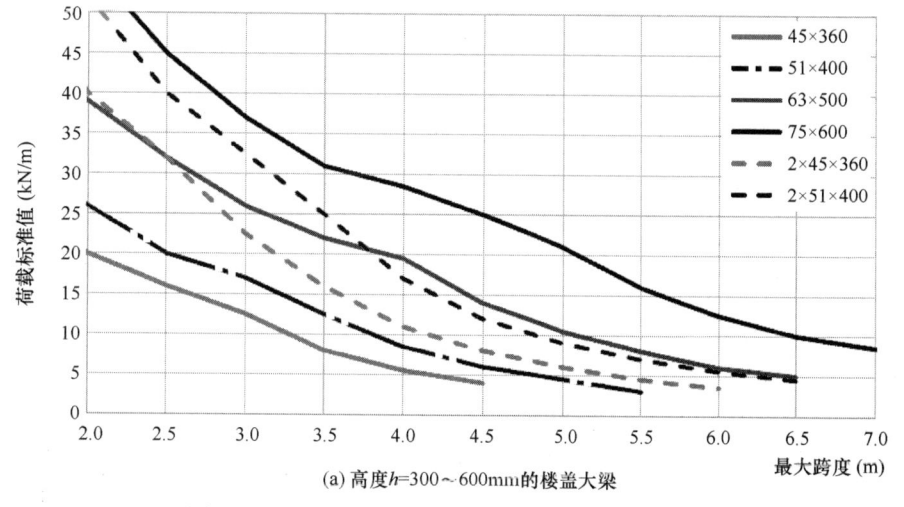

(a) 高度h=300~600mm的楼盖大梁

图 2.2.9　LVL 48P 梁的跨度和承载力关系图（一）

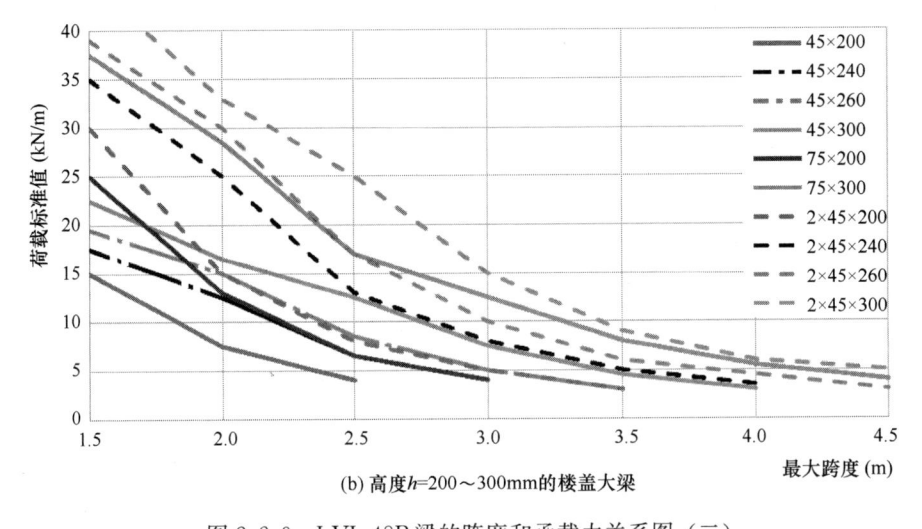

(b) 高度h=200～300mm的楼盖大梁

图 2.2.9　LVL 48P 梁的跨度和承载力关系图（二）

级，安全等级（Consequences Class）为 CC2（对应中国规范为建筑结构安全等级二级）；椽条上表面设有间距不大于 600mm 的侧向扭转屈曲支撑，荷载作用于侧向扭转屈曲支撑处；支承长度应单独计算；初始挠度 $\omega_{inst} \leqslant L/400$，最终净挠度 $\omega_{net,fin} \leqslant L/300$；$\gamma_M = 1.2$。图 2.2.9 不能替代项目的正式结构设计。当组合梁发生侧向扭转屈曲时，按实际情况计算梁的承载能力。

2.2.3　封边板和封边梁

LVL 封边板和封边梁用于轻型木结构中墙体与楼盖的连接处。根据结构体系的不同，它们的受力也有所区别。封边板可作为防止搁栅侧倾的边缘约束，也可作为荷载传递的构件，将墙体线荷载从楼盖上方传递到楼盖下方的支承墙上。封边梁与楼盖的连接有多种形式，见图 2.2.10。

LVL-C 产品供货时是干燥的，长度较长，在楼盖搁栅高度方向具有良好的强度、刚度和尺寸稳定性，是封边板的理想产品。LVL-C 的变形较小，可防止石膏板墙或立面抹灰中出现表面开裂，并增强建筑围护结构的气密性。

在设计住宅之间的隔墙时，封边板必须具有足够的阻燃性能，以防止火在墙体或楼盖的空腔中蔓延。厚度为 30mm 的封边板可以作为隔火隔断，以满足结构具有 30min 的完整性和隔热性性能标准。

设计封边梁时，也可以选择稍大一点的尺寸，使其同时作为门或窗洞口的承重过梁，以保证梁的抗弯强度和刚度。在一些结构体系中，封边板用作荷载的二次传递路径，以防止结构在部分墙体破坏后连续倒塌。

2.2.4　楼板

LVL-C 可作为轻型木结构搁栅间距较大时的覆面板，也可直接作为楼板。LVL-C 板刚度大，能够在搁栅间距较大时满足覆面板的挠度要求。大幅面板可以用起重机快速便捷

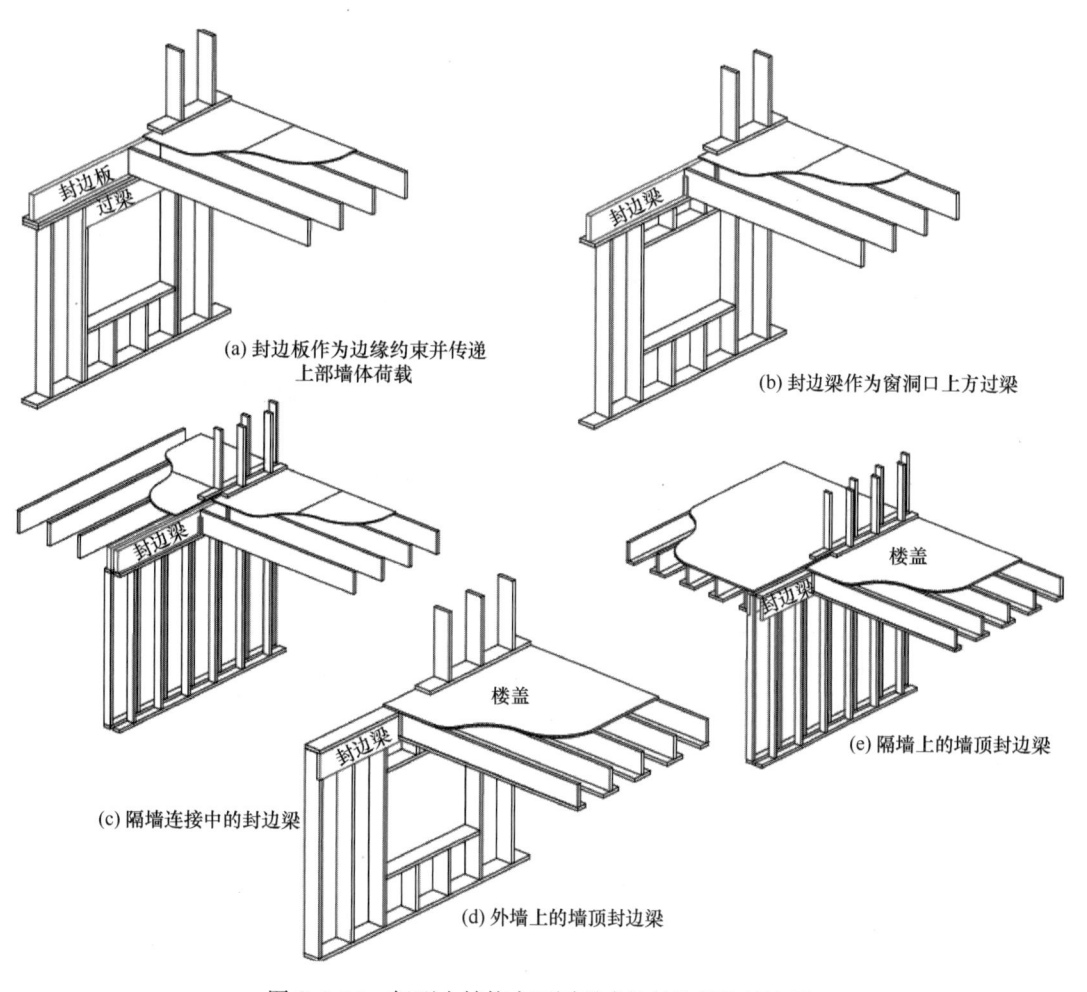

(a) 封边板作为边缘约束并传递
上部墙体荷载

(b) 封边梁作为窗洞口上方过梁

(c) 隔墙连接中的封边梁

(d) 外墙上的墙顶封边梁

(e) 隔墙上的墙顶封边梁

图 2.2.10　轻型木结构中不同形式的封边板和封边梁

地安装。由于这种楼板和下部结构之间所需的连接较少，LVL-C 成为结构设计简便的解决方案。图 2.2.11～图 2.2.14 为 LVL-C 楼板结构的安装和构造示意。

　　LVL-C 板可用作单跨跨度不超过 2.6m 的楼盖结构，这种结构高度小的楼盖对层高受限的结构是一个很有吸引力的选择，例如，可作为走廊楼盖或公寓内部层间楼盖。多层胶合的 GLVL-C 板可用于 4m 以上的跨度。LVL 板初步设计时跨度见图 2.2.15。

　　图 2.2.15 是根据欧洲标准 EN 1995-1-1：2004 ＋ A1：2008 及其芬兰国家附录进行的计算。永久荷载为 0.4kN/m² ＋面板自重；附加荷载为 2.0kN/m²（类别 A）；使用环境等级（Service Class）为 1 或 2；安全等级（Consequences Class）为 CC2（对应中国标准为建筑结构安全等级的二级）；支承长度不小于 45mm；瞬时挠度 $\omega_{inst} \leqslant L/400$，净最终挠度 $\omega_{net,fin} \leqslant L/300$；$\gamma_M = 1.2$；双跨度结构的最大跨度可能会长 0.1m～0.3m；最低固有频率 $f_1 > 8Hz$，在 1kN 集中荷载下的最大挠度为 0.5mm～0.8mm，具体取决于跨度（需符合欧洲规范 EN 1995-1-1 的芬兰国家附录的规定）。

图 2.2.11　GLVL-C 多层胶合楼盖的安装

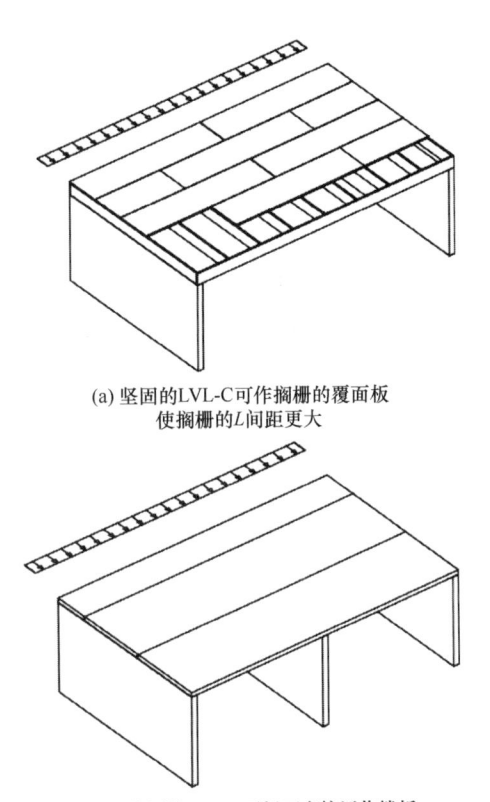

(a) 坚固的LVL-C可作搁栅的覆面板
使搁栅的L间距更大

(b) 较厚的LVL-C面板可直接用作楼板

图 2.2.12　LVL-C 楼盖构件

图 2.2.13　LVL 楼盖构件的安装

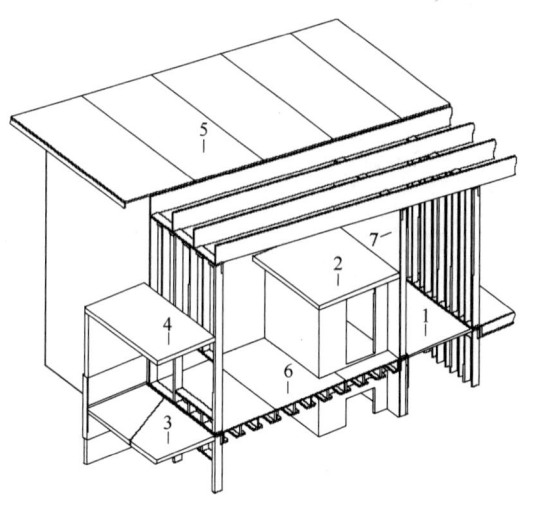

图 2.2.14　LVL-C 板在多层建筑中的应用示意

1—走廊楼板；2—阁楼型公寓的夹层楼板；3—阳台楼板；

4—阳台顶棚；5—屋面板；6—结构覆面板楼盖顶板；

7—轻型木结构墙的覆面板

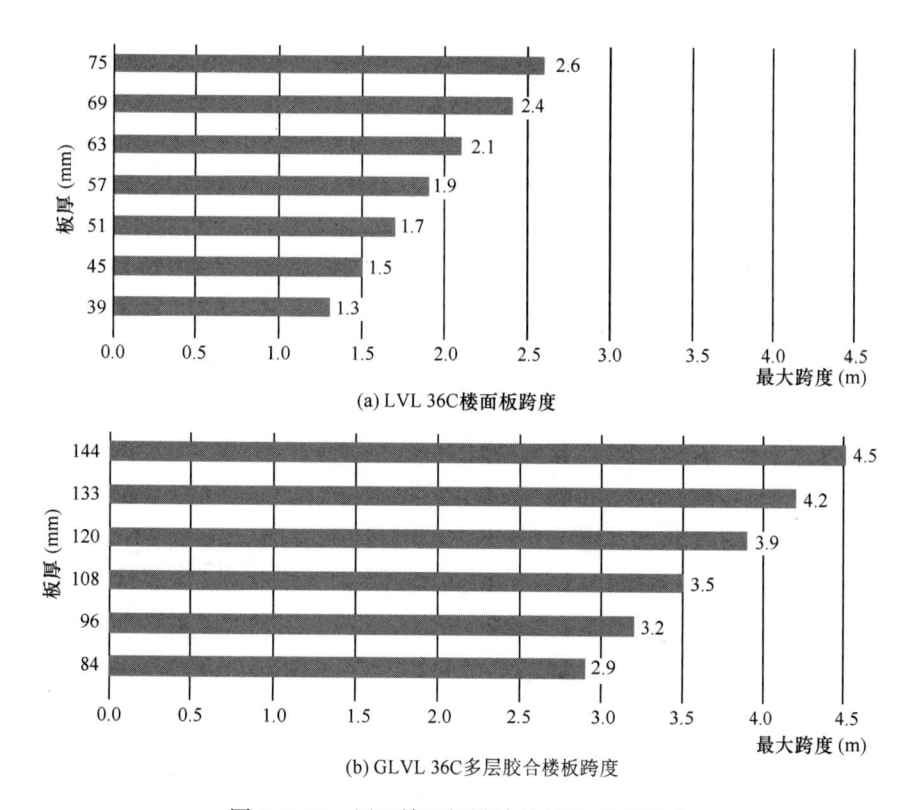

图 2.2.15　用于楼面板设计的 LVL-C 板跨度

2.2.5　多层胶合 GLVL 梁

对于较大跨度或承受较大荷载的主梁，可采用较大截面的 LVL 制作成多层胶合的 GLVL 梁（图 2.2.16）。梁的高度可以根据具体情况进行定制，但为了优化材料利用效率，建议采用标准高度的 LVL 梁或小于标准高度 5mm～10mm 的 LVL 梁。梁宽等于多个 LVL 砂光层板的厚度总和（如 2×42mm ＝ 84mm）。多层胶合 GLVL 梁的优点是在干燥条件下木材不易开裂，但是，当其应用于直接外露的情况时，表面砂光方式和装饰面种类均须与供应商进行商定，以保证其表面的光洁美观。对于 GLVL 梁通常有下列标准尺寸的建议值：

（1）梁宽为：84mm、96mm、90mm、108mm、120mm、133mm、144mm；

（2）梁高为：200mm、225mm、240mm、260mm、300mm、360mm、450mm、600mm。

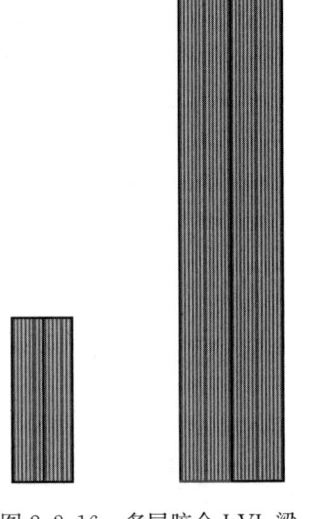

图 2.2.16　多层胶合 LVL 梁（GLVL）

2.2.6　肋梁楼盖

肋梁楼盖（肋板楼盖、箱形楼盖或开口式箱形楼盖）在大跨度楼盖或高度受限的楼盖中是一种十分有效的结构形式。它们通过机械连接或胶合连接能够形成面板与肋梁的共同作用。建议使用胶合连接，是因为胶合连接比机械连接刚度高、效率高。但是为确保胶合的质量，对胶合连接楼盖的加工有更高的技术要求。

最简单的肋梁楼盖形式为 T 形截面的肋板楼盖：25mm～37mm 厚的 LVL-C 板作为翼缘胶合在 200mm～400mm 高的 LVL-P 肋板上［图 2.2.17（a）］。与典型的 LVL 搁栅楼盖的尺寸相比，这种形式的楼盖可减小约 100mm 的楼盖高度或加大约 1m 的楼盖跨度。其他肋梁楼盖形式包含：箱形楼盖，在 T 形截面的基础上，将另一块 LVL-C 板胶合到底部形成箱形截面［图 2.2.17（b）］。另一种是开口式箱形楼盖，在 T 形截面的基础上，将不连续的 LVL-P 板胶合在肋的底部，形成开口式的箱形截面［图 2.2.17（c）、图 2.2.18］。这两种箱形截面与 T 形截面相比，还可以再减少约 100mm 的楼盖高度或再加大约 1m 的楼盖跨度。各种 LVL 楼盖的构造对比见图 2.2.19。然而，由于封闭式箱形楼盖刚度更高，楼盖更容易通过结构发出声响，很难满足住宅间的隔声需求，因此，工程中建议采用开口式箱形楼盖。图 2.2.20 为初步设计时 LVL 肋梁楼盖和开口式箱形楼盖的跨度及高度选用图。

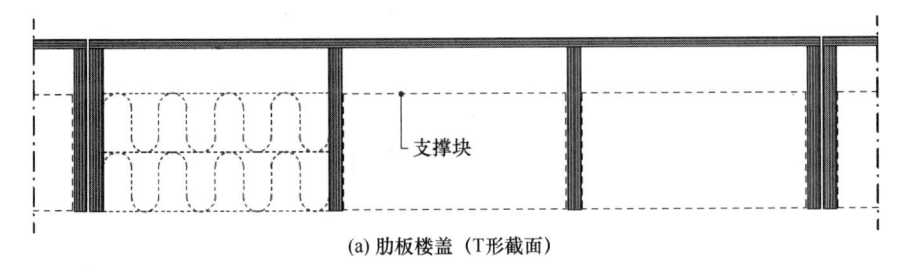

(a) 肋板楼盖（T 形截面）

图 2.2.17　LVL 肋板楼盖、箱形楼盖和开口式箱形楼盖（一）

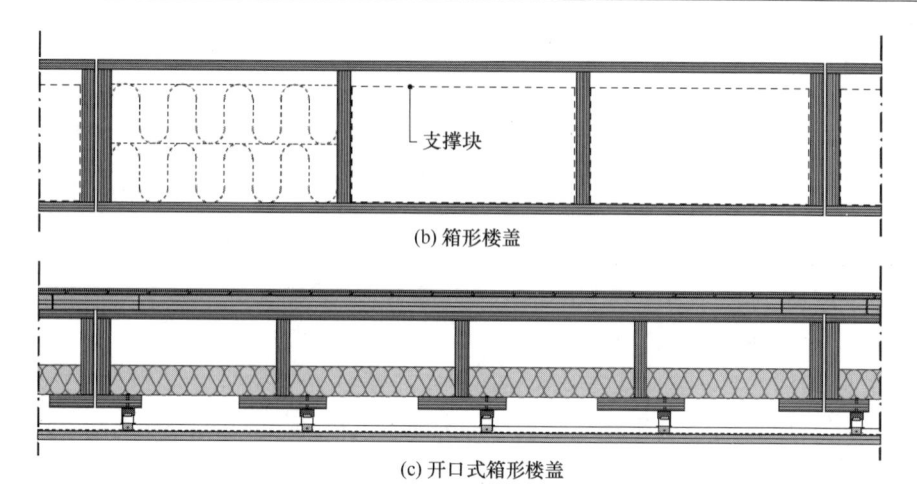

(b) 箱形楼盖

(c) 开口式箱形楼盖

图 2.2.17　LVL 肋板楼盖、箱形楼盖和开口式箱形楼盖（二）

(a) 多层建筑中的LVL开口式箱形楼盖　　　　　(b) LVL开口式箱形楼盖的组件安装

图 2.2.18　开口式箱形楼盖的使用

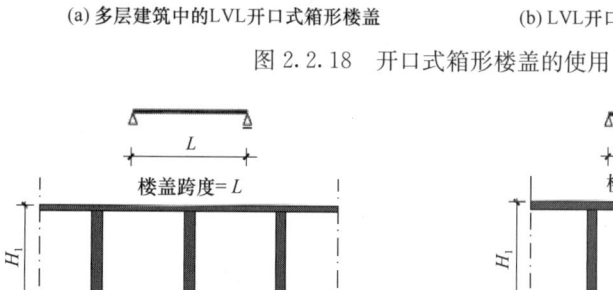

(a) 搁栅楼盖

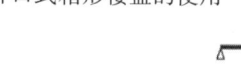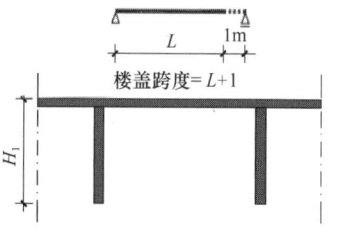

(b) T形肋板楼盖
楼盖高度与图(a)相同时楼盖跨度可延长1m

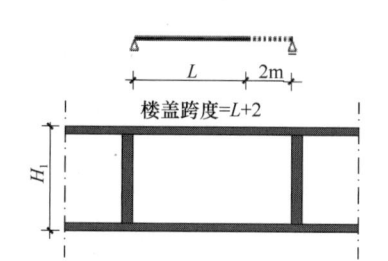

(c) 箱形楼盖
楼盖高度与图(a)相同时楼盖跨度可延长2m

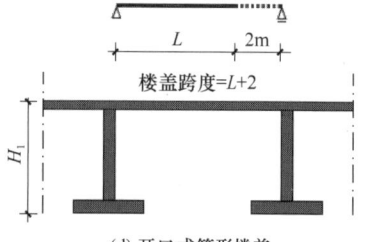

(d) 开口式箱形楼盖
楼盖高度与图(a)相同时楼盖跨度可延长2m

图 2.2.19　各种 LVL 楼盖的构造对比（一）

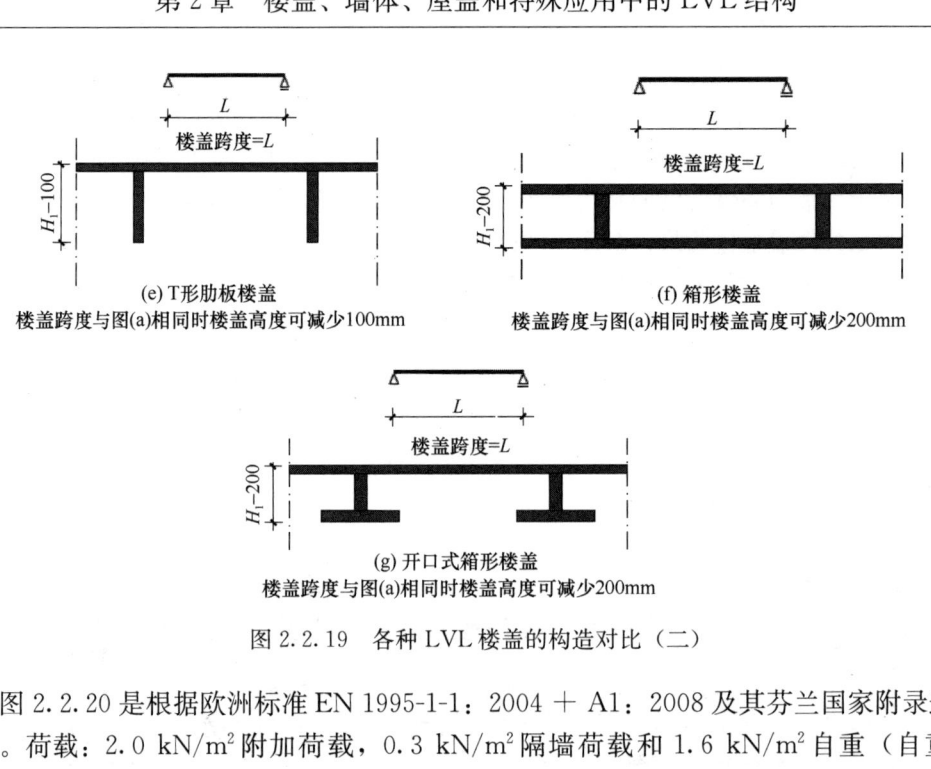

(e) T形肋板楼盖
楼盖跨度与图(a)相同时楼盖高度可减少100mm

(f) 箱形楼盖
楼盖跨度与图(a)相同时楼盖高度可减少200mm

(g) 开口式箱形楼盖
楼盖跨度与图(a)相同时楼盖高度可减少200mm

图 2.2.19　各种 LVL 楼盖的构造对比（二）

图 2.2.20 是根据欧洲标准 EN 1995-1-1：2004 ＋ A1：2008 及其芬兰国家附录进行的计算。荷载：2.0 kN/m² 附加荷载，0.3 kN/m² 隔墙荷载和 1.6 kN/m² 自重（自重包括 LVL 构件和 50mm 砂浆）。横向支撑见本指南图 2.2.4；最低固有频率 $f_1 > 8$Hz，在 1kN 集中荷载下的最大挠度为 0.5mm～0.8mm，具体取决于跨度（需符合欧洲规范 EN 1995-1-1 的芬兰国家附录的规定）。

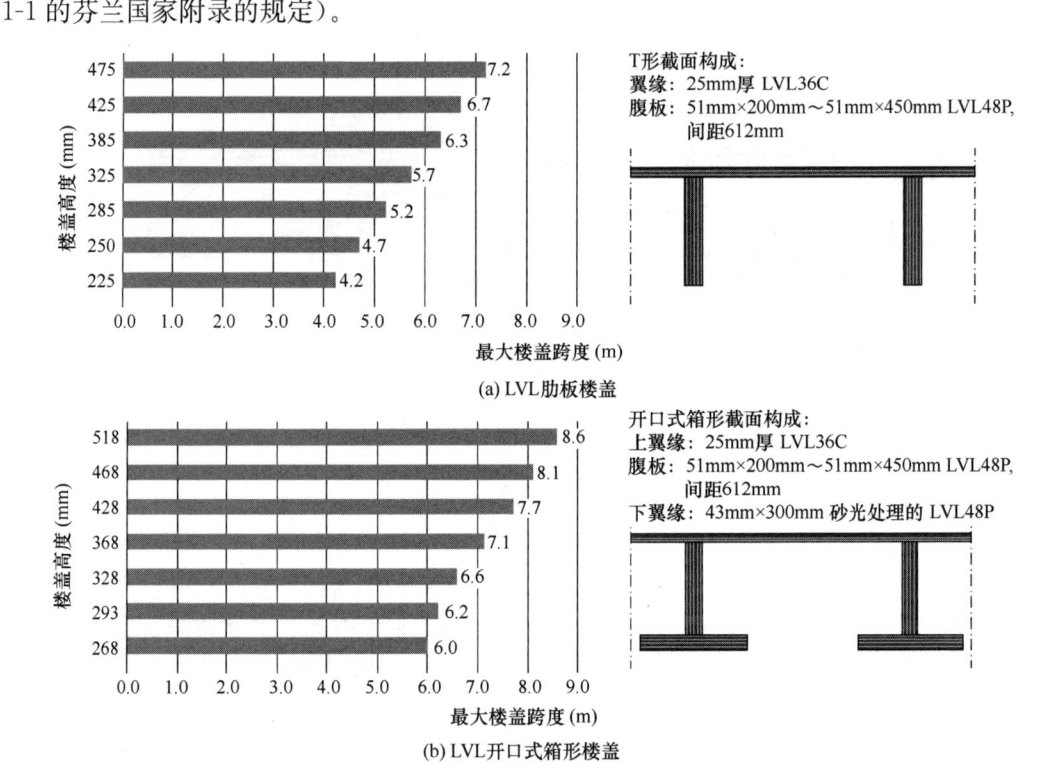

图 2.2.20　初步设计时 LVL 肋梁楼盖和开口式箱形楼盖的跨度及高度选用图

肋梁楼盖的支承方式有两种：一种是像普通搁栅楼盖那样将支座设置在楼盖下方［图2.2.21（a）］；另一种是采用上翼缘板支撑，其中 LVL-C 上翼缘板边缘应比肋板突出一些，只有突出的部分连接于支座上［图2.2.21（b）］。这种做法简化了楼盖的现场安装，也简化了用于支承的墙体构件的几何形状。但必须注意的是，如果选择将支座设置在上翼缘板的做法，其楼盖整体的最大跨度可能略小于支座设置在下翼缘板的楼盖，并且可能需要更厚的上翼缘板和更高的肋板来确保支撑处的承载力。

肋梁楼盖可以根据构件供应商的欧洲技术评文件（ETA）进行 CE 标识。

图2.2.21（a）支座设于楼盖下部，LVL 肋板楼盖或开口箱形楼盖分别支承于外墙和内墙上。图2.2.21（b）中支座设于上翼缘板悬挑处，LVL 肋板楼盖或开口式箱形楼盖分别支承于外墙和内墙，并且使墙体构件的几何形状更简单，并减少了构件的横纹受力。

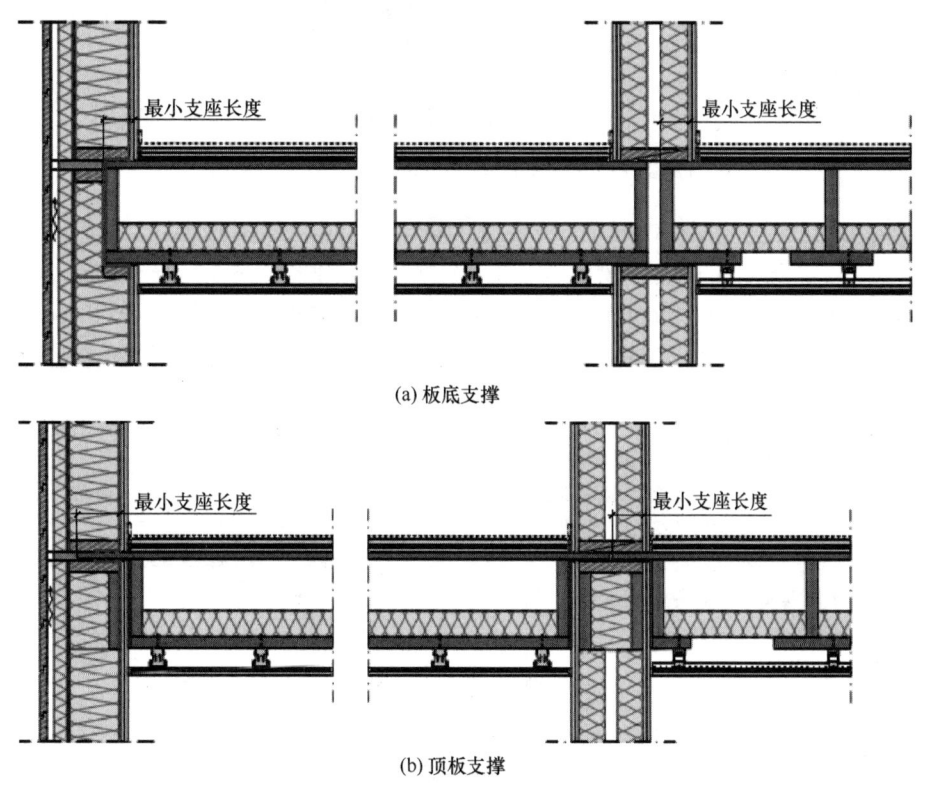

(a) 板底支撑

(b) 顶板支撑

图2.2.21　楼盖支座做法示意

2.2.7　翻修应用

在翻修工程中，可以用 LVL 加固旧楼盖，而不会显著增加旧结构的荷载。一种简单的做法是将 LVL-P 搁栅固定在旧搁栅的两侧，因为 LVL 梁较轻，方便搬运，可安装于旧搁栅之间的空隙中（图2.2.22）。另一种做法是将 LVL-C 板安装在旧搁栅顶部，这种做法可以增加刚度，并改善建筑整体的抗侧性能。翻修时，现场采用胶合连接方式较为困难，但是，胶合连接有利于减小挠度。也可采用斜向钉连接来连接新旧构件，这样可以保证新旧构件之间的连接具有良好的刚度（图2.2.23）。

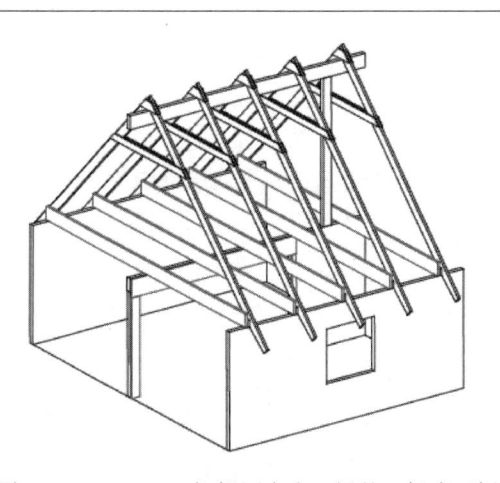

图 2.2.22　LVL-P 搁栅固定在旧梁的一侧或两侧

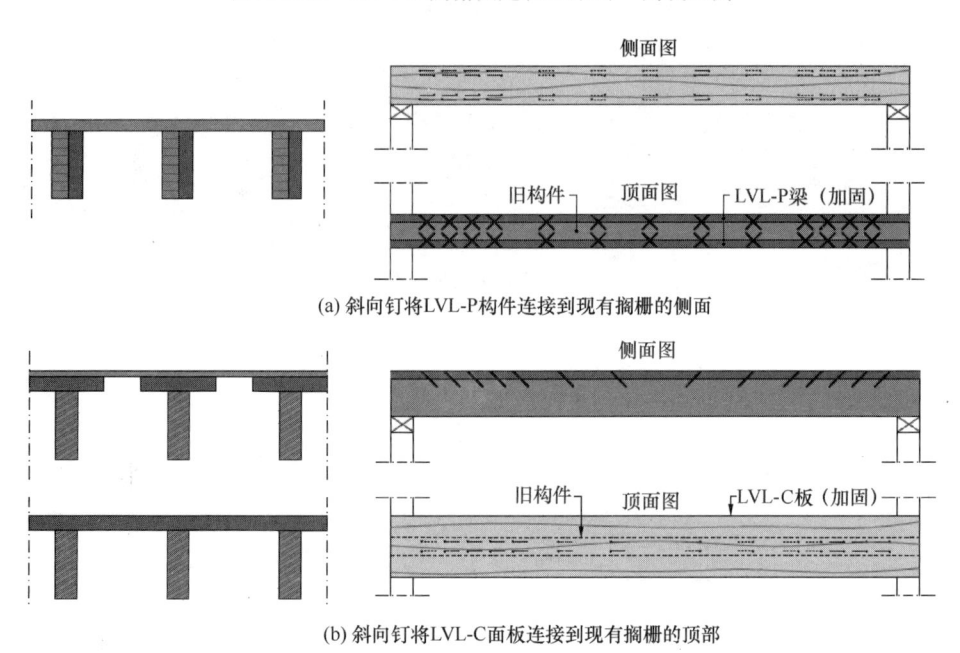

(a) 斜向钉将 LVL-P 构件连接到现有搁栅的侧面

(b) 斜向钉将 LVL-C 面板连接到现有搁栅的顶部

图 2.2.23　斜向钉连接示意

2.3　屋盖结构

截面高宽比大的 LVL-P 梁可用于制作保温隔热性能好的屋盖结构。LVL-P 跨度大，构造简单，适合用作住宅坡屋盖的椽条。大开间建筑的屋面结构中的多跨 LVL-P 檩条可以现场安装，也可以作为楼盖构件在工厂进行预制。大型 LVL-C 屋面板安装速度快，可承受横向荷载，也可以直接做成挑檐，外观轻巧而无须支承梁。

2.3.1　屋盖梁和椽条

LVL-P 屋盖椽条可广泛用于不同跨度的双坡屋盖或单坡屋盖（图 2.3.1、图 2.3.2）。不同国家在屋盖结构的能效要求中，将传热系数 u 值设置在 0.09W/(m·K)～0.15W/

（m·K）之间。对于使用传统的矿棉或木纤维保温隔热材料的屋盖，要达到这样的能效要求，则保温材料厚度需要达到250mm～450mm。内保温屋面为了在保温层和屋盖覆面板之间提供足够的通风空间，椽条应至少高出保温层100mm，或者需要另外设置单独的板条结构（图2.3.3）。根据气候条件和建筑热工设计的不同，一些国家首选没有通风间隙的外保温屋面。这种情况下，LVL-P椽条提供了一个简单的解决方案，使冷桥最小。此外，LVL-P椽条还具有良好的承载力和刚度，使椽条间距可以更大，达到1200mm。

挑檐部分的椽条，其末端可以开槽，开槽可在现场用普通的木工工具来完成。为了更快地安装，也可以从供应商那里订购端部加工好的椽条。

图2.3.1 双坡屋盖结构中的LVL-P椽条　　图2.3.2 单坡屋盖结构中的LVL-P椽条

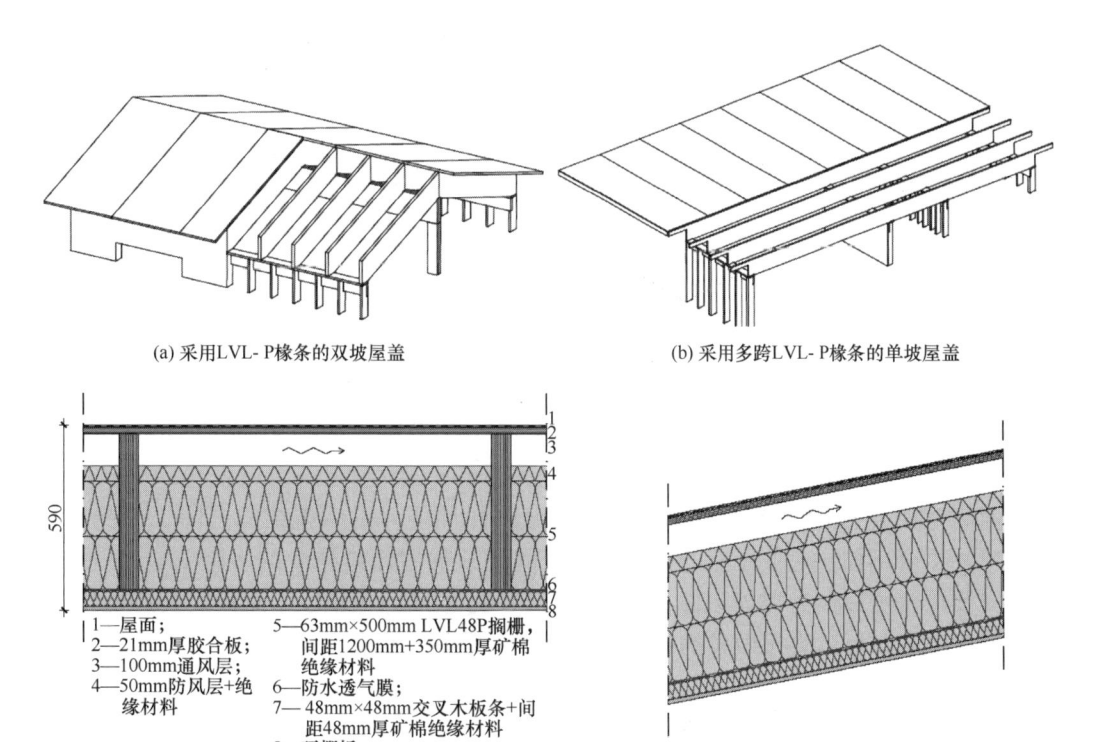

(a) 采用LVL-P椽条的双坡屋盖　　　　　　(b) 采用多跨LVL-P椽条的单坡屋盖

1—屋面；
2—21mm厚胶合板；
3—100mm通风层；
4—50mm防风层+绝缘材料

5—63mm×500mm LVL48P搁栅，间距1200mm+350mm厚矿棉绝缘材料；
6—防水透气膜；
7—48mm×48mm交叉木板条+间距48mm厚矿棉绝缘材料
8—顶棚板

(c) 内保温屋面LVL椽条结构剖面图（垂直椽条）　　(d) 内保温屋面LVL椽条结构剖面图（平行椽条）

图2.3.3 LVL屋盖结构示意

图 2.3.4 为初步设计时，采用 LVL 48P 屋面椽条的跨度及高度选用图。图 2.3.4 是根据 EN 1995-1-1：2004 ＋ A1：2008 及其芬兰国家附件进行的计算；屋顶坡度为 1∶3；永久荷载 0.9kN/m²，地面雪荷载标准值 s_k 为 0.65、1.5 或 2.75kN/m²（屋面雪荷载＝0.8×s_k），风荷载 0.2kN/m²；使用环境等级（Service Class）为 1 或 2；安全等级（Consequences Class）

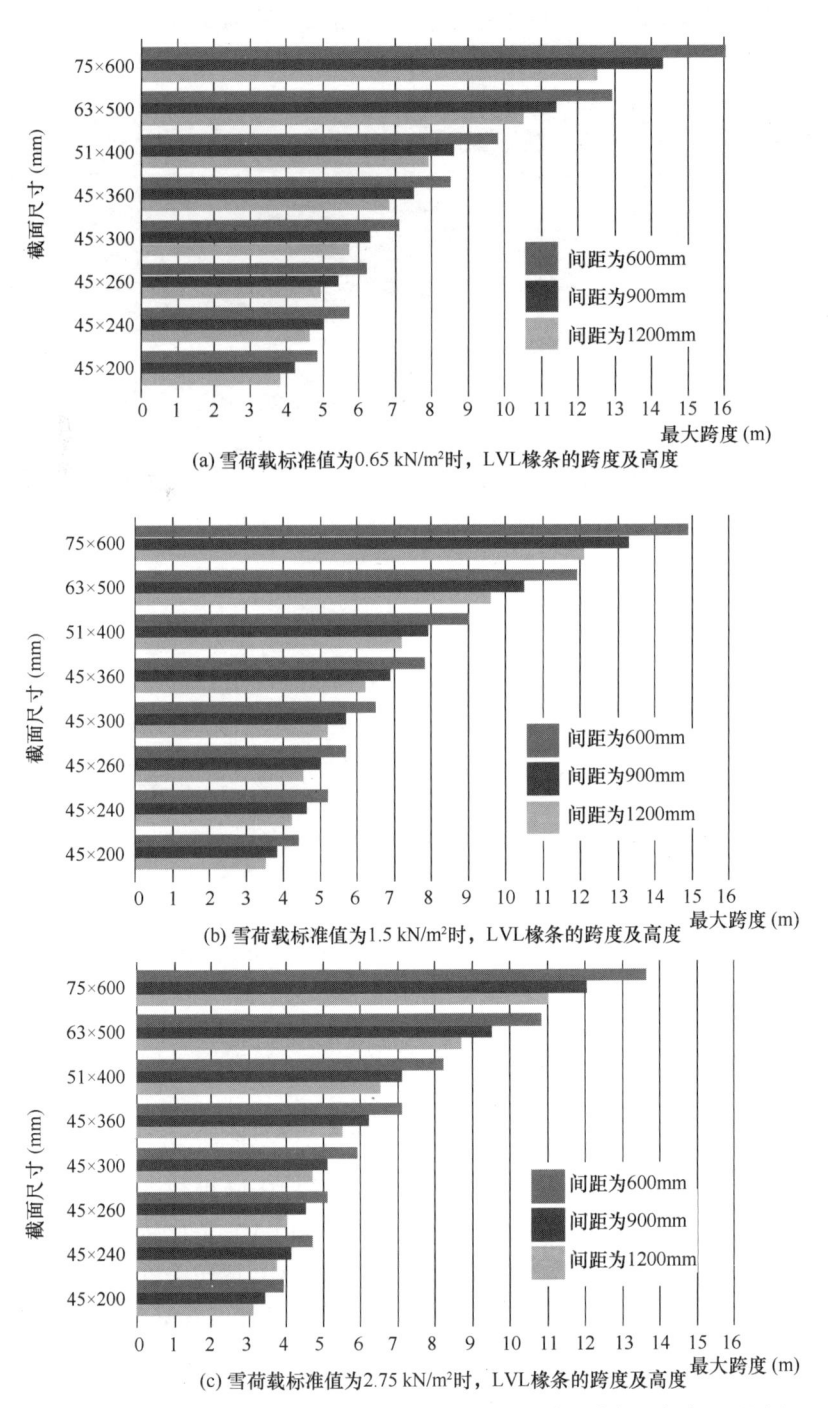

(a) 雪荷载标准值为 0.65 kN/m² 时，LVL 椽条的跨度及高度

(b) 雪荷载标准值为 1.5 kN/m² 时，LVL 椽条的跨度及高度

(c) 雪荷载标准值为 2.75 kN/m² 时，LVL 椽条的跨度及高度

图 2.3.4　采用 LVL 48P 椽条的单坡屋盖进行预设计的跨度及高度选用图表

注：图中的跨度为椽条支承中心之间的水平投影距离

为 CC2（对应中国标准为建筑结构安全等级二级）；椽条顶部以不大于 900mm 的间距布置了抗侧向扭转屈曲支撑，受力位于侧向扭转屈曲支撑处；椽条跨中需设置防屈曲支撑；支承长度单独计算；最终净挠度 $\omega_{\text{net,fin}} \leqslant L/200$；$\gamma_M = 1.2$；图 2.3.4 不能代替具体工程项目的结构设计。

图 2.3.5 为椽条带悬挑端的端部开槽实例。图 2.3.6 为屋盖椽条在支承上的连接示意，开槽的具体细节需要在项目的结构设计中进行设计验算。

图 2.3.5　椽条带悬挑端的端部开槽实例

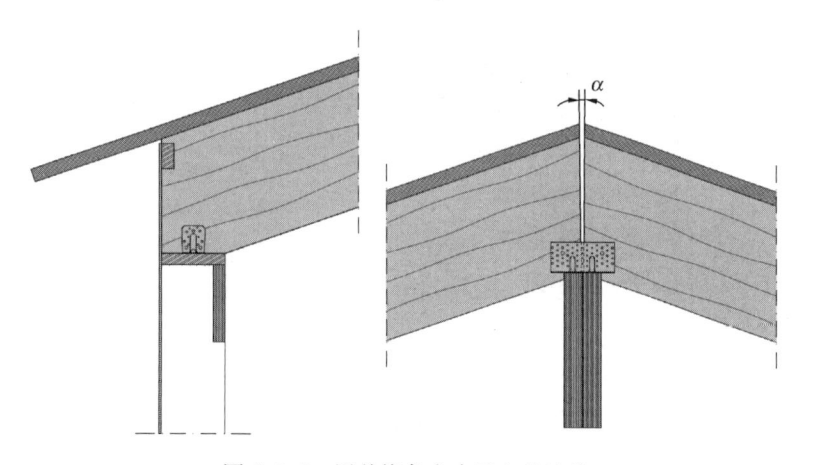

图 2.3.6　屋盖椽条在支承上的连接

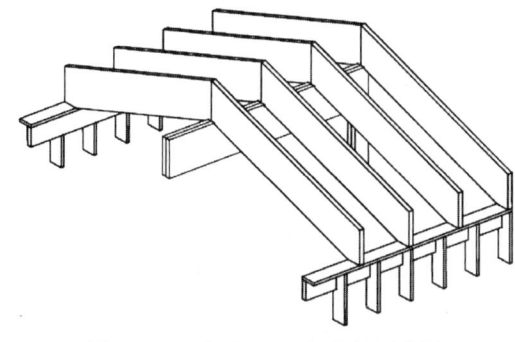

图 2.3.7　多重 LVL 组合的屋脊梁

2.3.2　屋脊梁

LVL-P 梁可作为双坡屋盖的屋脊梁。由于单根 LVL 梁比较薄，LVL 屋脊梁通常由多根 LVL 梁组合在一起（图 2.3.7）。椽条可以支承在屋脊梁顶部，也可以用梁托等金属连接件在屋脊梁侧面进行连接。本指南第 2.2.2 节及图 2.2.8 对 LVL 组合梁的钉和螺钉连接形式进行了介绍。当采用屋脊梁侧面进行连接时，组合屋脊梁的 LVL 梁板之间的钉连接或螺钉连接必须根据项目具体情况进行设计验算。

图 2.3.8 为采用单跨度 LVL 48P 屋脊梁进行预设计的承载力。

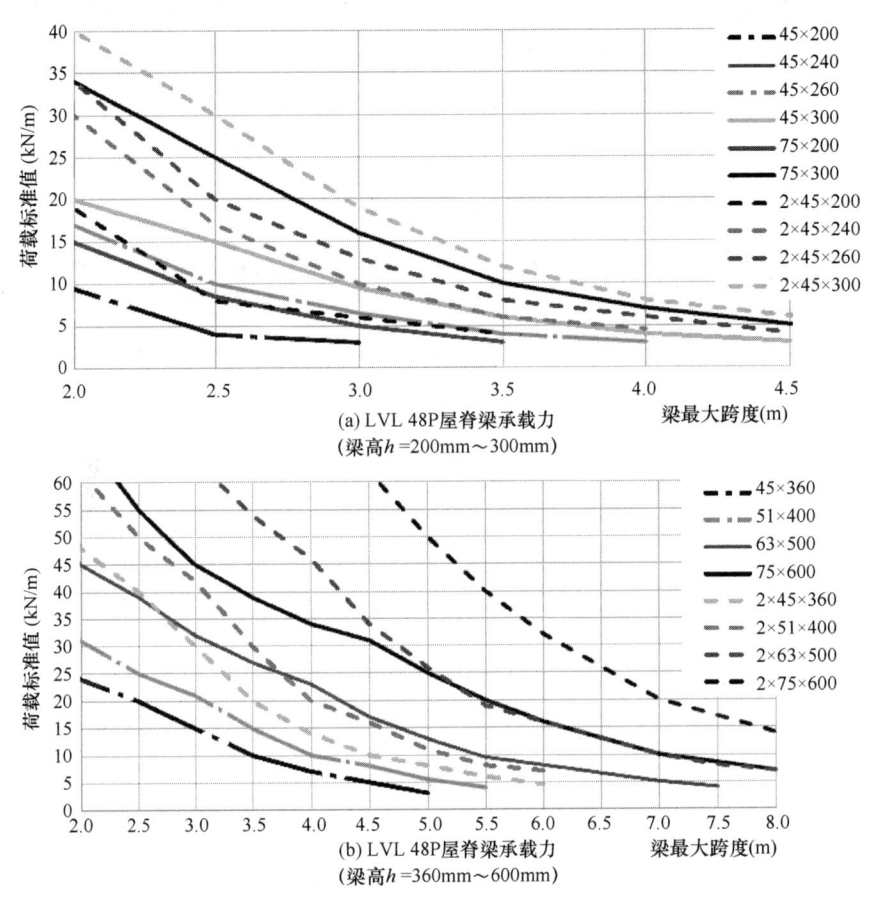

图 2.3.8 采用单跨度 LVL 48P 屋脊梁进行预设计的承载力

图 2.3.8 是根据 EN 1995-1-1：2004 ＋ A1：2008 及其芬兰国家附件进行的计算；永久荷载为 20％的总特征荷载，其余为雪荷载，无风荷载；使用环境等级（Service Class）为 1 或 2；安全等级（Consequences Class）为 CC2（对应中国标准为建筑结构安全等级二级）；梁顶部以不大于 1200mm 的间距布置了抗侧向扭转屈曲支撑，受力位于侧向扭转屈曲支撑处；在侧向扭转屈曲（LTB）验算中，将双梁作为单独一根梁进行分析；支承长度单独计算；最终净挠度 $\omega_{net,fin} \leqslant L/300$；$\gamma_M = 1.2$；图 2.3.8 不能代替具体工程项目的结构设计。

2.3.3 檩条

在大开间建筑中，LVL-P 檩条适合作为木框架或其他主要框架的次要结构。由于 LVL 檩条具有较大的长度，因此，在这类结构中采用多跨檩条更为合理，并且安装速度快。然而，檩条通常可作为防止主框架弯扭失稳的侧向支撑，或作为保证连接节点承载能力的构件。此时，对于这样的三铰刚架结构，建议采用单跨檩条连接于椽条侧面(图 2.3.9)。

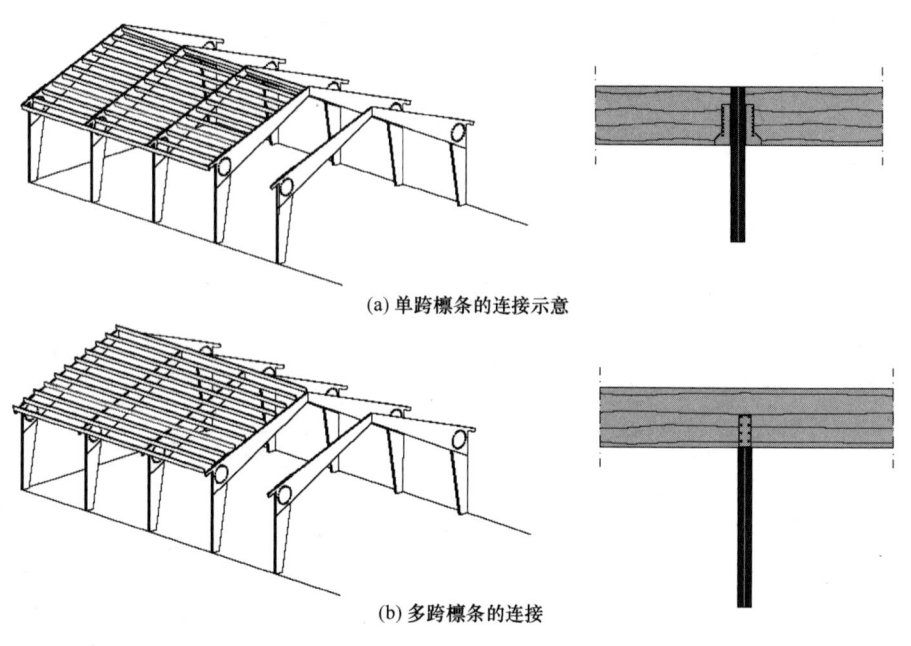

(a) 单跨檩条的连接示意

(b) 多跨檩条的连接

图 2.3.9　用于大开间建筑的单跨和多跨檩条的连接

　　除了平屋顶外，坡屋顶的檩条是双向受力的，而 LVL 檩条很薄，故在其较弱的方向需要设置加强支撑（图 2.3.10）。对于垂直于屋顶表面安装的 LVL 檩条，在檩条宽度方向需要设置支承梁，见图 2.3.11。图 2.3.11（a）中，屋面压型钢板将檩条的侧向力传递到支撑梁上；图 2.3.11（b）中，檩条跨中的木板条侧支撑将垂直于跨度方向的荷载传递到支承梁上。

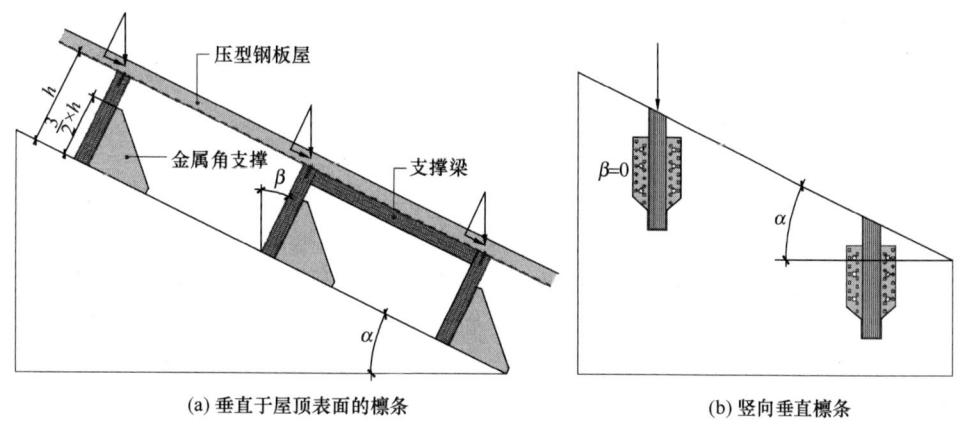

(a) 垂直于屋顶表面的檩条

(b) 竖向垂直檩条

图 2.3.10　竖向垂直或垂直于屋顶表面安装的檩条支撑细节

2.3.4　预制屋盖

　　LVL 檩条可用于工厂预制屋盖，可在现场快速安装在大开间建筑的主体框架上（图 2.3.12、图 2.3.13）。通常情况下，建造屋顶所需的安装速度为每天 $1000\mathrm{m^2}$。虽然其最大尺寸受到运输条件限制，但是常用的 2.5m 宽、20m～25m 长的预制屋盖仍可用于 3 跨或

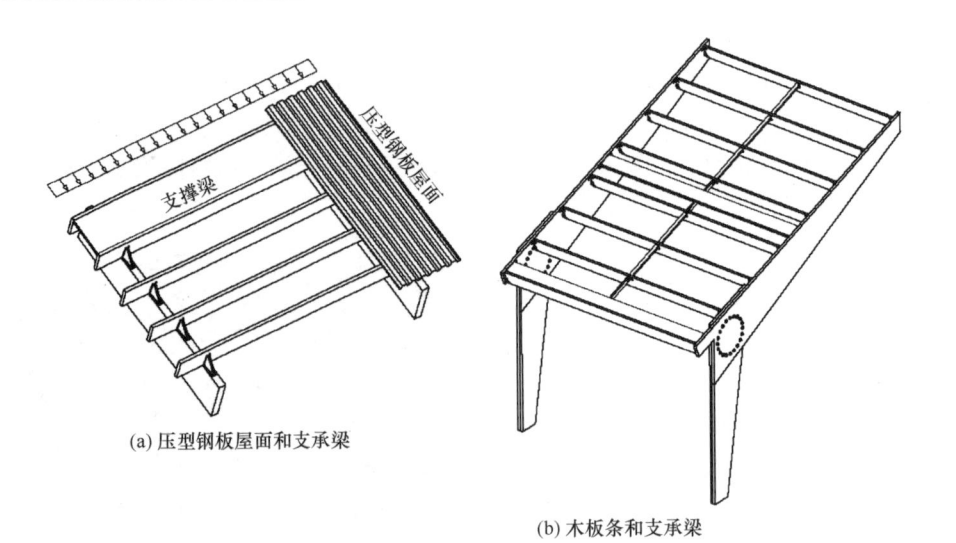

(a) 压型钢板屋面和支承梁

(b) 木板条和支承梁

图 2.3.11　垂直于屋顶表面的 LVL 檩条的侧向支承构造

(a)

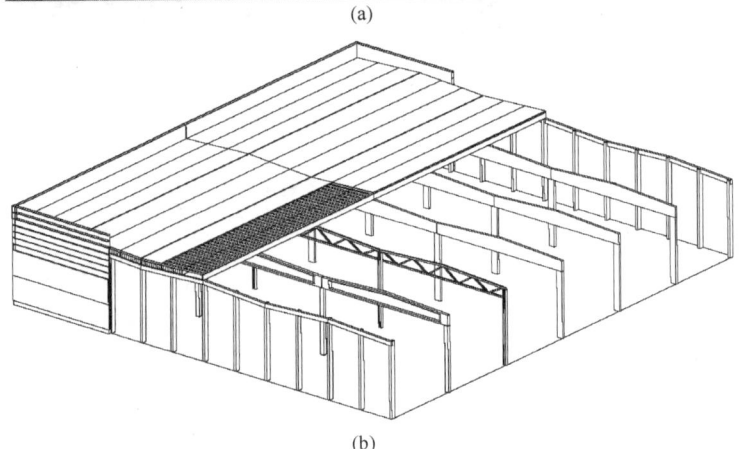

(b)

图 2.3.12　大开间结构中带 LVL 檩条的预制屋盖

4 跨结构中。屋盖的内外面层、石膏板吊顶、防潮层、保温隔热层、防水覆膜等都在预制期间加工好同时交付（图 2.3.14）。次梁和板条可根据制造商的选择，由 LVL 或实木制成。挑檐也可以与封边构件进行组合。预制内保温屋面通常设通风层，其 U 值为 $0.07\text{W}/(\text{m} \cdot \text{K}) \sim 0.15\text{W}/(\text{m} \cdot \text{K})$，耐火等级为 R（EI）$15 \sim 60$，具体指标应根据当地要求和客户要求而确定。

图 2.3.13 带 LVL 檩条预制屋盖的安装示意

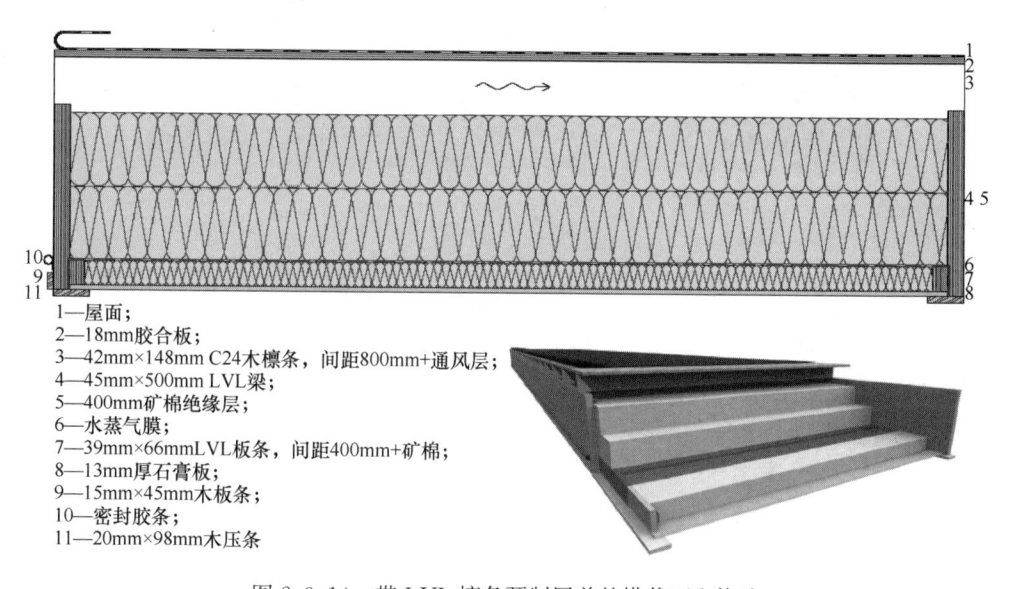

1—屋面；
2—18mm 胶合板；
3—42mm×148mm C24 木檩条，间距 800mm+通风层；
4—45mm×500mm LVL 梁；
5—400mm 矿棉绝缘层；
6—水蒸气膜；
7—39mm×66mmLVL 板条，间距 400mm+矿棉；
8—13mm 厚石膏板；
9—15mm×45mm 木板条；
10—密封胶条；
11—20mm×98mm 木压条

图 2.3.14 带 LVL 檩条预制屋盖的横截面和构造

对于大跨预制屋盖，在 LVL-P 肋板与 LVL-C 面板可以通过胶合形成肋板或箱形板而共同工作。结构肋板可以用于无供暖的房屋，有保温棉的箱形构件可用于大开间建筑。根据雪荷载和楼板高度，构件跨度可达 10m～20m。

由于不需要次梁或压条，结构肋板比带 LVL 檩条屋盖组件更简单。但是，如果肋板间距较大，达到 1250mm 时，则顶部面板必须加厚。因为 LVL-C 的主要受力方向是沿着肋板的，而面板在次要方向需要将雪荷载传递到肋板上。

顶棚板组件的厚度取决于防火要求。根据项目对防火的要求，采用 LVL-C 的底部翼缘板可裸露在外或用石膏板覆盖。箱形屋盖（图 2.3.15）的一大优点是在板下悬挂设备方便，例如要安装通风管道，可以通过螺钉固定在顶棚板的任意位置。因为 LVL-C 面板握钉力好，承载力强。

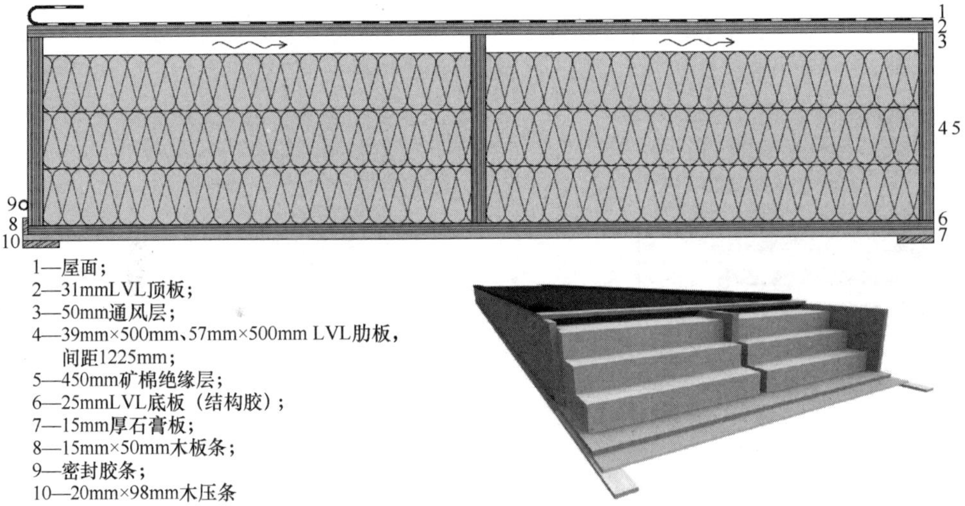

1—屋面；
2—31mmLVL 顶板；
3—50mm 通风层；
4—39mm×500mm、57mm×500mm LVL 肋板，
　间距1225mm；
5—450mm 矿棉绝缘层；
6—25mmLVL 底板（结构胶）；
7—15mm 厚石膏板；
8—15mm×50mm 木板条；
9—密封胶条；
10—20mm×98mm 木压条

图 2.3.15　箱型屋盖的横截面和构造

LVL 箱形屋盖可以作为内保温屋面或外保温屋面的解决方案，但建筑热工设计需要根据项目具体的室内和室外条件分别进行。根据构件供应商的 ETA 评估，可以对结构覆面板进行 CE 认证。

2.3.5　屋面板

LVL-C 面板适用于屋盖的承重板结构，面板越厚，跨度越大。LVL-C 可作为防水屋面的耐久基层。由于大多数层板的木纹方向与 LVL 的木纹方向一致，该板在主要受力方向的承载力较好，从而可以用于较大跨度的结构。但是，有时实际上的做法是在面板的长边设置支撑。图 2.3.16 为 LVL-C 屋面板支撑和木纹方向的示意。图 2.3.17 和图 2.3.18 为用于初步设计时，LVL-C 屋面板不同跨度对应的面板厚度，其节点和连接的相关要求见本指南第 1.13 和第 5.7 节。当用于无采暖空间时，建议对 LVL-C 面板进行防霉处理。

图 2.3.17 是用于初步设计时 LVL-C 屋面板采用 LVL-36C 板的跨度与板厚选用图。跨度与表面单板木纹平行 [图 2.3.16（a）]。图 2.3.17 是根据 EN 1995-1-1：2004 + A1：2008 及其芬兰国家附件进行的计算。使用环境等级（Service Class）为 2 类；荷载为：g_2 为面层结构的自重，s_k 为地面雪荷载，$0.8×s_k$ 为屋面雪荷载，风荷载 w_k 为 0.4kN/m²，检修荷载 q_H 为 0.4kN/m²；不考虑集中荷载，极限挠度 $\omega_{net,fin} \leqslant L/100$。

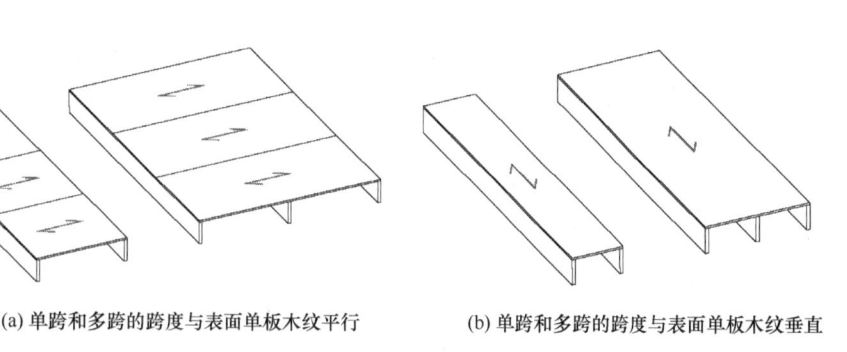

(a) 单跨和多跨的跨度与表面单板木纹平行　　　(b) 单跨和多跨的跨度与表面单板木纹垂直

图 2.3.16　LVL-C 屋面板支撑和木纹方向示意

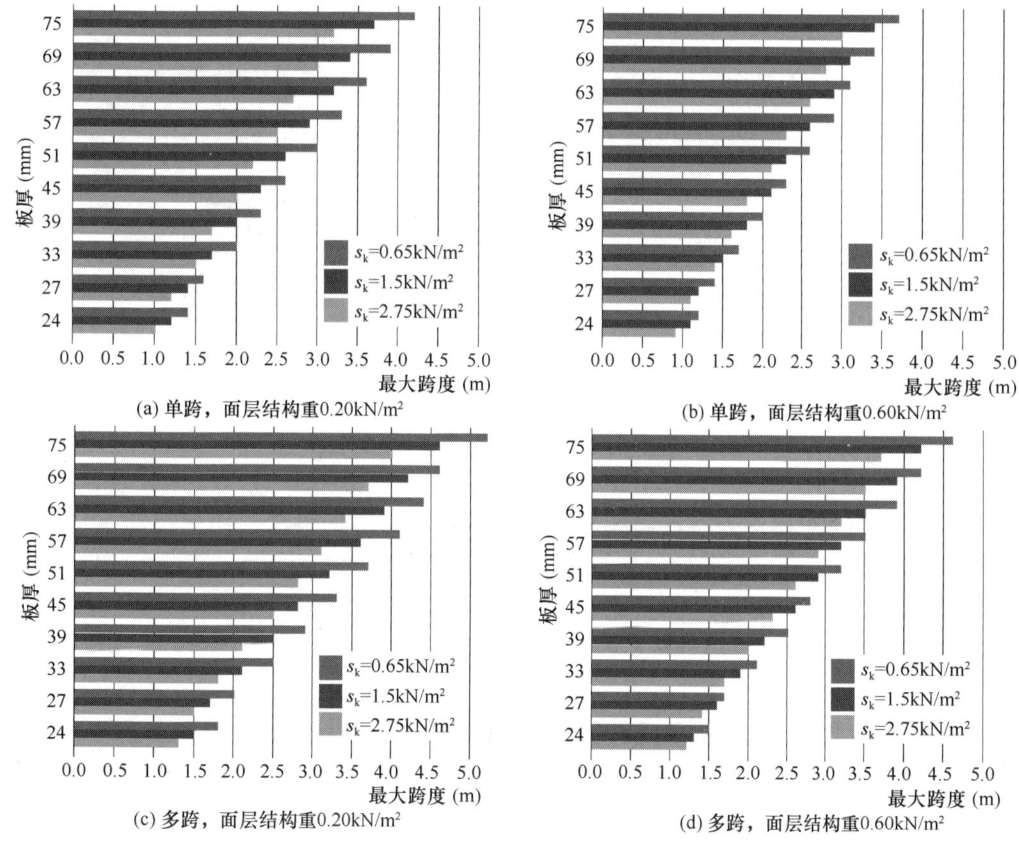

(a) 单跨，面层结构重0.20kN/m²

(b) 单跨，面层结构重0.60kN/m²

(c) 多跨，面层结构重0.20kN/m²

(d) 多跨，面层结构重0.60kN/m²

图 2.3.17　LVL-36C 屋面板跨度与表面单板木纹平行时板跨度与板厚选用图

图 2.3.18 是用于初步设计时 LVL-C 屋面板采用 LVL-36C 板的跨度与板厚选用图。跨度与表面单板木纹垂直［图 2.3.16（b）］。图 2.3.18 是根据 EN 1995-1-1：2004＋A1：2008 及其芬兰国家附件进行的计算。使用境等级（Service Class）为 2 类；荷载为：g_2 为面层结构的自重，s_k 为地面雪荷载，$0.8 \times s_k$ 为屋面雪荷载，风荷载 w_k 为 0.4kN/m²，检修荷载 q_H 为 0.4kN/m²；不考虑集中荷载，极限挠度 $\omega_{net,fin} \leqslant L/100$。

图 2.3.19～图 2.3.22 为 LVL-C 板作为屋面板的应用实例。

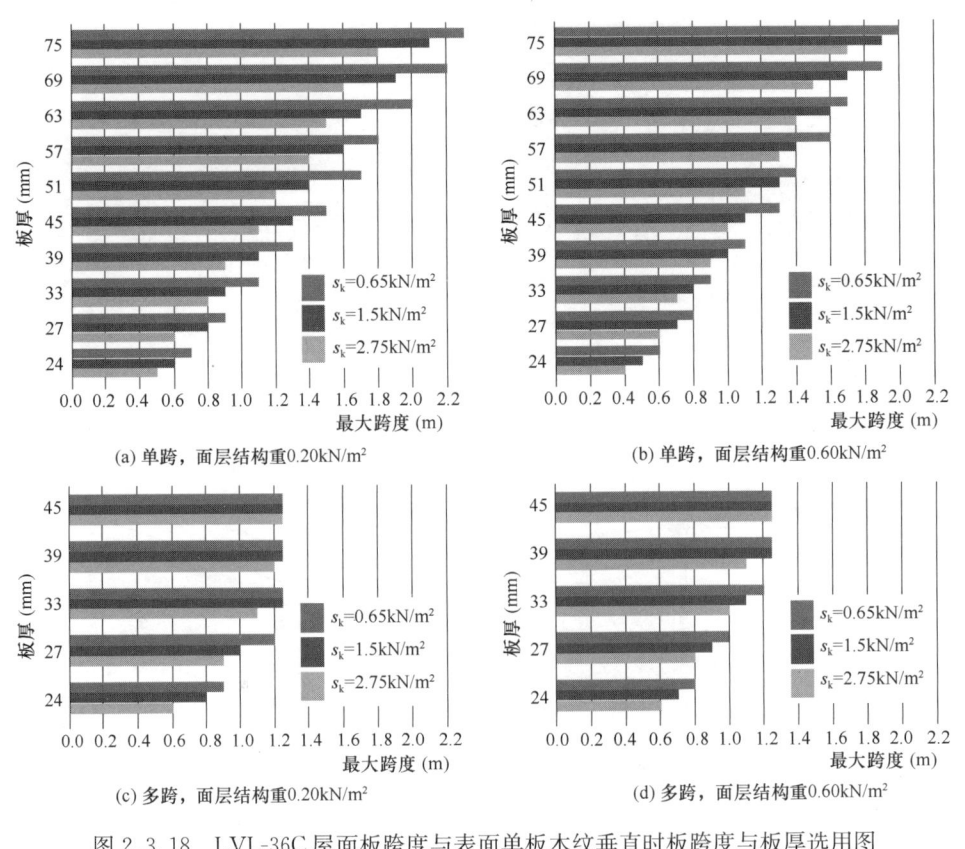

图 2.3.18　LVL-36C 屋面板跨度与表面单板木纹垂直时板跨度与板厚选用图

图 2.3.19　LVL-C 屋面板的安装

图 2.3.20　LVL-C 屋面板

　　大型、坚固的 LVL-C 板可以建造外观非常轻盈的悬挑屋檐（图 2.3.23），因为即便是在转角处也不需要其他承重的支撑结构。当 LVL-C 板仅在一个方向悬挑时（悬挑方向平行或垂直于表面单板纹理，图 2.3.24），板的厚度与悬挑长度可按图 2.3.25 选用；当 LVL-C 板在平行和垂直两个方向上均有悬挑时（图 2.3.26），即形成了转角悬挑，则两个方向的最大悬挑长度 L_C 与板厚度应按图 2.3.27 选用。

图 2.3.21　LVL-C 屋檐和挑檐　　　　　图 2.3.22　经表面处理的屋檐板

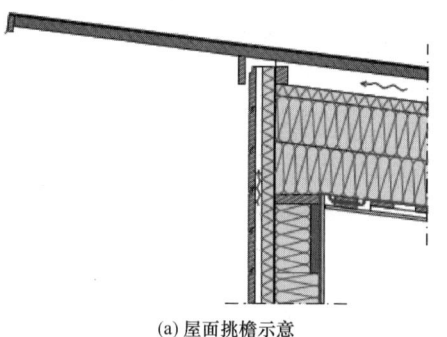

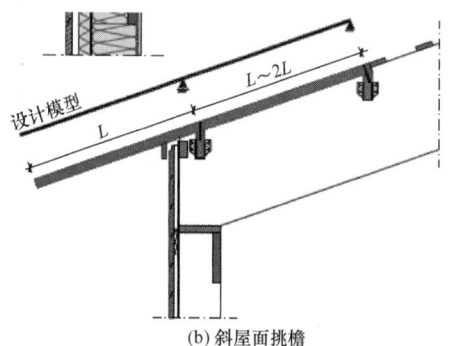

(a) 屋面挑檐示意　　　　　　　　　(b) 斜屋面挑檐

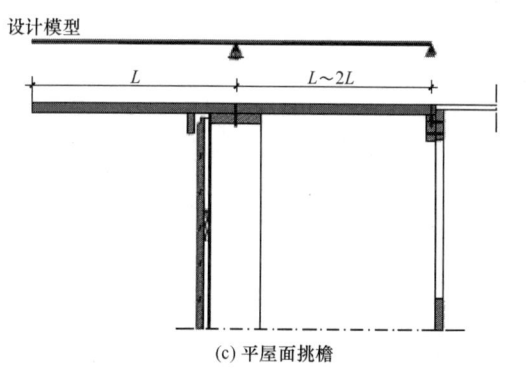

(c) 平屋面挑檐

图 2.3.23　LVL-C 板悬挑屋檐

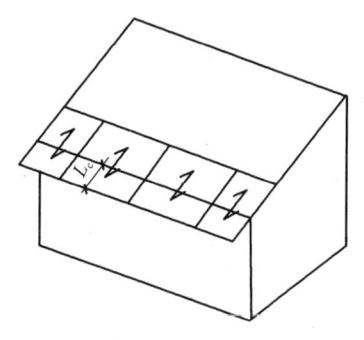

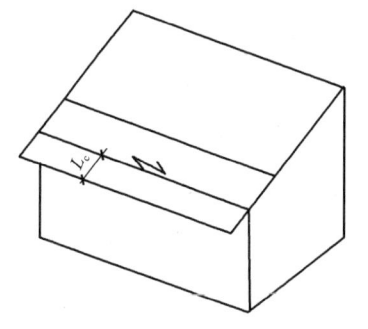

(a) 悬挑平行于表面单板木纹　　　　　(b) 悬挑垂直于表面单板木纹

图 2.3.24　LVL-C 板单向悬挑方向示意

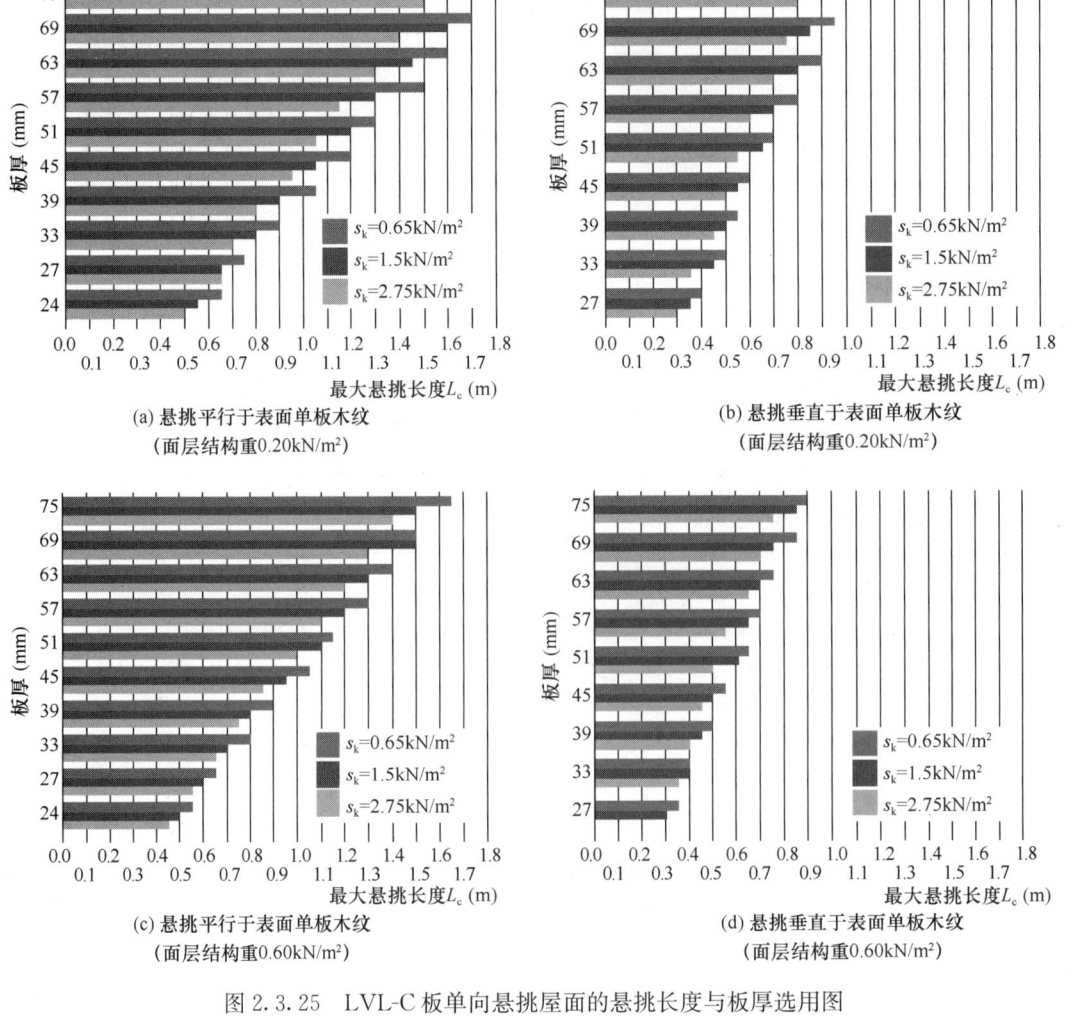

(a) 悬挑平行于表面单板木纹
（面层结构重 0.20kN/m²）

(b) 悬挑垂直于表面单板木纹
（面层结构重 0.20kN/m²）

(c) 悬挑平行于表面单板木纹
（面层结构重 0.60kN/m²）

(d) 悬挑垂直于表面单板木纹
（面层结构重 0.60kN/m²）

图 2.3.25　LVL-C 板单向悬挑屋面的悬挑长度与板厚选用图

　　图 2.3.25 是用于初步设计时 LVL-C 挑檐板的悬挑长度与板厚选用图，本图是根据 EN 1995-1-1：2004 ＋ A1：2008 及其芬兰国家附件进行的计算；使用环境等级（Service Class）为 2 级；荷载为：面层结构自重 0.2kN/m² 或 0.60kN/m²，地面雪荷载 s_k 分别为 0.65kN/m²、1.5kN/m² 或 2.75kN/m²，屋面雪荷载为 $0.8 \times s_k$，风荷载 w_k 为 0.4kN/m²，检修荷载标准值为 0.4kN/m²；不考虑集中荷载作用，极限挠度 $\omega_{net,fin} \leqslant L/100$。

　　图 2.3.27 是用于初步设计时，LVL-C 板转角悬挑的悬挑长度 L_c 与板厚选用图，本图是根据 EN 1995-1-1：2004 ＋ A1：2008 及其芬兰国家附件进行的计算；使用环境等级（Service Class）为 2 级；荷载为：面层结构自重 0.2kN/m² 或 0.60kN/m²，地面雪荷载 s_k 分别为 0.65kN/m²、1.5kN/m² 或 2.75kN/m²，屋面雪荷载为 $0.8 \times s_k$，风荷载 w_k 为 0.4kN/m²，检修荷载标准值为 0.4kN/m²；不考虑集中荷载，极限挠度 $\omega_{net,fin} \leqslant L/100$。

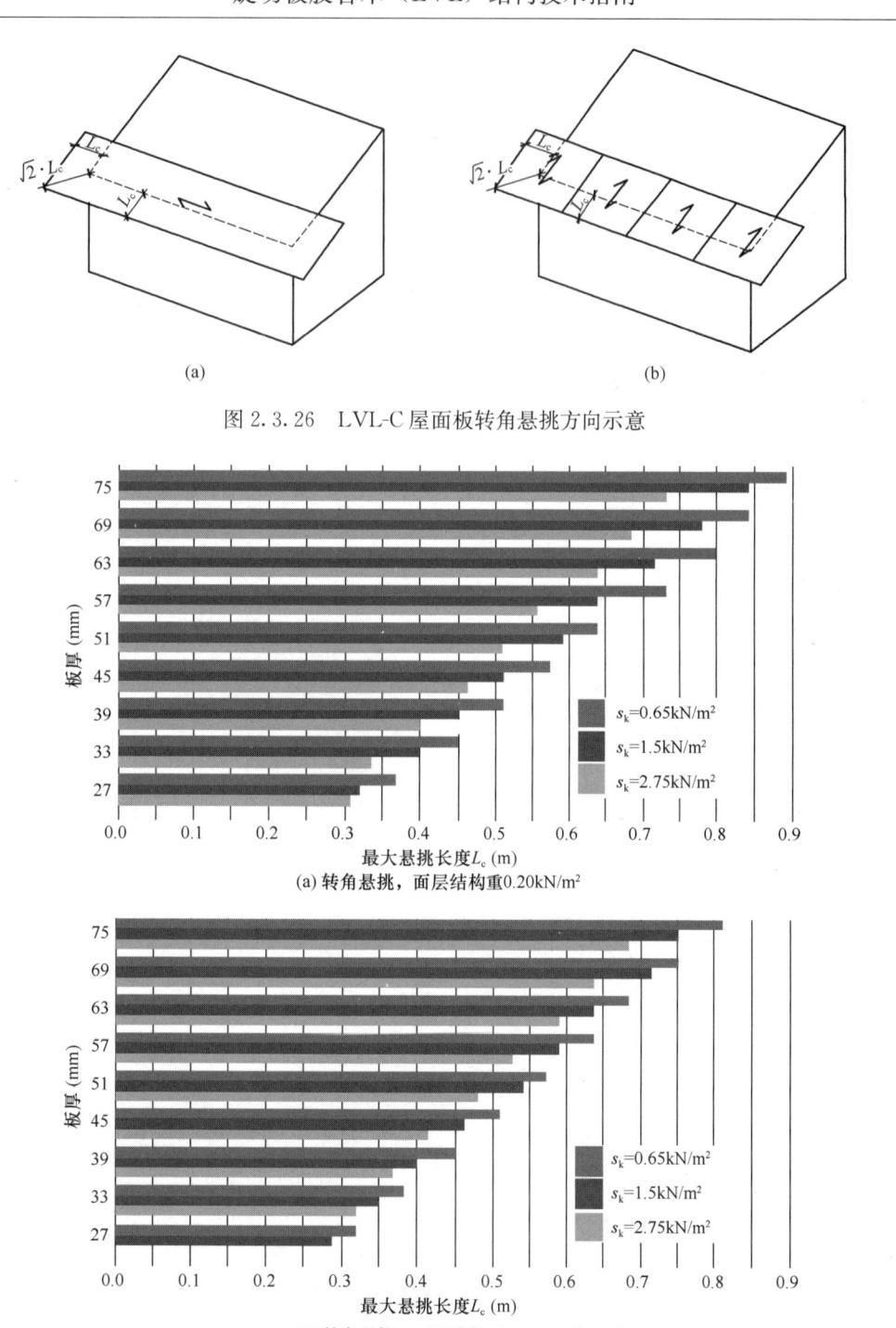

(a)   (b)

图 2.3.26　LVL-C 屋面板转角悬挑方向示意

(a) 转角悬挑，面层结构重 0.20kN/m²

(b) 转角悬挑，面层结构重 0.60kN/m²

图 2.3.27　LVL-C 屋面板转角悬挑时悬挑长度与板厚选用图

2.3.6　具有抗侧能力的覆面板

覆面板将水平荷载（如风荷载）通过结构框架构件传递到基础。当采用覆面板传递水平荷载时，通常不需要另设其他斜撑或支撑，结构体系也变得更加简单（图 2.3.28）。

LVL-C 面板是各类建筑理想的传递水平力的板材，因为它们连接方便，尺寸较大，即使结构框架构件间距很大也不易发生屈曲。水平的 LVL 覆面板将水平荷载传递到竖直的剪力墙上，剪力墙又将力向下传递。如果覆面板边缘对框架梁没有完全起到约束作用，则梁应按受弯构件验算其平面外稳定性。覆面板与结构框架构件连接的紧固件对于结构抗侧能力至关重要，紧固件的初步设计值见本指南第 5.7 节中表 5.7.1 的要求。

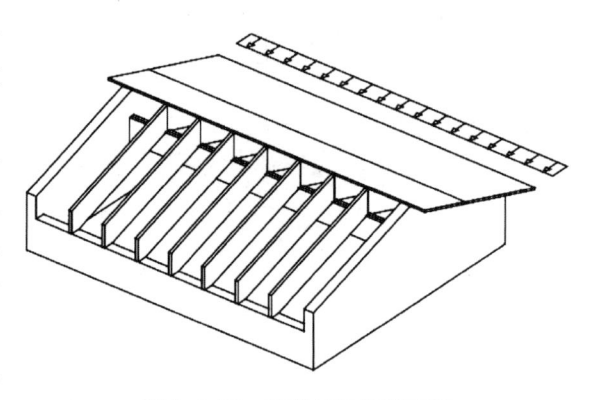

图 2.3.28　屋盖结构的覆面板

在普通建筑的屋盖和墙体中，LVL-C 面板也可用作结构防水防潮层，而不需要另外设置。在防火设计上，LVL-C 的防火性能可以准确预测，因此通过合理设计，覆面板也可起到防火作用。

2.3.7　大型 LVL 工字梁和箱形梁

经过胶合组成的大型 LVL 工字梁或 LVL 箱形梁可用于大型建筑的屋盖结构的主梁（图 2.3.29）。这些 LVL 梁的优点是，它们在干燥或改变湿度条件下不容易开裂，梁的高度也可以根据具体项目进行定制。梁由 LVL-C 腹板和 LVL-P 翼缘组合而成。建议梁的高度为 900mm、1200mm、1800mm 或 2500mm。工字梁具有很高的材料利用率，但当耐火等级要求高于 R15 时，则需要采用箱形梁。图 2.3.30 是大型 LVL 工字梁用于仓库屋盖结构的主梁。

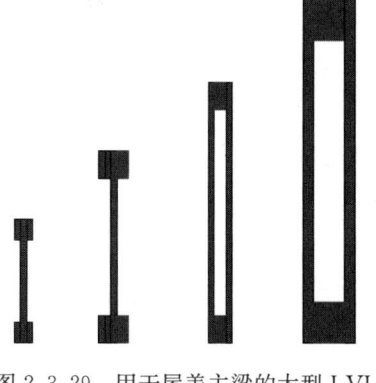

图 2.3.29　用于屋盖主梁的大型 LVL
工字梁和箱形梁

图 2.3.30　大型 LVL 工字梁用于仓库屋盖结构的主梁
（赫特涅米 Herttoniemi，赫尔辛基，芬兰）

2.3.8　屋盖改造中的应用

在住宅建筑的改造中，将齿板连接的轻型木桁架屋盖结构改造为屋顶阁楼时，可以采用 LVL-P 梁进行加固或替换上弦杆和下弦杆，然后拆除桁架中的斜腹杆。将 LVL-C 或胶合板制作的连接板通过圆钉或螺钉固定到轻型木桁架的角部，可形成新的刚架结构体系（图 2.3.31）。采用该方案经济跨度范围是 8m～10m，具体跨度取决于雪荷载和保温的要求。建议在保温层和屋盖覆面之间留有至少 100mm 的通风间隙。然而，建筑热工必须按实际设计，特别是应符合国家的规定。

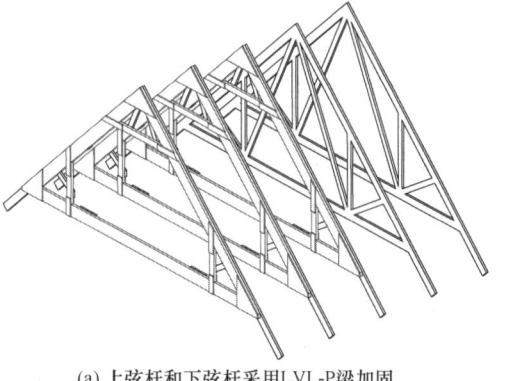

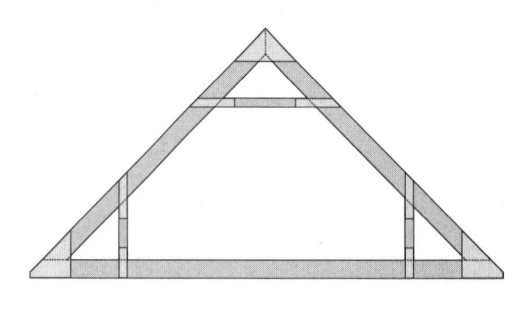

(a) 上弦杆和下弦杆采用LVL-P梁加固　　　　(b) 拆除斜腹杆，加固桁架角部

(c) 轻型木桁架结构改造前　　　　(d) 轻型木桁架结构改造后

图 2.3.31　轻型木桁架结构改造为室内阁楼示意

2.4　墙体结构

在轻型木结构中，LVL 可作平直而且尺寸精确的竖向墙骨柱。小尺寸 LVL-P 墙骨柱可用于非承重墙（图 2.4.1），长度较长的墙骨柱可用于较高的墙体，而大型结构则可使用 GLVL 柱。采用 LVL 制作的封边板、门窗过梁、顶梁、顶梁板、横梁和地梁板等水平构件，将墙体、楼盖和屋盖上的荷载传递到承重墙骨柱。LVL-C 面板刚度较大，可用于因开设门洞、窗洞而支撑布置受限之处的剪力墙板来抗侧向力。

2.4.1　轻型木结构剪力墙的墙骨柱

对于轻型木结构剪力墙来说，尺寸精确的平直墙骨柱是必不可少的。使用 LVL-P 墙

图 2.4.1　小尺寸 LVL-P 墙骨柱用于非承重墙

骨柱（图 2.4.2）可以直接制造出平直、高质量的墙体，而无须在装修阶段做额外的找平工作。竖向的结构构件通常不需要太高强度，LVL 32P 等级的墙骨柱强度适中、尺寸适宜，是墙骨柱材料规格的合理选择。LVL-P 墙骨柱不需要特殊工具就可以很容易地切割和安装，因此可以加快施工速度、减少浪费。为了减小隔墙占用的空间，设计时会选用最小尺寸的 LVL-P 作为非承重内墙的墙骨柱。在高度较高的承重墙中，当其他类型的墙骨柱无法满足所需长度时，可以采用大尺寸的 LVL-P 墙骨柱（图 2.4.3）。多层木结构建筑的底层荷载较大，可选用 LVL 48P 等级的墙骨柱，其抗压强度是 C24 实木构件的两倍，但墙骨柱下方地梁板的横纹抗压可能会限制墙骨柱的最小尺寸。

(a) 非承重内墙的 LVL-P 构件尺寸要求　　　　　　　(b) 非承重内墙的 LVL-P 墙骨柱实例

图 2.4.2　非承重内墙的 LVL-P 墙骨柱要求及实例

非承重内墙构件设计时的承载力和变形要求如下：

（1）墙体 1m 高度处需能承受 0.5kN/m 的水平荷载；

（2）墙骨柱间距为 600mm，瞬时变形限值为 $H/200$ 时，39mm×66mm 的墙骨柱适用于高度 2500mm 以下的墙体，45mm×66mm 的墙骨柱适用于高度 3000mm 以下的墙体。

(a) LVL-P 墙骨柱应用实例

图 2.4.3　高承重外墙的 LVL-P 墙骨柱（一）

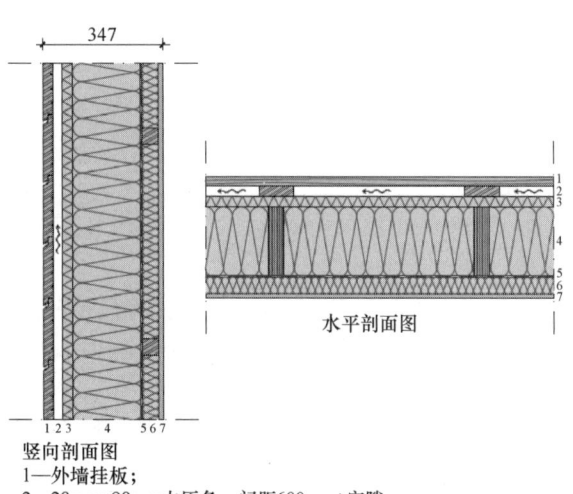

水平剖面图

竖向剖面图
1—外墙挂板；
2—28mm×98mm木压条，间距600mm+空隙；
3—30mm防风层+隔热层；
4—45mm×200mm LVL-P墙骨柱，间距600mm+200mm厚矿棉隔热层；
5—水汽隔膜；
6—48mm×48mm木压条，纵横间距600mm+矿棉隔热层；
7—室内装饰层

(b) LVL-P墙骨柱构造示意图

(c) 承重外墙的LVL-P墙骨柱用于实例

图 2.4.3　高承重外墙的 LVL-P 墙骨柱（二）

第 4 章将介绍承重墙中 LVL 墙骨柱的设计验算的详细内容。

由于 LVL-P 墙骨柱的力学性能与实木构件相似，木框架墙体所具有的声学和隔热性能也适用于相似尺寸的 LVL-P 墙骨柱结构。

2.4.2　多层胶合 GLVL 柱

采用多层 LVL 胶合的 GLVL 可用于梁柱结构中较大横截面的承重柱。GLVL 柱由多个 LVL-P 或有些情况下 LVL-P 与 LVL-C 胶合在一起而形成（图 2.4.4）。GLVL 柱截面尺寸可以根据具体项目的需要而定，但是，为了优化材料利用率，柱的截面高度建议采用标准尺寸或小于标准尺寸 5mm～10mm，柱的宽度由多个刨光的 LVL 板的厚度确定。

（1）建议柱截面宽度：84mm、90mm、96mm、108mm、120mm、133mm 和 144mm。

（2）建议柱截面高度：200mm、225mm、240mm、260mm、300mm、360mm、450mm

图 2.4.4　梁柱结构的多胶合 GLVL 柱

和 600mm。

　　重型结构中，大型多层胶合 GLVL 柱可与层板胶合木梁同宽。柱截面最大宽度通常为 400mm，而截面高度可达 2000mm。在结构构件外露的建筑中，大型多层胶合 GLVL 构件具有在干燥条件下不易开裂的优点。然而，在该类应用中，表面砂光和层板规格必须与供应商单独商定，以确保构件表面光洁美观。图 2.4.5 为大型多层胶合 GLVL 柱的应用实例。

图 2.4.5　多层胶合 GLVL 柱应用实例
（森林游客中心 Pro Nemus，艾内科斯基，芬兰）

2.4.3　过梁

　　LVL 具备理想的尺寸以及良好的强度和刚度特性，常作为过梁使用。LVL 抗剪强度较高，做窗洞口过梁时可采用较小的梁宽，这样可提供更大的保温层空间，减少了冷桥效应，从而提高了轻型木结构墙体的能效（图 2.4.6）。LVL-P 过梁的刚度较大，可以减小挠度，增大跨度，可用于开口较大的车库门洞等。

　　用于轻型木结构墙体中大开口车库门洞的 LVL 过梁主要优点为：过梁平直、截面较薄、挠度较小（图 2.4.7）。用于轻型木结构墙体中窗洞口处的 LVL 过梁主要优点为：洞口位置设置灵活，承重柱少，保温层空间大，建筑围护结构的能效高（图 2.4.8）。

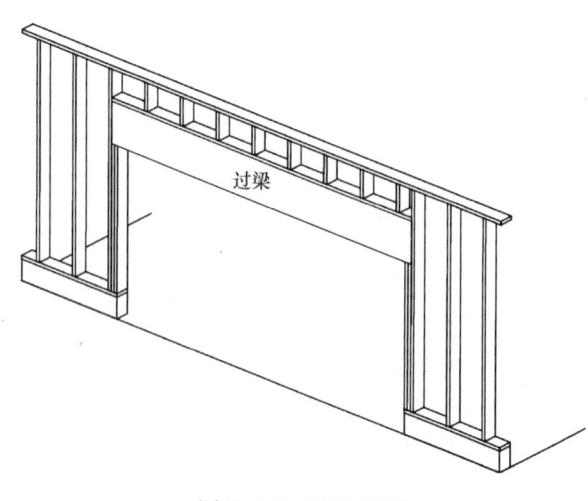

图 2.4.6　LVL 过梁

图 2.4.9 为用于初步设计的，单跨 LVL 48P 等级过梁的承载能力，本图是根据 EN 1995-1-1：2004 ＋ A1：2008 及其芬兰国家附件进行的计算。永久荷载为 25％ 的总标准荷载，其余为雪荷载，无风荷载。使用环境等级（Service Class）为 1 级或 2 级；安全等级（Consequences Class）为 CC2（对应中国标准为建筑结构安全等级二级）；过梁顶部以不大于 600mm 的间距布置了支撑，以避免过梁的侧向扭转失稳。设置支撑后，双片的过梁可以看成一根梁来进行计算分析。支承间距离需另行计算。过梁最终净挠度 $\omega_{net,fin} \leqslant L/300$；$\gamma_M = 1.2$。特别注意：因窗户是玻璃的，其洞口过梁挠度限制更严格。图 2.4.9 结果不能代替具体项目的结构设计。

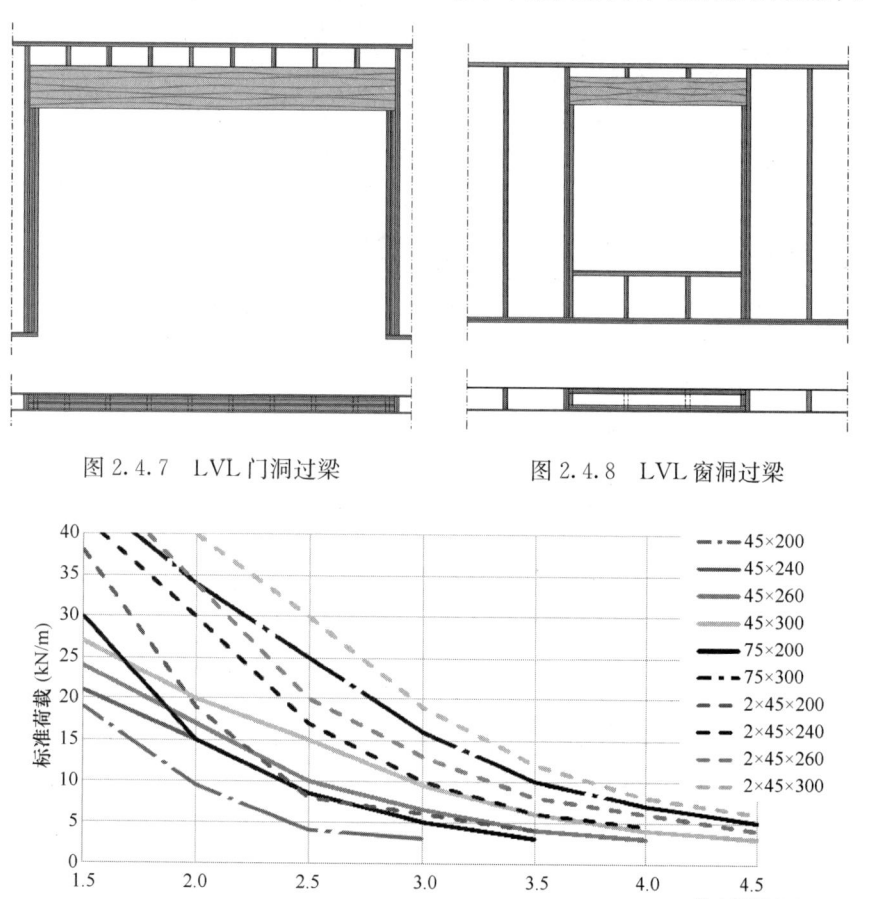

图 2.4.7　LVL 门洞过梁　　　　　图 2.4.8　LVL 窗洞过梁

(a) LVL48P过梁截面高度 h=200mm～300mm

图 2.4.9　用于初步设计的单跨 LVL 48P 过梁的承载能力（kN/m）（一）

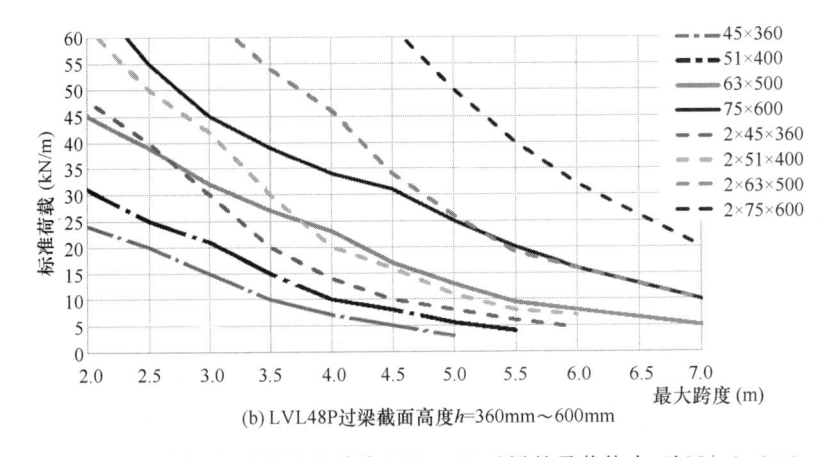

(b) LVL48P 过梁截面高度 $h=360\text{mm}\sim600\text{mm}$

图 2.4.9　用于初步设计的单跨 LVL 48P 过梁的承载能力（kN/m）（二）

2.4.4　墙顶封边梁

在欧洲，轻型木结构的墙顶封边梁常采用 LVL-P。它安装在开有缺口的墙骨柱的顶部，将荷载从屋盖或其他上部结构传递到墙骨柱上（图 2.4.10、图 2.4.11）。由于墙顶封边梁可以承受和传递荷载，在设计楼盖搁栅的间距、屋盖椽条的间距以及屋盖桁架的间距时，可以不考虑墙骨柱的具体位置。除了过大的洞口以外，安装了墙顶封边梁的结构可不再另外设置过梁，从而简化了结构。在工厂整体预制时，封边梁可安装在墙体上成为一个组件。

由于 LVL 长度较长，建造商常将尺寸精确且平直的 LVL-P 构件作为安装墙骨架时对齐和临时支撑的工具，以确保尺寸的精确性。与 LVL 过梁相似，LVL 墙顶封边梁也比较薄，给墙体保温层的设置留下了更多空间，从而减少了冷桥形成的可能性，改善了建筑能效。

图 2.4.10　轻型木结构中的墙顶封边梁

LVL 墙顶封边梁的常见截面尺寸宽度通常为 45mm~51mm、高度为 200mm~300mm。

图 2.4.12 为用于初步设计时单跨 LVL 48P 等级封边梁的承载能力，本图是根据 EN 1995-1-1：2004 ＋ A1：2008 及其芬兰国家附件进行的计算，永久荷载为 25％的总标准荷载，其余为雪荷载，无风荷载。使用环境等级（Service Class）为 1 级或 2 级，安全等级（Consequences Class）为 CC2（对应中国标准为建筑结构安全等级二级）。过梁顶部以不大于 600mm 的间距布置了支撑，以避免过梁的侧向扭转失稳。支承间距离需另行计算。最终净挠度 $\omega_{\text{net,fin}} \leqslant L/300$，$\gamma_{\text{M}}=1.2$。图 2.4.12 不能代替具体项目的结构设计。

图 2.4.13 为墙体结构中封边梁、过梁和横梁不同的功能选择。

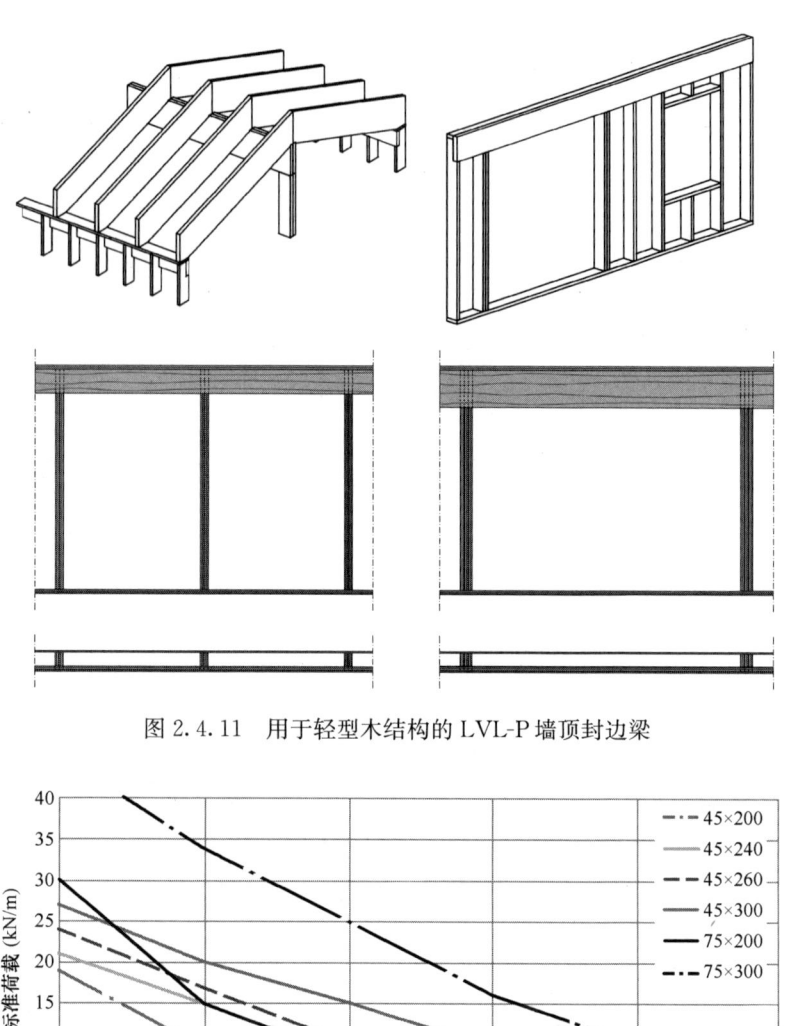

图 2.4.11　用于轻型木结构的 LVL-P 墙顶封边梁

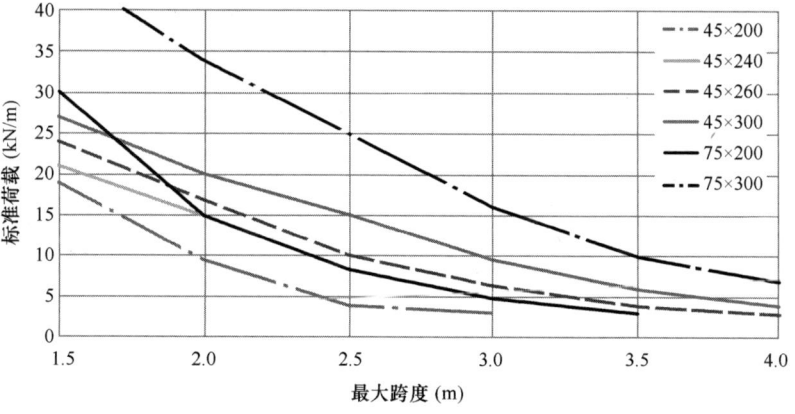

图 2.4.12　用于初步设计的单跨 LVL 48P 封边梁的承载能力（kN/m）

2.4.5　楼盖或雨棚的支承横梁

在墙骨柱连续的多层轻型木结构墙体中，楼盖结构通过支承横梁与墙体连接，支承横梁用钉或螺钉连接固定在墙骨柱侧，或者搁置在顶部开有切口的墙骨柱上。同样地，入口处的雨棚也可以通过这样的支承横梁固定在外墙框架上（图 2.4.14）。支承横梁的宽度不应小于 45mm，以便为搁栅提供足够的支承长度。当搁栅采用金属搁栅吊与支承横梁连接时，支承横梁的宽度不应小于 39mm。支承横梁的高度取决于墙骨柱的间距，以及连接所需要的钉或螺钉的数量。在墙骨柱设计中，必须考虑支承横梁所支承的结构对墙骨柱产生的弯矩作用。

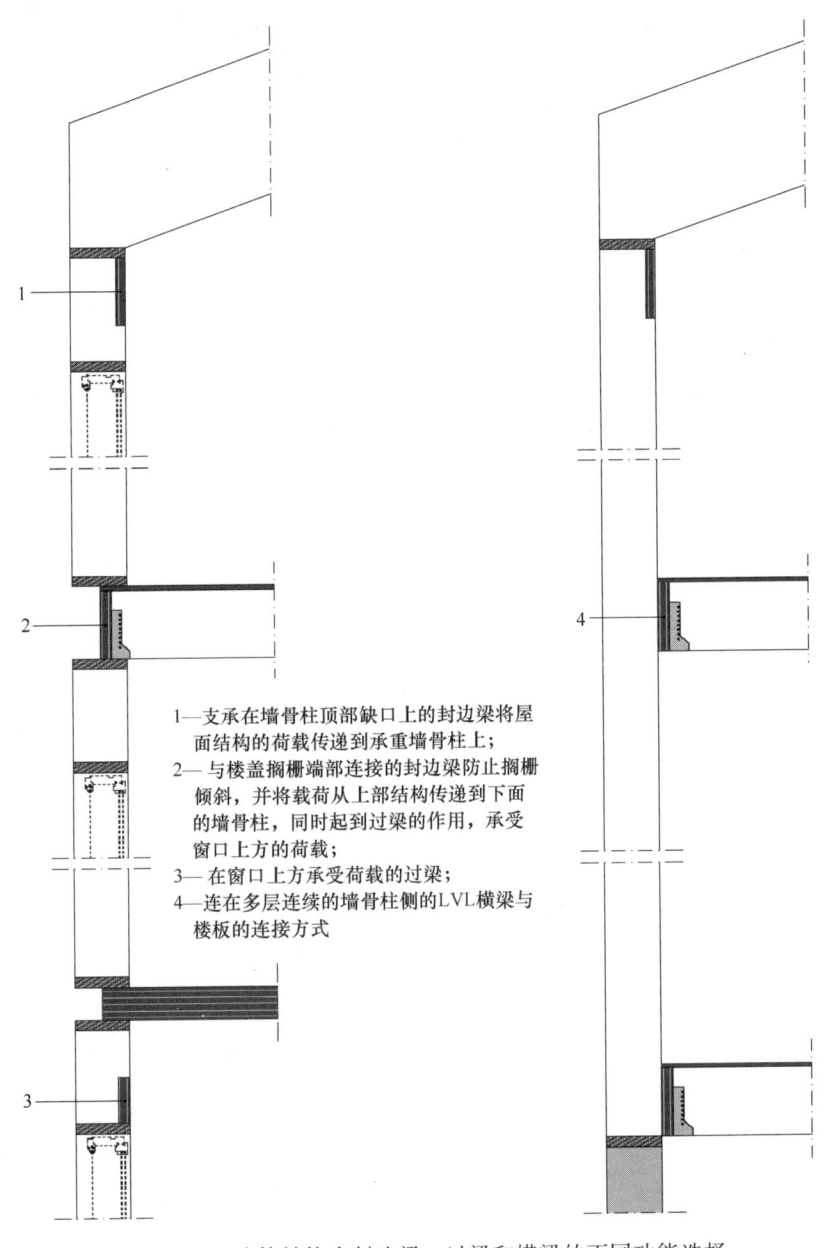

1—支承在墙骨柱顶部缺口上的封边梁将屋
　面结构的荷载传递到承重墙骨柱上；
2—与楼盖搁栅端部连接的封边梁防止搁栅
　倾斜，并将载荷从上部结构传递到下面
　的墙骨柱，同时起到过梁的作用，承受
　窗口上方的荷载；
3— 在窗口上方承受荷载的过梁；
4—连在多层连续的墙骨柱侧的 LVL 横梁与
　楼板的连接方式

图 2.4.13　墙体结构中封边梁、过梁和横梁的不同功能选择

2.4.6　地梁板、底梁板、顶梁板和顶部连接板

　　LVL-P 或 LVL-C 板在轻型木结构墙体中应用于地梁板、墙骨柱下方的底梁板、墙骨柱上方的顶梁板或墙体顶部的连接板。因为 LVL 构件的尺寸稳定性好，并且不容易扭曲或开裂，所以这些构件可以设计成比实木构件（规格材）更薄的厚度，例如 45mm。LVL地梁板和底梁板的尺寸也可以很好地与轻木墙体中的工字形墙骨柱组合。为了获得最佳的墙体支撑性能，建议在墙骨柱底部安装金属锚固连接件，锚固于基础或下层墙体。

图 2.4.14　支承雨棚的支承横梁

LVL-C 地梁板可以延伸到混凝土基础承台的边缘之外，以形成滴水边缘。这有助于像泛水板一样隔离基础，并且避免冷桥（图 2.4.15）。

由于 LVL 宽面的横纹承压强度比窄面低，因此，可以采用由松木单板制成的强度更高的 LVL 产品作地梁板，以便能够减小承受荷载较高的墙骨柱的截面尺寸，例如窗洞边的墙骨柱。

是否需要进行防虫或防腐处理，应按照国家相关要求确定。但是，如果在地梁板和混凝土基础之间设置了沥青防潮层，且地梁板的使用环境的等级为 1 级，则不要求强制进行化学处理。

2.4.7　窗框板

长而直的 LVL-C 窗框板为在混凝土结构建筑中窗框的应用或其他外装构件的应用提供了方便。木板延伸到混凝土框架之外，形成了一个平整且整齐的表面，弥补了混凝土的施工误差。这一做法省时省力，同时提高了建筑质量。连接节点可采用膨胀螺栓。窗框板的尺寸取决于结构立面尺寸，在图 2.4.16 的例子中，LVL-C 板的尺寸为 39mm×260mm。

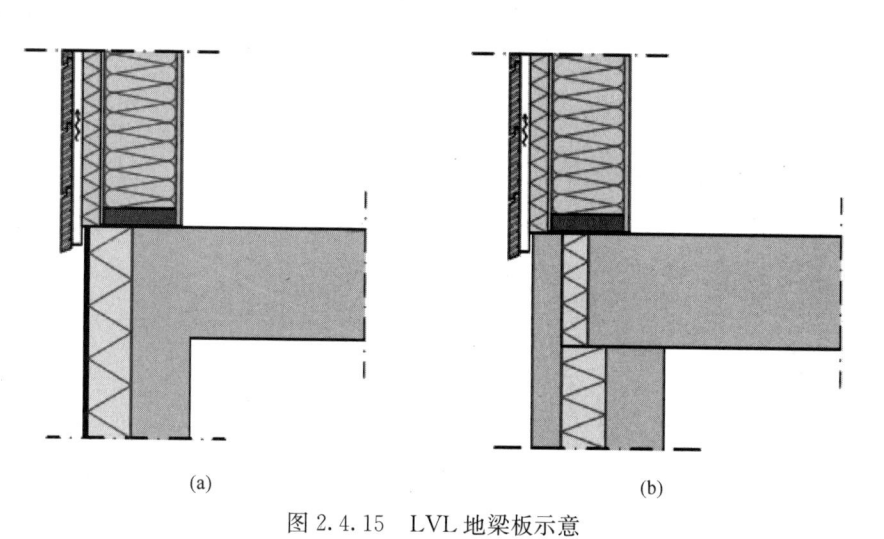

(a)　　　　　　　　　　　　　　　(b)

图 2.4.15　LVL 地梁板示意

2.4.8　剪力墙覆面板

在轻型木结构或梁柱结构中，当需要较高的抗侧力或设置支撑结构的空间有限时，例如窗洞开口较大处，坚固的 LVL-C 面板就是一种很好的墙体覆面板。

因为通常不需要设置桁架或斜撑，墙体覆面板简化了结构，如图 2.4.17 所示。厚度达到 75mm 的 LVL-C 板允许较大的墙骨柱间距，而不会发生墙骨柱失稳。

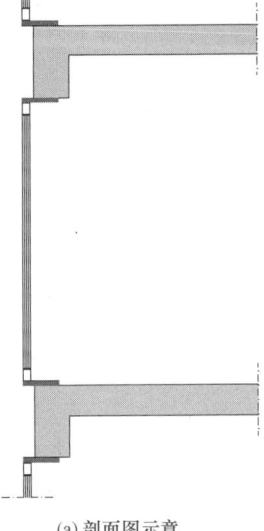

| (a) 剖面图示意 | (b) LVL 窗框板安装 | (c) LVL 外装构件 |

图 2.4.16　混凝土建筑中 LVL-C 窗框板和外装构件的应用示意

在轻型木结构墙中，LVL-C 覆面板通过螺栓或钉固定在墙骨柱、地梁板和顶梁板上，共同构成剪力墙（图 2.4.17）。当厚的 LVL 板或多层胶合的 GLVL 板与基础锚固时，它们就相当于有支撑的柱子的作用，如图 2.4.18 所示。图 2.4.19 为覆面板承受水平力 F_d 原理示意，图中有 2 个剪力墙墙段，墙底抗剪承载力 C_d 共同抵抗墙顶剪力 F_d，两段剪力墙端墙骨柱抵抗顶部剪力产生的弯矩。

图 2.4.17　LVL-C 支撑板　　　　　　　图 2.4.18　多层胶合 GLVL-C 支撑柱

LVL-C 覆面板的宽度最大可达 2500mm。宽面板减少了钉连接或螺栓的连接数量，从而减少了安装工作量。LVL-C 覆面板还可用于较高的剪力墙。表 2.4.1 和表 2.4.2 给出了轻型木结构中 1.2m 和 2.4m 宽单块剪力墙的抗剪承载力，表 2.4.1 和表 2.4.2 中数据是根据欧洲规范 EN 1995 Eurocode 5 第 9.2.4 小节的方法 A 进行计算的，多个截面的结果相加即可得出墙体的总承载力。多块墙段的水平力会传递到相邻墙段，但不考虑洞口部分

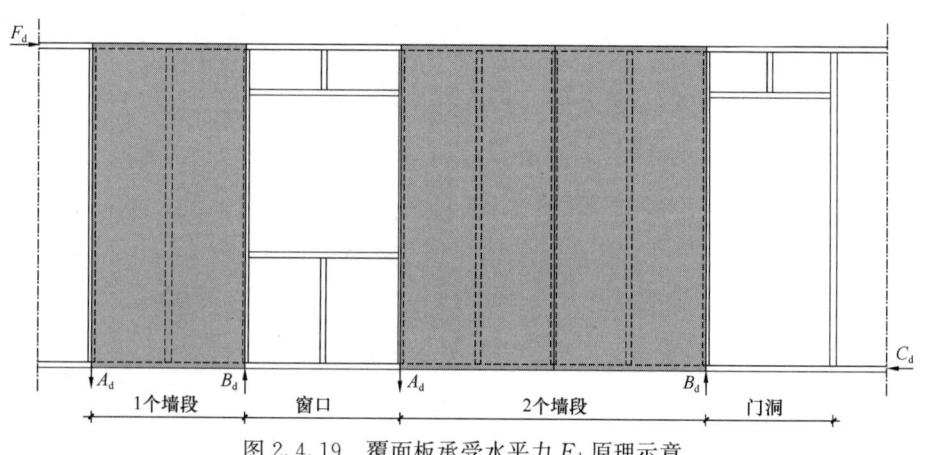

图 2.4.19　覆面板承受水平力 F_d 原理示意

的抗侧承载力。剪力墙的锚固是很重要的，尤其对于狭窄的剪力墙。剪力墙中钉间距越小，抗侧承载力越大。面板用钉与剪力墙边缘墙骨柱连接时，钉间距一般为 75mm～150mm；当用螺钉连接时，间距为 100mm～200mm。中间墙骨柱上的钉间距为边缘墙骨柱钉间距的两倍。剪力墙抗侧承载能力如本指南第 5.7 节所述，其值与面板、钉、墙骨柱的规格和力学性能等有关。图 2.4.20 为 LVL-C 覆面板与墙体结构的连接示意。

初步设计时 LVL-C 面板与 LVL 骨架构成的剪力墙的抗侧力特征值 $F_{i,V,Rk}$　　表 2.4.1

LVL 36C 面板与 LVL 48P 骨架采用钉连接固定		面板宽度（mm）					
		1200			2400		
板边缘钉间距（mm）		150	100	75	150	100	75
中间墙骨柱上钉间距（mm）		300	200	150	300	200	150
板厚度（mm）	圆钉规格 $d \times L_{min}$（mm）	墙体抗侧力 $F_{i,V,Rk}$（kN）					
24	2.1×50	3.6	5.4	7.2	8.9	13	17
27	2.5×60	4.8	7.2	9.5	11.5	17	23
33	2.8×70	5.7	8.6	11.5	14	21	28
45	3.1×90	6.8	10	13	17	25	34

注：1. 面板采用 LVL 36C 等级，板高度 3.0m，墙骨柱采用 LVL 48P 等级，间距不大于面板宽度；
　　2. 面板与骨架构件之间采用钉连接。

初步设计时 LVL-C 面板与 C24 骨架构成的剪力墙的抗侧力特征值 $F_{i,V,Rk}$　　表 2.4.2

LVL 36C 面板钉接固定在 C24 骨架上		面板宽度（mm）					
		1200			2400		
板边缘钉间距（mm）		150	100	75	150	100	75
中间墙骨柱上钉间距（mm）		300	200	150	300	200	150
板厚度（mm）	圆钉规格 $d \times L_{min}$（mm）	墙体抗侧力 $F_{i,V,Rk}$（kN）					
24	2.1×50	3.3	4.9	6.6	8.2	12	16
27	2.5×60	4.4	6.6	8.8	10.5	16	21
33	2.8×70	5.3	7.9	10.5	13	19	26
45	3.1×90	6.2	9.4	12	15	23	31

注：1. 面板采用 LVL 36C 等级，板高度 3.0m，墙骨柱采用 C24 锯材，间距不大于面板宽度；
　　2. 面板与骨架构件之间采用钉连接。

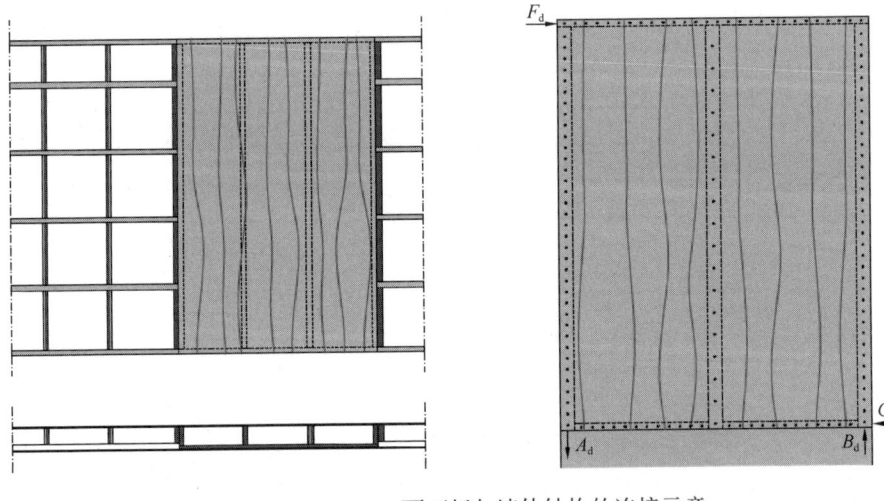

图 2.4.20　LVL-C 覆面板与墙体结构的连接示意

当承受水平荷载 $F_d = 15\text{kN}$ 时，在具有相同抗侧性能的情况下，图 2.4.21 表明了采用不同腹面板而构成的墙体所需要的墙体长度。由图 2.4.21 可知，在剪力墙布置空间有限的情况下，采用 LVL-C 覆面板需要的剪力墙最短，但这时墙体与下部结构的连接需要有较大的锚固能力。

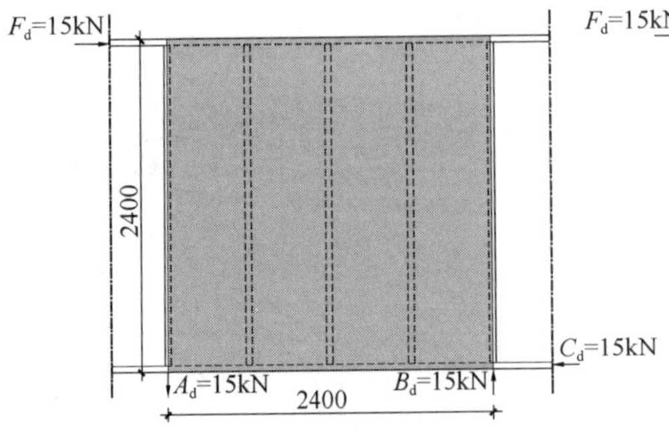

(a) 27mm厚LVL 36C面板

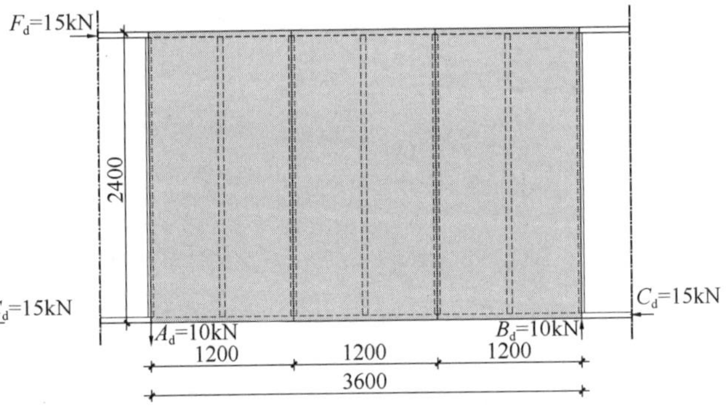

(b) 15mm厚结构胶合板

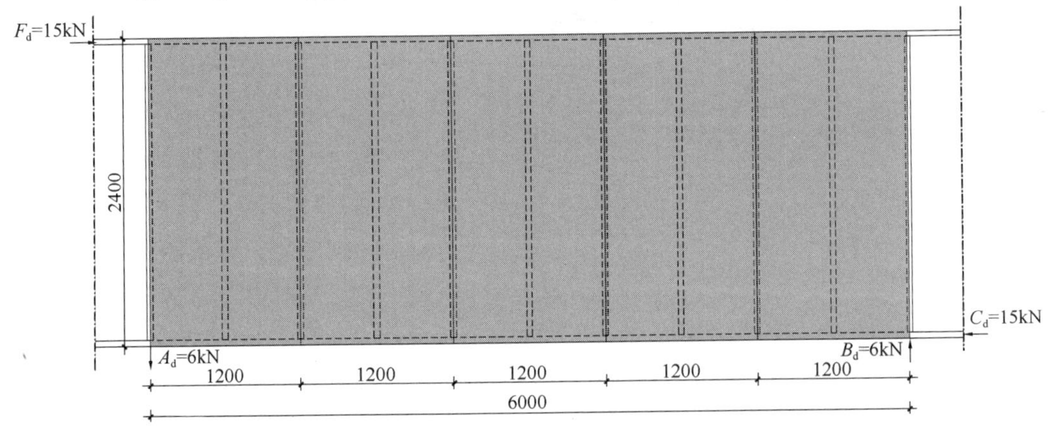

(c) 9mm厚石膏板

图 2.4.21　采用不同腹面板组成具有相同抗侧性能的墙体

2.4.9 LVL-C 墙板

除了用作剪力墙覆面板外，LVL-C 板也可以与轻木结构的墙骨柱一起组成墙体承受竖向荷载。当多层胶合的 GLVL 板厚度和承载力较大时，或当 LVL-C 板与刚性保温层组成墙板时，都可以形成主要的承重结构。LVL-C 板能为墙体提供 EI 级或 K 级的防火等级（欧洲防火标准），所需面板厚度的具体数值参见本指南第 6.3 节和第 6.4 节中的相关表格。

图 2.4.22 为多层胶合 GLVL-C 墙板。图 2.4.23 为 LVL-C 墙板与 LVL-P 墙骨柱共同作为承重结构的构造示意，图 2.4.24 为 LVL-C 墙板作为承重的胶合夹层墙体结构的构造示意。

(a) 带窗洞的GLVL-C墙板

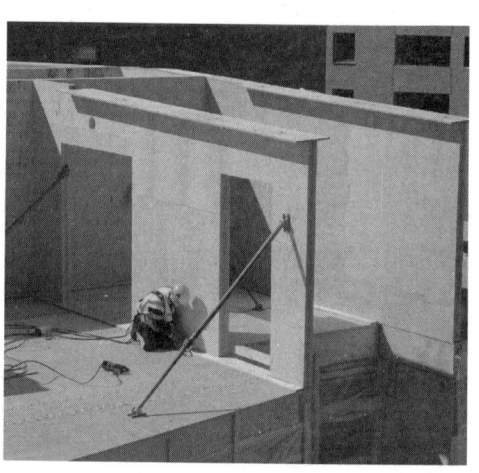
(b) 带门洞的GLVL-C墙板

图 2.4.22　多层胶合 GLVL-C 墙板

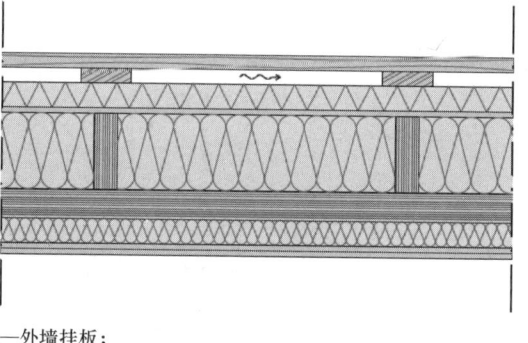

1—外墙挂板；
2—28mm×98mm木压条，间距600mm+空隙；
3—50mm防风层+隔热材料；
4—10mm纸面石膏板；
5—39mm×150mm LVL-P墙骨柱，间距600mm+150mm矿棉隔热层；
6—57mm LVL-C面板（木纹方向为竖向）；
7—48mm×48mm木压条，纵横间距600mm+48mm矿棉隔热层；
8—室内装饰层

(a) 水平剖面

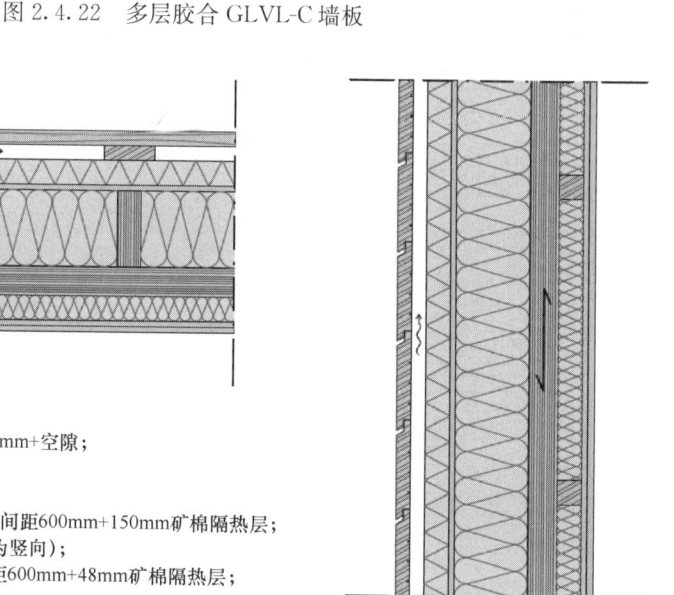
1 2 3 4　5　6 7 8
(b) 竖向剖面

图 2.4.23　LVL-C 墙板与 LVL-P 墙骨柱共同作为承重结构的构造示意

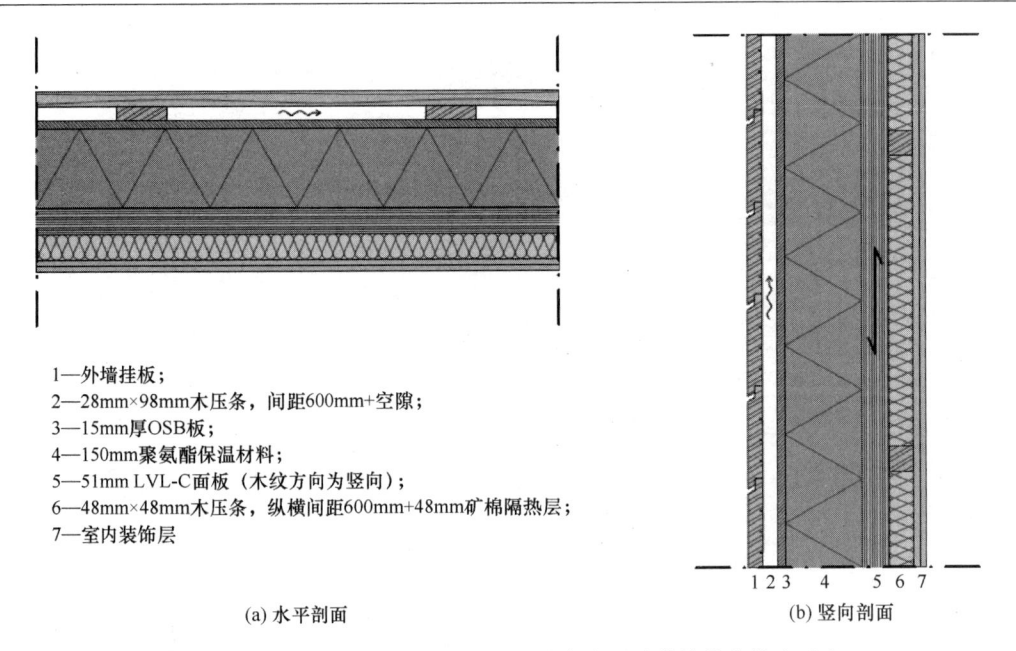

1—外墙挂板；
2—28mm×98mm木压条，间距600mm+空隙；
3—15mm厚OSB板；
4—150mm聚氨酯保温材料；
5—51mm LVL-C面板（木纹方向为竖向）；
6—48mm×48mm木压条，纵横间距600mm+48mm矿棉隔热层；
7—室内装饰层

(a) 水平剖面　　　　　　　　　　　　　　(b) 竖向剖面

图 2.4.24　LVL-C 墙板作为承重的胶合夹层墙体结构的构造示意

2.5　特殊结构

　　LVL-C 构件强度和刚度大、重量轻、尺寸精确、尺寸范围大、结构形式自由以及易加工等优点，使其能够应用于许多特殊结构中。当需要更长的耐火极限时，采用 LVL 杆件可为齿板桁架提供更好的防火性能。LVL 桁架或 LVL 门式框架可以使大厅的跨度更大，或最大限度地提高室内高度。门板和门框采用 LVL 组件能够获得稳定的尺寸，并提高了防盗安全性。复杂的几何形状和特殊造型的建筑可以通过异型 LVL-C 构件实现，这些构件可以切割成需要的形状。LVL 还可用于既有结构的加固及改建扩建。人行桥的整个桥面仅需两块 LVL-C 板即可实现，不仅减少了现场工作量，还具有可靠的抗侧能力。LVL-P 也有很多应用，例如，安全且承载力高的脚手架、楼盖系统木质工字梁的翼缘板等。

2.5.1　桁架和门式框架

　　齿板桁架很适合使用 LVL-P 作为下弦杆（图 2.5.1），LVL-P 的厚度（在北欧地区为42mm）与齿板桁架中使用的实木构件相匹配。在阁楼式桁架中，细长的 LVL-P 下弦杆可使楼盖结构满足振动设计所需的刚度（图 2.5.2）。

　　在比齿板桁架具有更高的防火要求的屋盖结构中，可以将 LVL-P 下弦杆设计成梁构件来承担火灾下的荷载，从而使框架的其余部分可按通常的温度要求进行设计。侧面采用石棉隔热材料进行保护，顶部边缘设置支承以防止侧向扭转失稳。

　　当屋盖桁架暴露可见时，采用销钉连接的 LVL-P 立柱式桁架（图 2.5.3）或双斜撑式桁架（图 2.5.4）是一种美观的解决方案。当屋盖跨度为 15m～22m 的双坡屋面采用实木梁不经济并且耐火极限仅要求为 R15 级时，这种桁架是最具竞争力的选择。对于像体育场

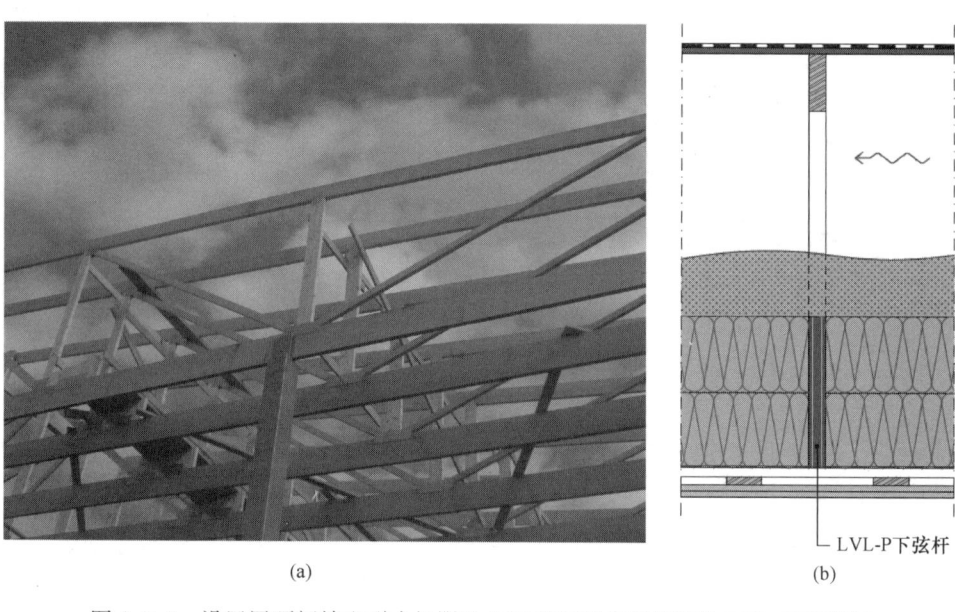

<table>
<tr><td>(a)</td><td>(b)</td></tr>
</table>

图 2.5.1　设置屋顶阁楼和耐火极限达 R30 的屋盖齿板桁架的 LVL-P 下弦杆

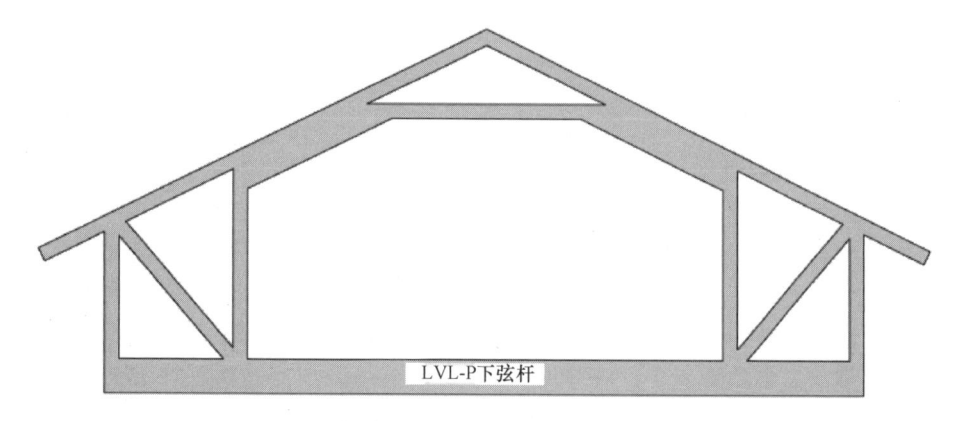

图 2.5.2　为设置阁楼桁架的楼盖构件提供刚度的 LVL-P 下弦杆

图 2.5.3　LVL 立柱式桁架
（芬兰埃克尼斯，Manese Wassström）

图 2.5.4　LVL 双斜撑式桁架
（西班牙 Fupicsa 生产厂房）

馆等大跨度桁架，LVL 可用作各种形式桁架的杆件（图 2.5.5），如 LVL 腹杆、胶合木弦杆的桁架、钢木组合桁架等。

当需要将大厅的内部高度最大化时，三铰门式刚架结构是一个很好的解决方案（图 2.5.6）。门式刚架的柱由两块 LVL-C 板组成，横梁通过螺钉和胶合与柱组合在一起。门式刚架梁柱连接处，木梁被夹在两侧 LVL-C 柱中，这样的构造便于连接屋顶橼梁。门式刚架的橼梁可采用 LVL-P 单梁、箱形梁或胶合木梁。

图 2.5.5 法国 Ydalir 的 LVL 屋盖桁架

门式刚架梁柱节点由螺栓、螺钉或销环进行木材与木材的连接，而不需设置另外的钢连接件。转角连接处紧固件的尺寸和数量取决于跨度和荷载。夹在 LVL-C 柱中的横梁提供了良好的连接强度并可防止转角开裂。

为了优化材料的应用，柱板和橼梁板可设计为单边楔形板，这样可以由一块矩形板斜切而成（图 2.5.7），建议选择适合的 LVL 板，其尺寸与柱和橼梁尺寸相协调，从而可使 LVL 板的宽度充分利用。梁板、柱板较宽的一端放在梁柱节点处，而较窄的一端位于三个铰点位置，即屋脊和基础处。当单根 LVL-P 橼梁的承载力足够时，三铰门式刚架是最经济合理的。在风荷载较大的地区，三铰门式刚架的屋面坡度宜小些，而在雪荷载较大的地区，屋面坡度宜大些。经济的跨度范围是 10m～30m。

(a)

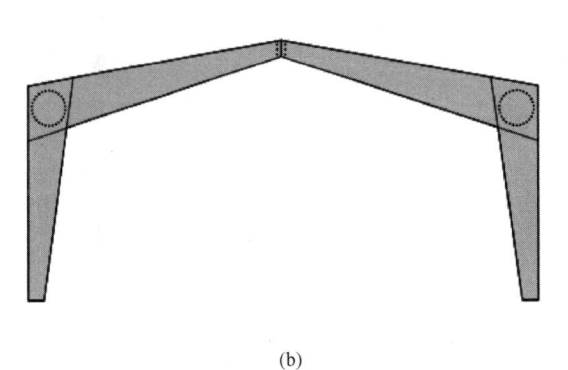

(b)

(c)

图 2.5.6 三铰门式框架结构（一）

(d)

图 2.5.6　三铰门式框架结构（二）

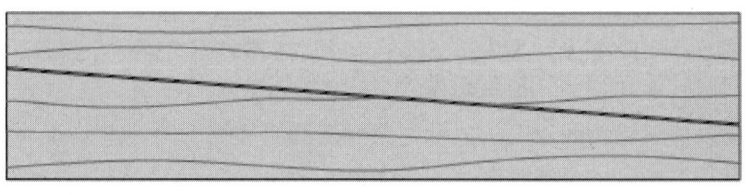

图 2.5.7　LVL 面板斜切示意

2.5.2　门和窗

采用小尺寸的 LVL-P 板条能够保证门窗边框的平直和稳定。LVL-C 板可以作为防火门和安全门的芯板。LVL 供应商可以提供特殊的精度，以确保 LVL 部件适合于门窗行业的生产工艺。图 2.5.8 为 LVL-C 板作为芯板的门。图 2.5.9 为采用 LVL-P 板条的门框和窗框。

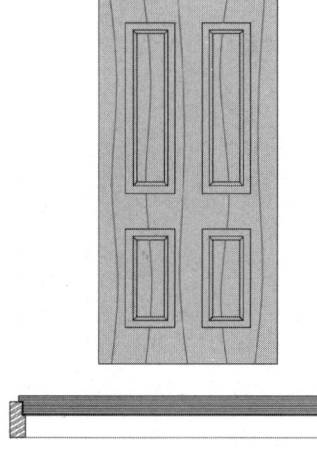

图 2.5.8　采用 LVL-C 芯板的门

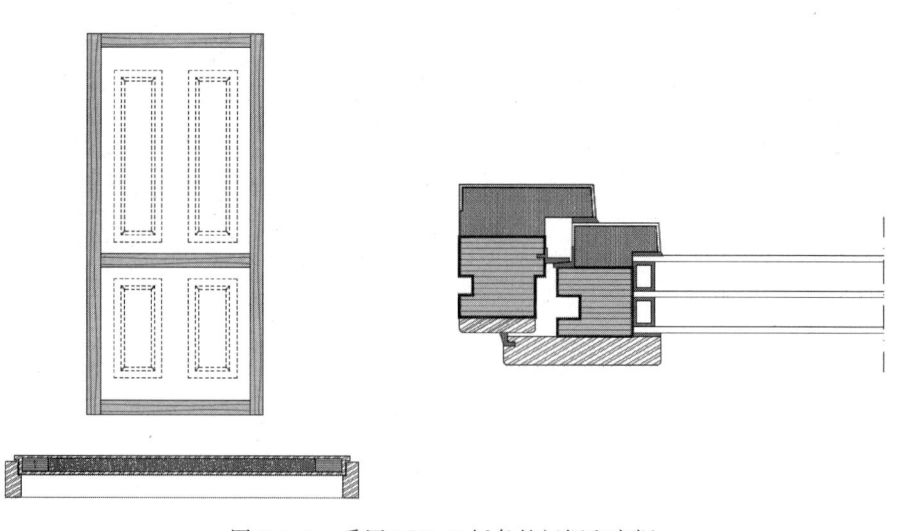

图 2.5.9　采用 LVL-P 板条的门框和窗框

2.5.3　旧结构加固

在剪力和横纹拉力较大的旧结构上，可以用螺钉或圆钉钉上 LVL-C 板来进行加固。该方法适用于开槽、开孔的木梁和有较大裂缝的胶合梁（图 2.5.10）。旧的楼盖搁栅可以通过将 LVL-P 梁固定在侧面或顶部来进行加固。斜螺钉连接具有良好的刚度，并在旧搁栅和 LVL-P 加固件之间提供有效的连接。某些情况下，可以将 LVL-P 加固件粘合到旧结构上，但是要充分利用高强度结构胶的优点，但胶合时需满足胶合条件和胶合工艺质量控制的要求。

2.5.4　楼梯构件

大型 LVL-C 板可用于楼梯的承重构件，这种做法的建筑效果也很好。当楼梯跨度较小时，LVL 板可用作带栏板功能的楼梯梁（图 2.5.11、图 2.5.12）。

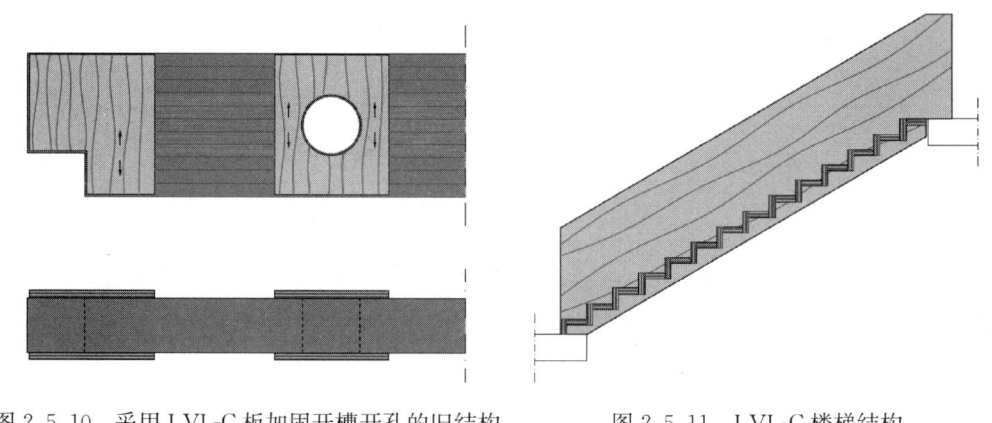

图 2.5.10　采用 LVL-C 板加固开槽开孔的旧结构　　图 2.5.11　LVL-C 楼梯结构

图 2.5.12　LVL-C 楼梯示例

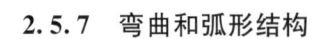

图 2.5.13　电梯井的 LVL-C 面板结构

2.5.5　多层建筑的电梯井

在多层木结构建筑中，LVL-C 板可作为电梯井的墙体，同时可作为建筑物核心筒来承受水平荷载。电梯井墙板尺寸可以是整个建筑高度也可是以层高为单元来分段（图 2.5.13），电梯设备可通过一般的抗剪螺钉连接到井道墙体上。

2.5.6　多层建筑的扩建

随着不断增加的人口向城市区域迁移，一种建筑改建的可能性是在现有建筑的屋顶上加层。为了达到这个目的，加建结构必须很轻，以使老结构能够承受其荷载。坚固而轻巧的 LVL 材料为此提供了一个理想的解决方案。

图 2.5.14 为 LVL 用于多层建筑上装配加层建筑物。

图 2.5.15 为采用 LVL 的扩建方案，名为 Tammelan Kruunu，由 Lisa Voigtländer & Sung Bok Song 设计的 LVL 加层建筑，该建筑在"城市之上的城市"建筑设计比赛中获得一等奖。

2.5.7　弯曲和弧形结构

当在设计中考虑了弯曲应力和剪应力后，LVL 梁板和面板可以沿板平面方向弯曲以形成弧形结构。除另有详细说明外，对于 LVL-P 板和 LVL-C 面板，均可按以下规定沿表面单板顺纹方向弯曲（图 2.5.16）：

（1）曲率半径 R 不应小于 $450t$（t 为面板厚度）；

（2）仅在表面单板的顺纹方向进行弯曲。

除另有更详细说明外，对于 LVL-C 面板可按以下规定在表面单板横纹方向进行平面弯曲：

图 2.5.14 LVL 用于多层建筑上装配加层建筑物

（法国普瓦西）

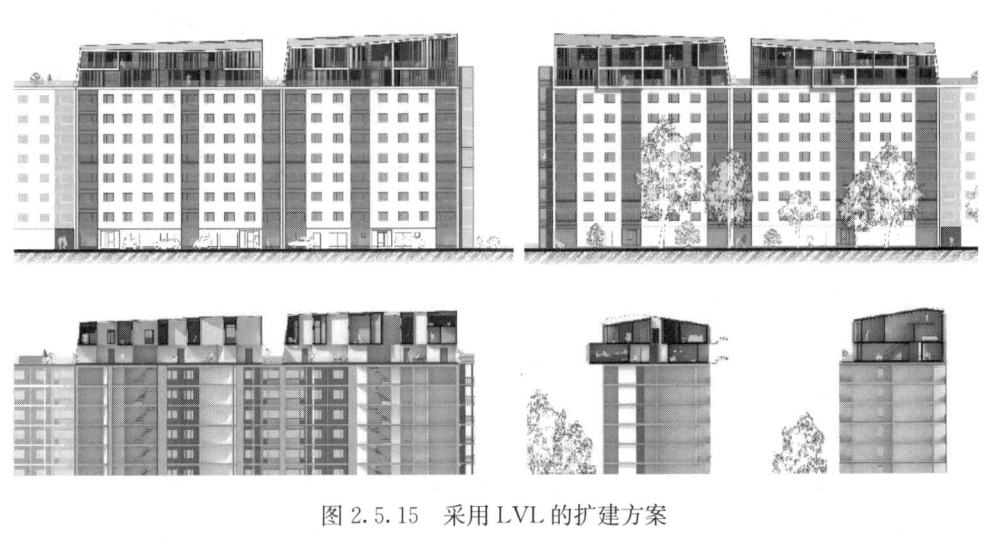

图 2.5.15 采用 LVL 的扩建方案

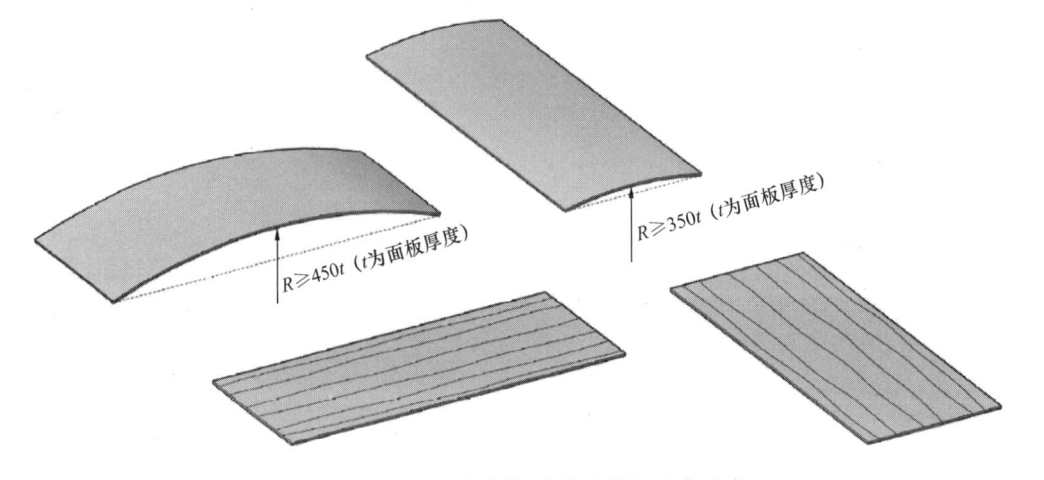

图 2.5.16 LVL 板顺纹弯曲和横纹弯曲示意

（1）表面单板横纹方向的曲率半径 $R \geqslant 350t$（t 为面板厚度）；

（2）仅在表面单板横纹方向进行弯曲。

由于 LVL-C 具有横向层板，其宽度方向性能也较好，因此可以将其切割成各种形状，作为特殊造型建筑的承重结构或创造独特的室内空间。当产品小而独特时，可用数控机械（CNC）进行加工。在结构设计中，必须根据本指南第 4.3.6 节、第 4.3.7 节中的说明或 LVL 供应商的说明，考虑与木纹成一定夹角时的强度特性。

图 2.5.17 为 LVL-C 弧形构件，是英国一个风电场建筑屋盖结构。

(a)

(b)

图 2.5.17 LVL-C 弧形构件

2.5.8 桥梁

坚固的 LVL-C 面板可以作为人行桥的桥面，安装在胶合木主梁上。75mm 厚的面板具有承受维修车辆车轮集中荷载的承载能力，并且使用坚固的 LVL-C 面板可以很容易地满足桥梁的抗侧需求。LVL-C 面板允许主梁之间或次梁之间的最大间距为 1.8m，如果主梁间距较小，则不需要设置次梁。图 2.5.18 表明典型的 3.6m 宽的桥梁只需要两块面板。在桥面板顶部需要设置防水层以防止雨水进入 LVL-C 面板，但是，不需要采用浸渍方法来进行 LVL-C 板的防腐处理。

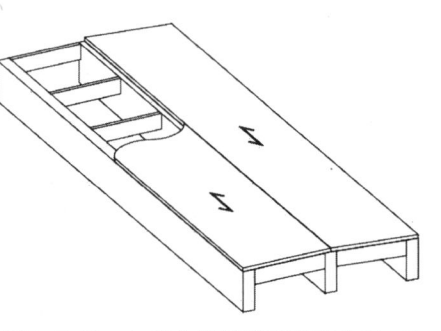

图 2.5.18　与胶合梁跨度平行的 LVL-C桥面板

图 2.5.19 为芬兰 Matinpuro Espoo 的 LVL 人行桥，采用厚度为 75mm 的 LVL-C 桥面板。

图 2.5.19　芬兰 Matinpuro Espoo 的 LVL 人行桥

2.5.9　其他应用

LVL-P 是最常用的工程木制品工字梁的重要组成部分（图 2.5.20）。由于 LVL-P 具有高而均匀的弹性模量，并且长度较长，因此，非常适合作为楼盖结构中工字梁的翼缘

图 2.5.20　LVL 作翼缘的木质工字梁

板。工字梁通常作为一个完整的系列产品出售，并满足各个建筑项目的具体设计和细部构造，且根据供应商的 ETA 评估进行 CE 标识。最常用的工字梁高度为 200mm～400mm，翼缘宽度为 38mm～96mm。在低能耗建筑中，工字梁和墙骨柱也用于外墙和屋盖结构。

在美国和中东地区，LVL-P 通常被用作脚手架板（图 2.5.21）。为确保在施工现场工作的可靠和安全，LVL 脚手架板都经过了加载验证。LVL-P 板使用寿命长，携带轻便，易于安装。LVL 脚手架板的另一个优点是防火安全性高，金属构件撞击到木板也不会产生火花，因此，使 LVL-P 板成为炼油厂和造船厂等领域的理想材料。

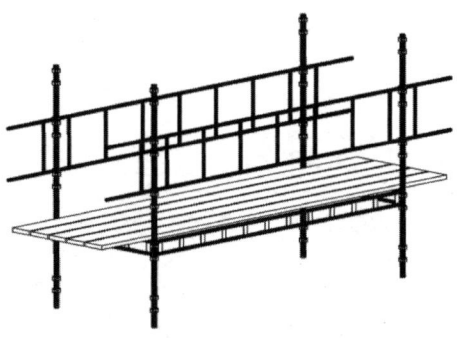

图 2.5.21 LVL-P 脚手架板

第 3 章　LVL 的采购、运输、装卸和储存

本章介绍 LVL 的采购、运输（图 3.0.1）、装卸（图 3.0.2）和储存。

图 3.0.1　LVL 梁的搬运

图 3.0.2　将打包好的 LVL 利用桥式起重机装载到卡车上

3.1 采购

标准尺寸的 LVL-P 梁和墙骨柱很容易从当地的批发商或分销商的库存中获得，并且在一些国家 LVL-C 板也有库存。大量的和特殊规格的旋切板胶合木（LVL）产品可按订单生产。LVL 制造商在大多数欧洲国家都有自己的销售办事处或代理机构。

在 LVL 的询价和订单中应明确以下信息：

（1）客户名称。

（2）交货地址。

（3）交货周期。

（4）客户的发票地址和增值税号。

（5）产品类型（LVL-P 或 LVL-C 以及相应等级）。

（6）截面尺寸（厚度与宽度）。

（7）长度。

（8）每种产品型号和尺寸的数量。

（9）表面处理方式；未砂光／砂光／校准。

（10）如果为非标准尺寸，需说明具体的公差。

（11）产品标识，每个产品上加盖 CE 标识或不加盖印章。

（12）如果相关时，可要求提供机械加工参考图纸。

（13）包装：

① 包裹尺寸：最大重量或包裹的高度。

② 包装材料：LVL 供应商将提供合适的包装类型，但要考虑客户的具体要求。

（14）所需的认证（根据要求提供 PEFC 或 FSC）。

（15）交货条款：

① 公路、铁路或轮船。

② 对于铁路运输：如果相同的货物有多个交货地址，则需要一份装运清单。

（16）单独验证有特殊表面质量要求的产品。默认情况下，同批产品具有相同的外观等级。每个订单工厂都备有单独的生产指令，在生产之前需要从客户处确认任何相关的信息。

3.2 运输、装卸和储存

与所有工程木制品一样，旋切板胶合木（LVL）产品必须妥善装卸和储存，以防止其被弄脏或受到损坏。不正确的装卸和储存可能会损坏或弄脏产品的表面、边缘或角部，或降低产品的尺寸稳定性。

1. 运输

在产品的运输和储存过程中，必须避免暴露在潮湿的环境中，例如避免雨淋或溅水。如果用叉车搬运产品，必须使用足够宽的货叉，以避免损坏（图 3.2.1）。当一次抬起几个包裹时，货叉之间的距离必须足够宽，以确保叉车安全抬起。经过表面处理的产品应该直接运送到现场，在运送过程中不需要额外的其他装卸。

2. 储存

LVL 产品必须储存在有顶棚的地方。在现场临时存放产品时，应使用坚固、平直且干燥的平台。地面垫块（垫木）的高度必须不低于 300mm。为避免产品扭曲或开裂，包裹之间的垫块必须与地面垫块竖向对齐。垫块必须有合适的尺寸和数量，并均匀地分布（图 3.2.2）。

图 3.2.1　叉车搬运 LVL 包裹

每件包裹的塑料包装材料必须从包裹底部切开，以使空气流通和水分从包裹中蒸发。如果产品在现场储存时间超过一周，则必须在捆扎包裹上方覆盖另外的保护层。在储存期间，应定期监测产品和保护层的状况。

(a)　　　　　　　　　　　(b)

图 3.2.2　LVL 产品包裹的存储

图 3.2.3　LVL 梁的人工装卸

3. 装卸与加工

LVL 产品包裹可以在现场利用叉车或起重机卸货。当使用叉车卸货时，应符合"运输"一节的要求。当使用起重机卸货时，必须使用符合标准的、处于良好状态的、强度等级适当的宽吊带，不能使用吊索或吊缆（图 3.1.2）。如果是手动卸货，应打开包装逐件搬运（图 3.2.3）。切割产品捆扎带时，应小心捆扎带的末端。LVL 产品禁止拖拽、推挤或抛扔。搬运时应轻拿轻放（图 3.1.1）。

LVL 是一种轻质材料，易于成型，意味着在建造过程中可以节省大量的时间和成本。LVL 产品可使用常规的木工工具和电动工具进行简单的加工，而不需要单独的专业工具（图 3.2.4）。表面处理过的产品应单独卸货。如果需要，应在吊带处使用无色的多孔塑料垫进行保护。

图 3.2.4　LVL 结构可使用常规木工器具和电动工具进行加工

3.3　施工中结构的保护

在施工现场必须对 LVL 结构进行保护，以避免因暴露在潮湿环境中而引起尺寸变化和表面发霉，必须避免遭受雨淋和现场积水的飞溅，以及因其他结构传递来的水而产生浸湿。此外，设计师必须确保在细部的设计中，现场的产品不能有积水形成。

在安装期间，产品可能会短暂地暴露在露天环境中。只要确保在结构封闭前木材含水率下降到理想值，LVL 产品在建造期间临时与水接触不会造成其损伤或腐蚀。在结构的设计使用年限中，根据指定的使用环境类别来维护胶粘剂性能的完整性。关于耐久性的更多资料见本指南第 7 章的内容。

3.4　LVL 使用后的处理

旋切板胶合木（LVL）产品使用后，应根据国家的规定和要求进行处理。通常，首选的处理方式是将 LVL 产品回收和重复利用，或者可以用于堆肥或燃烧以进行能量回收。LVL 的安全燃烧条件为：燃烧温度不低于 850℃；燃烧气体与空气混合均匀；燃烧气体在炉内留存 2s 以上；且烟气中的氧气含量超过 6％。在这种燃烧条件下，烟道气体与燃烧普通木材产生的气体是相同的。LVL 的高位热值为 19.4 MJ/kg。

堆肥需要将板粉碎，同时还应考虑较长的堆肥过程。尽管 LVL 的降解速度非常缓慢，但这些产品也可以被扔进垃圾填埋场进行填埋。

LVL 不包含任何分类为危险废物的物质。在欧洲废物分类目录中其废物编号为：——170201 木材（建筑和拆除废物）。

第4章 结构设计

旋切板胶合木（LVL）结构（图 4.0.1）在结构设计时，与其他形式木结构的设计目标和设计方法是一致的：验算结构满足承载能力、正常使用性能和其他相关的结构要求。使用基于分项系数的极限状态设计法，验算作用效应设计值 S_d 小于截面、结构构件或连接件的抗力设计值 R_d：

$$S_d \leqslant R_d \tag{4.0.1}$$

式中：S_d——作用效应设计值，如内力、力矩或代表多个内力或力矩的矢量；

R_d——相应的抗力设计值。

图 4.0.1 LVL屋盖结构

（K-Rajamarket，Utsjoki，芬兰）

4.1 结构设计基础

自 2010 年以来，欧洲地区就采用了欧洲规范设计系统，并在各个国家附件中确定了针对具体国家的调整系数。对于木结构建筑，欧洲规范体系的重要部分包括以下几本标准：

（1）EN 1990 Eurocode 0 结构设计基础；

（2）EN 1991 Eurocode 1 结构作用；

（3）EN 1993 Eurocode 3 钢结构设计；

（4）EN 1995 Eurocode 5 木结构设计（以下简称"欧洲规范5"）。

欧洲规范使用极限状态设计法，主要有两种极限状态：承载能力极限状态（ULS）和正常使用极限状态（SLS）。在承载能力极限状态（ULS）设计中，要求结构在设计工作年限内具有足够的安全性以防止失效，相关规范中已给出了验算方法。正常使用极限状态（SLS）设计中，要求评估结构是否满足使用目的。在大多数情况下，规范没有规定确切的允许值，仅提供了最大变形限值的建议，以及人员走动导致楼盖振动水平的限值等，但最终是由承包商和客户共同决定这些限值。

在承载能力极限状态设计中，结构的失效概率由两方面决定，分别是作用效应大于预期的概率和结构抗力低于预期的概率。通常可以假定结构的作用和抗力是随机变量。当它们的分布函数已知时，就可以通过概率论方法来计算失效概率。虽然在实际设计中使用概率计算过于复杂，但是该方法一方面可用于校验不同规范的可靠度水平是否一致，另一方面可以对不同材料的可靠度进行对比。此外，这一方法的另一重要作用是，验证简化的设计方法，如欧洲规范中使用的分项系数法，是否满足可靠度要求。

承载能力设计的目标是防止结构发生可能造成人身伤害的破坏，以及确保建筑的功能正常。

建筑规范，例如欧洲规范，提供了可靠的验证方法，用于验证是否满足以上功能，同时还提出了结构必须抵抗的荷载和荷载组合。欧洲规范具有通用的部分，及适用于各国的国家附件部分。该附件规定了各国具体的安全系数和根据不同气候和地理条件设置的参数。此外，各国还分别使用了一些不同的验算方法和调整系数。

根据欧洲规范的规定，一般木结构设计有以下要求：

（1）结构体系的选择、结构设计和施工等工作必须由足够资质和经验丰富的人员完成。

（2）在整个建设过程中，从设计事务所和工厂，到加工车间和建筑工地，所有工作必须有充分的监督和质量保证。

（3）结构必须采用在欧洲规范、统一标准或其他统一技术文件中明确的建筑材料和产品。

（4）在整个设计工作年限中，建筑物必须得到充分、定期的维护。

（5）建筑物不能改变其设计使用功能。

4.1.1 作用（荷载）

作用就是产生弯矩、剪力和轴力以及引起结构变形的荷载。每个结构的具体作用及其作用组合是根据结构最不利位置的作用类型、作用大小和作用持续时间进行评估的。确定不同的荷载组合作为荷载工况。荷载组合由主要荷载与可能同时作用的其他次要荷载的折减值组合而成。荷载的折减为荷载的特征值 Q_k 乘以折减系数 ψ_0、ψ_1 或 ψ_2，具体应取决于实际项目：

（1）标准组合（$\psi_0 Q_k$）用于验算在承载力极限状态和正常使用极限状态下，结构的不可逆变形（永久变形）。

（2）常见组合（$\psi_1 Q_k$）用于验算涉及偶然作用的承载力极限状态，以及验证在正常使用极限状态下，结构的可逆变形。

（3）准永久性组合（$\psi_2 Q_k$）用于验算涉及偶然作用的承载力极限状态，以及验证正常使用极限状态。准永久性值也用于计算长期作用效应。

在蠕变变形的计算中，系数 ψ_2 可以被认为是将短时荷载转化为具有类似长期作用效应的永久荷载的系数。

在 EN 1991 中定义了荷载，在 EN 1990 中定义了荷载组合。这些标准明确了在荷载组合中应如何考虑永久作用和可变作用。承载力极限状态下荷载组合的一般公式为：

$$S_d = \sum_{j \geqslant 1} \gamma_{G,j} \cdot G_{k,j} + \gamma_{Q,1} \cdot Q_{k,1} + \sum_{i \geqslant 1} \gamma_{Q,i} \cdot \psi_{0,i} \cdot Q_{k,i} \qquad (4.1.1)$$

式中：S_d——作用组合的效应设计值；

$\gamma_{G,j}$——永久作用 j 的分项安全系数；

$G_{k,j}$——永久作用 j 的标准值；

$\gamma_{Q,1}$——第 1 个可变作用（主导性可变作用）的分项安全系数；

$Q_{k,1}$——第 1 个可变作用（主导性可变作用）的标准值；

$\gamma_{Q,i}$——第 i 个可变作用的分项安全系数；

$Q_{k,i}$——第 i 个可变作用的标准值；

$\psi_{0,i}$——第 i 个可变作用的组合折减系数。

在各个国家附件中规定了 γ_G 和 γ_Q 的值，但是，在常见的承载力极限状态（ULS）设计案例中，对于不利作用的各项系数 $\gamma_G = 1.15 \sim 1.35$ 和 $\gamma_Q = 1.5 \sim 1.6$。在正常使用极限状态（SLS）设计中，γ_G 和 γ_Q 为 1.0。

4.1.2 重要性等级、可靠性等级和 K_{FI} 系数

为了区分可靠性，可以通过考虑结构破坏结果或结构失效的影响来建立重要性等级（CC1~CC3）。CC1 级适用于对人员伤亡少，或对经济、社会和环境影响较小或可忽略不计的情况。例如，农业建筑和仓库可属于 CC1 级。CC2 级是一个中等影响水准的常用等级，作为住宅和办公建筑的默认等级。CC3 级适用于破坏后果影响严重的建筑，如音乐厅或纪念馆等类似结构。

在相关的可靠性等级 RC1~RC3 中对不同重要性等级设置了具体要求，其中包括对可靠性指标 β 水平的要求，对材料、产品的结构和抗力特性的设计、执行的监督。在分项系数设计中，通过作用的 K_{FI} 系数来考虑可靠性等级。K_{FI} 系数的值在国家附件中给出，但根据 EN1990 的默认值，在 RC1 级中，承载能力极限状态（ULS）公式（4.1.1）中的作用应乘以 $K_{FI} = 0.9$，RC2 级中应乘以 $K_{FI} = 1.0$，RC3 级中应乘以 $K_{FI} = 1.1$。K_{FI} 系数不用于正常使用极限状态（SLS）。

4.1.3 荷载持续时间

在欧洲规范中，荷载持续时间分级的依据是在结构全寿命周期内，某一段时间内恒定荷载作用的影响。对于可变作用，确定分级时，需要估计荷载随时间的变化特征。荷载持续时间的等级见表 4.1.1。

荷载持续时间等级和荷载示例　　　　　　　　　　　　　　　　表 4.1.1

持续时间等级	标准荷载累计持续时间顺序	荷载示例	备注
永久	大于 10 年	1. 自重 2. 永久安装的机械 3. 隔墙（某些国家规定为永久荷载）	
长期	6 个月至 10 年	长期储存	
中期	1 周至 6 个月	1. 中期施加的楼盖荷载 2. 积雪	芬兰规定积雪属于中期荷载
短期	少于 1 周	1. 短期积雪 2. 风荷载 3. 楼梯荷载 4. 施加的集中荷载 5. 屋面维修荷载	某些国家规定雪荷载属短期荷载； 某些国家规定风荷载属短期荷载
瞬时		1. 瞬时风荷载 2. 偶然荷载	芬兰规定风荷载属于瞬时荷载

4.1.4　使用环境

含水率和变化的湿度条件对 LVL 及其他木基材料的强度和刚度特性具有显著影响。在"欧洲规范 5"中，这是通过规定以下三个使用环境等级来考虑的：

1. 使用环境 1（SC1）

使用环境 1（SC1）的特点是：每年内，材料的含水率对应于 20℃ 的温度和周围空气的相对湿度仅有几周超过 65% 的条件，这通常对应于有供热的室内空气条件。在 SC1 中，针叶材制作的 LVL 的平均含水率（MC）通常在 6%~10%，而大多数实木的平均含水率（MC）通常会高出几个百分点，但不会超过 12%。在 LVL 的制造过程中，产品保持在干燥状态，因为单板在高温下被干燥至含水率低于 5%，这改变了木材的细胞结构，使材料的吸湿性降低。

2. 使用环境 2（SC2）

使用环境 2（SC2）的特点是：每年内，材料的含水率对应于 20℃ 的温度和周围空气的相对湿度只有几周超过 85% 的条件，这通常对应于屋顶下通风良好的室外条件，以避免直接暴露于露天环境中。在 SC2 中，针叶材制作的 LVL 的平均含水率通常在 10%~16%，而大多数针叶材的平均含水率不超过 20%。

3. 使用环境 3（SC3）

使用环境 3（SC3）的特点是：气候条件导致含水率高于 SC2，这通常对应于结构直接暴露于室外、高湿场所或直接与水接触的情况。如果没有进行防腐处理，则不能将 LVL 材料用于 SC3。

欧洲标准 EN335 规定了有关耐久性的使用等级。除了使用环境 3 之外，其余使用环境与"欧洲规范 5"规定的使用环境相对应，而使用环境 3 被分为 UC3.1、UC3.2、UC4 和 UC5 等子类，这样可以更精确地描述各种条件。

在为设计选择使用环境时,除了木材的含水率外,还必须特别注意空气湿度条件的周期循环变化,这可能比恒定较高湿度的条件对木结构的影响更为显著。在使用环境 1 中,必须特别注意木结构开裂的风险。图 4.1.1 为木结构中不同使用环境的示意。在"欧洲规范 5"的国家附件中为每个国家规定了结构的使用环境。

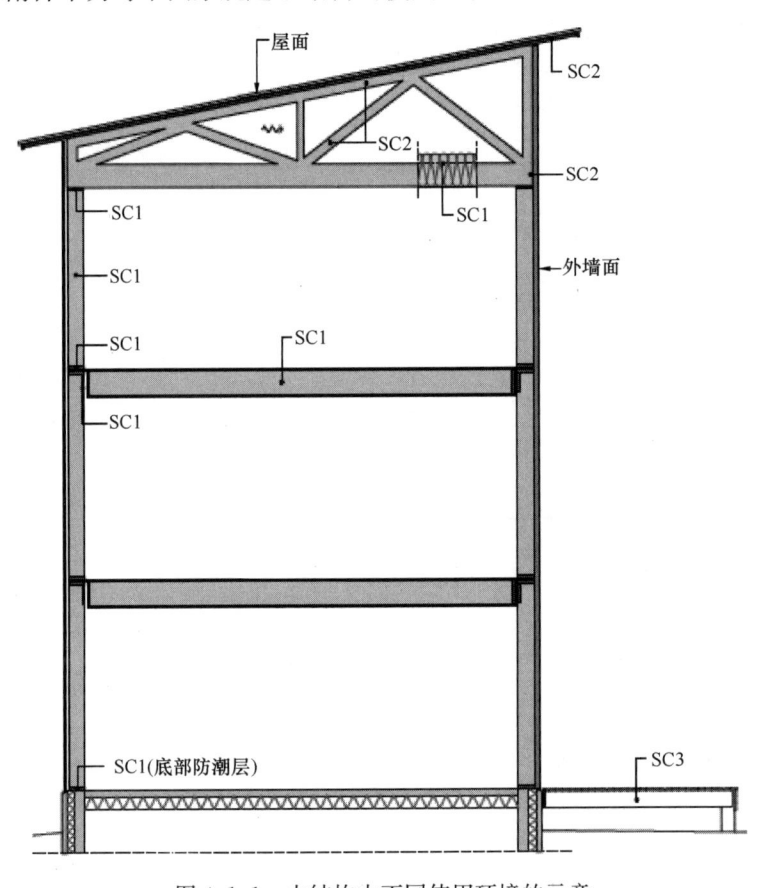

图 4.1.1　木结构中不同使用环境的示意

4.1.5　材料分项安全系数 γ_M 与修正系数 k_{mod} 和 k_{def}

"欧洲规范 5"的国家附件中确定了不同材料的分项安全系数 γ_M。对于 LVL,一般情况下,$\gamma_M = 1.2 \sim 1.3$。

修正系数 k_{mod} 是考虑了荷载持续时间和含水率影响的修正系数(见表 4.1.2)。在"欧洲规范 5"中,使用环境 1(SC1)和使用环境 2(SC2)的 LVL 的所有力学性能都采用相同的 k_{mod} 值。但试验研究表明,LVL 在 SC2 条件下,其抗压强度 $f_{c,0,k}$ 值比在 SC1 条件下低。在确定强度分级中,通过将 SC2 的抗压强度值 $f_{c,0,k}$ 降低 20% 来考虑这一点。

如果荷载组合中包括属于不同荷载持续时间等级的作用,则应选择与持续时间最短的作用对应的 k_{mod} 值。例如,对于恒载和短期荷载的组合,应该采用与短期荷载对应的 k_{mod} 值。

在正常使用极限状态设计中,蠕变的影响取决于荷载的使用环境和持续时间等级。作用的准永久值的 ψ_0 和 ψ_2 系数在荷载组合中要考虑到这一点。变形系数 k_{def} 考虑了使用环境

（表 4.1.3）。对于作用的标准组合，包括蠕变在内的最终挠度由公式（4.1.2）计算。

$$u_{\text{fin}} = u_{\text{inst,G}} \cdot (1 + k_{\text{def}}) + u_{\text{inst,Q,1}} \cdot (1 + \psi_{2,1} \cdot k_{\text{def}}) + u_{\text{inst,Q,}i} \cdot (\psi_{0,i} + \psi_{2,i} \cdot k_{\text{def}})$$

$$(4.1.2)$$

式中：u_{fin}——最终挠度，包括蠕变变形；

      $u_{\text{inst,G}}$——永久作用引起的瞬时挠度；

      $u_{\text{inst,Q,1}}$——主要可变作用下的瞬时挠度；

      $u_{\text{inst,Q,}i}$——次要可变作用下的瞬时挠度。

LVL-C 具有在平面外变形时具有较高的变形系数 k_{def} 值，因为横向单板会产生类似于正交胶合板的滚剪变形。当采用 LVL-C 板作为轻型木结构覆面板时，由于荷载在面板上主要产生轴向应力，因此，构件平面内变形的 k_{def} 值与 LVL-P 相同。

LVL 的 k_{mod} 值   表 4.1.2

使用环境等级	永久	长期	中期	短期	临时
1	0.60	0.70	0.80	0.90	1.10
2	0.60	0.70	0.80	0.90	1.10
3	0.50	0.55	0.65	0.70	0.90

注：与结构木材、胶合木、CLT 和胶合板的值相同。

LVL 的变形系数 k_{def} 值   表 4.1.3

产品类型	使用环境 1	使用环境 2	使用环境 3
LVL-P	0.60	0.80	2.00
窄面加载 LVL-C	0.60	0.80	2.00
宽面加载 LVL-C	0.80	1.00	2.50

4.1.6 设计值和弹性模量

承载力极限状态（ULS）设计时的设计值由强度标准值确定，通过材料分项系数 γ_{M} 和修正系数 k_{mod}，对强度标准值 f_{d} 进行修正［"欧洲规范 5"中的公式（2.17）］。

$$f_{\text{d}} = \frac{k_{\text{mod}} \cdot f_{\text{k}}}{\gamma_{\text{M}}} \qquad (4.1.3)$$

式中：f_{k}——强度标准值，即材料强度特性的 5% 的分位值；

      k_{mod}——考虑了荷载持续时间和使用环境的修正系数；按表 4.1.2 取值；

      γ_{M}——材料的分项系数。

在正常使用极限状态（SLS）设计中使用弹性模量的平均值，并在使用环境 1 的条件下确定短期荷载。通过变形系数 k_{def} 考虑了蠕变变形的影响。在 SLS 设计的稳定性计算中采用了弹性模量标准值，即材料弹性模量 5% 的分位值。

4.2　LVL 的结构特性和强度等级

旋切板胶合木（LVL）结构的力学性能是根据欧洲统一产品标准 EN 14374 确定的。在欧洲，根据欧洲建筑产品法规的 AVPC 系统 1 的要求，LVL 供应商对 LVL 的性能进行了评估，并对其性能的稳定性进行了验证。LVL 供应商在其性能声明书（DoPs）中阐明了各自的产品特性。

在未来修订 EN 14374 标准时，将纳入 LVL 的产品分类规定，但同时 LVL 行业已决定将采取 LVL 的强度分级。关于强度等级的信息可以在旋切板胶合木 LVL（单板层积材）的公告中发现：新的欧洲强度等级，FprEN 14374 附录 B，这些将在随后的第 4.2.1 和 4.2.2 小节中进行介绍。

带有横向单板的 LVL-C 具有不同的叠合层（即单板方向），当板厚符合 FprEN 14374 附件 C 中厚度范围要求时，其抗弯强度、轴向强度和弹性模量可以按照 FprEN 14374 附件 A 的规定，应用 FprEN 14374 附件 C 确定的叠合系数，通过一组试验结果计算得到。LVL-C 特性是在假设横向单板为零层（即不考虑横向单板厚度）的情况下定义的。

4.2.1　无横向单板的 LVL-P 的强度等级

结构用无横向单板的 LVL-P 采用云杉或松木制成时，最常用的等级是用于梁的 LVL 48P 级，而 LVL 32P 级适用于对力学性能要求较低的墙骨柱。LVL 80P 级是由山毛榉硬木制成。LVL 各种强度、弹性模量和剪切模量的符号标识见表 4.2.1。LVL 结构用无横向单板的不同等级的强度标准值见表 4.2.2。

LVL 的强度、弹性模量和剪切模量的符号　　　　　　　　　　　表 4.2.1

$f_{m,0,edge}$——窄面顺纹抗弯强度；
S——尺寸影响系数；
$E_{m,0,edge}$——窄面顺纹抗弯弹性模量

$f_{m,90,edge}$——窄面横纹抗弯强度；
$E_{m,90,edge}$——窄面横纹抗弯弹性模量；
$f_{v,90,edge}$——窄面横纹抗剪强度

$f_{m,0,flat}$——宽面顺纹抗弯强度；
$S_{flat,m}$——宽面尺寸影响系数；
$E_{m,0,flat}$——宽面顺纹抗弯弹性模量

$f_{m,90,flat}$——宽面横纹抗弯强度；
$E_{m,90,flat}$——宽面横纹抗弯弹性模量

$f_{t,0}$——顺纹抗拉强度；
$E_{t,0}$——顺纹抗拉弹性模量

$f_{t,90,edge}$——窄面横纹抗拉强度

$f_{t,90,flat}$——宽面横纹抗拉强度

$f_{c,0}$——顺纹抗压强度；
$E_{c,0}$——顺纹抗压弹性模量

$f_{c,90,edge}$——窄面横纹抗压强度；
$E_{c,90,edge}$——窄面横纹抗压弹性模量

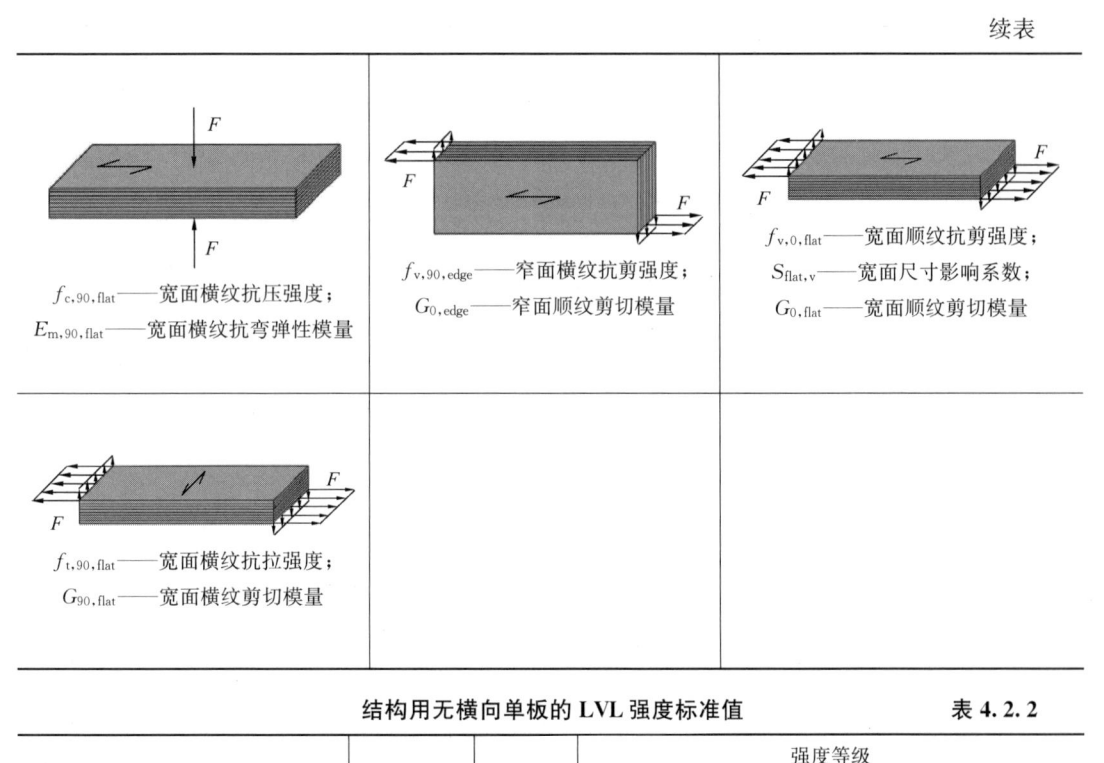

结构用无横向单板的 LVL 强度标准值　　　　表 4.2.2

强度特性		符号	单位	强度等级				
				LVL 32P	LVL 35P	LVL 48P	LVL 50P	LVL 80P
抗弯强度	窄面，顺纹（厚 300mm）	$f_{m,0,edge,k}$	N/mm²	27	30	44	46	75
	宽面，顺纹	$f_{m,0,flat,k}$	N/mm²	32	35	48	50	80
	尺寸影响参数	s	—	0.15	0.15	0.15	0.15	0.15
抗拉强度	顺纹（长 3000mm）	$f_{t,0,k}$	N/mm²	22	22	35	36	60
	横纹，窄面	$f_{t,90,edge,k}$	N/mm²	0.5	0.5	0.8	0.9	1.5
抗压强度	顺纹 使用环境 1	$f_{c,0,k}$	N/mm²	26	30	35	42	69
	使用环境 2 按 EN 1995 1-1			21	25	29	35	57
	横纹，窄面	$f_{c,90,edge,k}$	N/mm²	4	6	6	8.5	14
	横纹，宽面（除松木材料外）	$f_{c,90,flat,k}$	N/mm²	0.8	2.2	2.2	3.5	12
	横纹，宽面 松木材料	$f_{c,90,flat,k,pine}$	N/mm²	MDV	3.3	3.3	3.5	—
抗剪强度	窄面，顺纹	$f_{v,0,edge,k}$	N/mm²	3.2	3.2	4.2	4.8	8
	宽面，顺纹	$f_{v,0,flat,k}$	N/mm²	2.0	2.3	2.3	3.2	8

续表

强度特性		符号	单位	强度等级				
				LVL 32P	LVL 35P	LVL 48P	LVL 50P	LVL 80P
弹性模量	顺纹	$E_{0,mean}$ $E_{m,0,edge,mean}$ $E_{t,0,mean}$ $E_{m,0,flat,mean}$ $E_{c,0,mean}$	N/mm²	9600	12000	13800	15200	16800
	顺纹	$E_{0,k}$ $E_{m,0,edge,k}$ $E_{t,0,k}$ $E_{m,0,flat,k}$ $E_{c,0,k}$	N/mm²	8000	10000	11600	12600	14900
	横纹，窄面	$E_{c,90,edge,mean}$ $E_{t,90,edge,mean}$	N/mm²	MDV	MDV	430	430	470
	横纹，窄面	$E_{c,90,edge,k}$ $E_{t,90,edge,k}$	N/mm²	MDV	MDV	350	350	400
剪切模量	窄面，顺纹	$G_{0,edge,mean}$	N/mm²	(500)	(500)	600	650	760
	窄面，顺纹	$G_{0,edge,k}$	N/mm²	(300)	(350)	400	450	630
	宽面，顺纹	$G_{0,flat,mean}$	N/mm²	(320)	(380)	380	600	850
	宽面，顺纹	$G_{0,flat,k}$	N/mm²	(240)	(270)	270	400	760
密度		ρ_{mean}	kg/m³	440	510	510	580	800
		ρ_k	kg/m³	410	480	480	550	730

注：1. 表中未涵盖的其他强度、刚度和密度特性可以单独说明；
　　2. 表中使用环境2的值也可以作为保守值应用于使用环境1；
　　3. 表中MDV不是强度等级，表示由制造商单独提供确定值；
　　4. 当所有其他性能均满足强度等级的最小值时，则无须测试表中括号"（）"中的性能。

4.2.2 有横向单板的LVL-C强度等级

结构用有横向单板的LVL-C采用云杉或松木制成时，最常用的等级是用于承重面板的LVL 36C级，而LVL 25C级适用于对力学性能要求较低的面板。结构用有横向单板的LVL 70C级和LVL 75C级采用山毛榉硬木制成。LVL-C各种强度、弹性模量和剪切模量的符号见表4.2.1。结构用有横向单板的LVL-C不同等级的强度标准值见表4.2.3。

有横向单板的结构LVL-C强度标准值　　　　　　　表4.2.3

强度特性		符号	单位	强度等级					
				LVL 22C	LVL 25C	LVL 32C	LVL 36C	LVL 70C	LVL 75C
抗弯强度	窄面，顺纹（厚300mm）	$f_{m,0,edge,k}$	N/mm²	19	20	28	32	54	60
	宽面，顺纹	$f_{m,0,flat,k}$	N/mm²	22	25	32	36	70	75
	尺寸影响参数	s	—	0.15	0.15	0.15	0.15	0.15	0.15
	宽面，横纹	$f_{m,90,flat,k}$	N/mm²	MDV	MDV	7	8	32	20

强度特性		符号	单位	强度等级					
				LVL 22C	LVL 25C	LVL 32C	LVL 36C	LVL 70C	LVL 75C
抗拉强度	顺纹（长 3000mm）	$f_{t,0,k}$	N/mm²	14	15	18	22	45	51
	横纹，窄面	$f_{t,90,edge,k}$	N/mm²	4	4	5	5	16	8
抗压强度	顺纹 服务等级 1	$f_{c,0,k}$	N/mm²	18	18	18	26	54	64
	服务等级 2 根据 EN 1995 1-1			15	15	15	21	45	53
	横纹，窄面	$f_{c,90,edge,k}$	N/mm²	8	8	9	9	45	23
	横纹，宽面（除松木材料外）	$f_{c,90,flat,k}$	N/mm²	1.0	1.0	2.2	2.2	16	16
	横纹，宽面 松木材料	$f_{c,90,flat,k,pine}$	N/mm²	MDV	MDV	3.5	3.5	—	—
抗剪强度	窄面，顺纹	$f_{v,0,edge,k}$	N/mm²	3.6	3.6	4.5	4.5	7.8	7.8
	宽面，顺纹	$f_{v,0,flat,k}$	N/mm²	1.1	1.1	1.3	1.3	3.8	3.8
	宽面，横纹	$f_{v,90,flat,k}$	N/mm²	MDV	MDV	0.6	0.6	MDV	MDV
弹性模量	顺纹，窄面	$E_{0,edge,mean}$ $E_{m,0,edge,mean}$ $E_{t,0,mean}$ $E_{m,0,flat,mean}$ $E_{c,0,mean}$	N/mm²	6700	7200	10000	10500	11800	13200
	顺纹，窄面	$E_{0,edge,k}$ $E_{m,0,edge,k}$ $E_{t,0,k}$ $E_{m,0,flat,k}$ $E_{c,0,k}$	N/mm²	5500	6000	8300	8800	10900	12200
	横纹，窄面	$E_{90,edge,mean}$ $E_{m,90,edge,mean}$ $E_{t,90,edge,mean}$ $E_{c,90,edge,mean}$	N/mm²	MDV	MDV	2400	2400	MDV	MDV
	横纹，窄面	$E_{90,edge,k}$ $E_{m,90,edge,k}$ $E_{t,90,edge,k}$ $E_{c,90,edge,k}$	N/mm²	MDV	MDV	2000	2000	MDV	MDV
	横纹，宽面	$E_{m,90,flat,mean}$	N/mm²	MDV	MDV	1200	1200	MDV	MDV
	横纹，宽面	$E_{m,90,flat,k}$	N/mm²	MDV	MDV	1000	1000	MDV	MDV

强度特性		符号	单位	强度等级					
				LVL 22C	LVL 25C	LVL 32C	LVL 36C	LVL 70C	LVL 75C
剪切模量	窄面，顺纹	$G_{0,\text{edge,mean}}$	N/mm²	(500)	(500)	600	600	820	820
	窄面，顺纹	$G_{0,\text{edge,k}}$	N/mm²	(300)	(300)	400	400	660	660
	宽面，顺纹	$G_{0,\text{flat,mean}}$	N/mm²	(70)	(70)	80	120	430	430
	宽面，顺纹	$G_{0,\text{flat,k}}$	N/mm²	(55)	(55)	60	100	380	380
	宽面，横纹	$G_{90,\text{flat,mean}}$	N/mm²	MDV	MDV	22	22	MDV	MDV
	宽面，横纹	$G_{90,\text{flat,k}}$	N/mm²	MDV	MDV	16	16	MDV	MDV
密度		ρ_{mean}	kg/m³	440	440	510	510	800	800
		ρ_{k}	kg/m³	410	410	480	480	730	730

注：1. 表中未涵盖的其他强度、刚度和密度特性可以单独说明；

2. 表中使用环境 2 的值也可以作为保守值应用于使用环境 1；

3. 表中 MDV 不是强度等级，表示由制造商单独提供确定值；

4. 当所有其他性能均满足强度等级的最小值时，则无须测试表中括号 "（）" 中的性能。

4.3 依据 "欧洲规范 5" 的 LVL 设计

在欧洲规范 EN 1995-1-1 Eurocode5（即 "欧洲规范 5"）中，结构设计计算是按照承载力极限状态（ULS）进行的，计算内容包括抗弯、抗剪、抗拉和抗压、稳定性、连接以及槽口、孔洞和变截面梁的应力集中。对变形和楼盖振动按照正常使用极限状态（SLS）设计计算。以下各节提供了这些设计计算的具体方法，并对与 LVL 相关的特性进行了说明。本节中的公式具有单独的编号，并且当公式与 "欧洲规范 5" 中相同时，将用 EC5 标记，并使用其公式编号，例如（EC56.11）。

4.3.1 受弯

受弯构件应满足以下表达式：

$$\frac{\sigma_{\text{m,y,d}}}{f_{\text{m,y,d}}} + k_{\text{m}}\frac{\sigma_{\text{m,z,d}}}{f_{\text{m,z,d}}} \leqslant 1$$

$$(4.3.1)(\text{EC5 } 6.11)$$

$$k_{\text{m}}\frac{\sigma_{\text{m,y,d}}}{f_{\text{m,y,d}}} + \frac{\sigma_{\text{m,z,d}}}{f_{\text{m,z,d}}} \leqslant 1$$

$$(4.3.2)(\text{EC5 } 6.12)$$

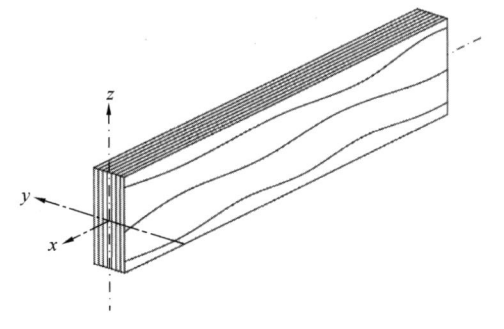

图 4.3.1 LVL 构件轴向示意

x—表面单板的木纹方向；y—宽面方向；z—窄面方向

式中：$\sigma_{\text{m,y,d}}$、$\sigma_{\text{m,z,d}}$——主轴的弯曲应力设计值，如图 4.3.1、图 4.3.2 所示；

$f_{\text{m,y,d}}$、$f_{\text{m,z,d}}$——构件相应的抗弯强度设计值。

LVL 的 k_{m} 值应按以下规定采用：

（1）对于矩形截面：$k_{\text{m}}=0.7$；

（2）对于其他截面：$k_{\mathrm{m}} = 1.0$。

【注】系数 k_{m} 考虑了应力的再分布和材料在横截面上的不均匀性的影响。

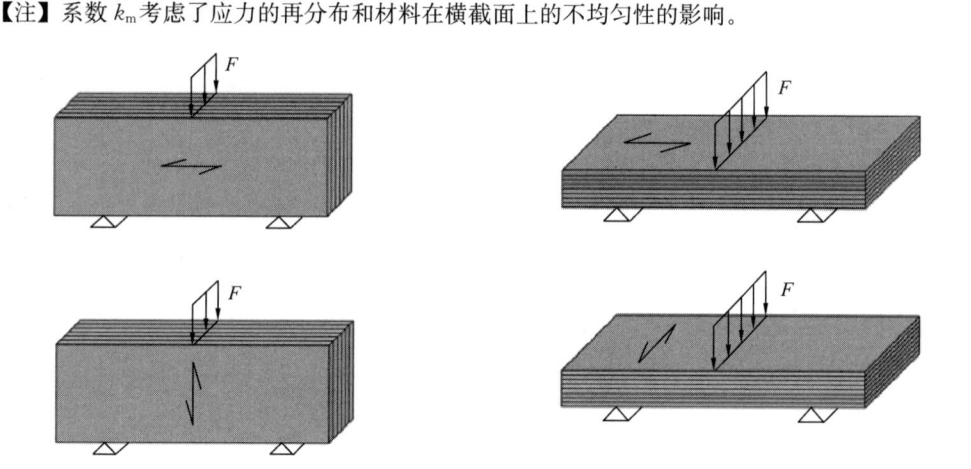

图 4.3.2　LVL 的窄面和宽面弯曲方向

对于 LVL 窄面弯曲，除了乘以 k_{mod} 和 γ_{M} 之外，抗弯强度设计值还取决于构件高度 h。因此，应考虑尺寸调整系数 k_{h}，并按下式计算：

$$k_{\mathrm{h}} = \left(\frac{300}{h}\right)^s \leqslant 1.1 \qquad (4.3.3)(\text{EC5 } 3.3)$$

式中：h——弯曲时的构件高度；

　　　s——尺寸影响参数。对于 LVL-P 和 LVL-C 强度等级，取 0.15，也可采用制造商给出的值。

【注】多层胶合 GLVL 产品在宽面受弯时需遵守制造商指定的尺寸效应计算方法（参考尺寸和尺寸影响参数 $s_{\mathrm{flat,m}}$）。

由于采用了横向单板，LVL-C 板在宽面的横纹抗弯强度标准值 $f_{\mathrm{m,90,flat,k}}$ 是顺纹抗弯强度的 20%。在窄面方向，横纹抗弯强度标准值 $f_{\mathrm{m,90,edge,k}}$ 未在产品的性能说明书（DoPs）中定义，但可以依据制造商提供的技术手册进行计算。LVL-P 的宽面横纹抗弯强度标准值 $f_{\mathrm{m,90,flat,k}}$ 和窄面横纹抗弯强度标准值 $f_{\mathrm{m,90,edge,k}}$ 可以忽略不计，不能用于承担荷载。

4.3.2　受剪

对于具有顺纹应力分量的剪力见图 4.3.3（a）、（b）、（d）和（e），对于具有两个横纹应力分量的剪力见图 4.3.3（c）和（f），并应满足下式：

$$\tau_{\mathrm{d}} \leqslant f_{\mathrm{v,d}} \qquad (4.3.4)(\text{EC5 } 6.13)$$

式中：τ_{d}——剪应力设计值；

　　　$f_{\mathrm{v,d}}$——实际情况下构件抗剪强度设计值。

由于 LVL 对开裂不敏感，因此系数 $k_{\mathrm{cr}} = 1.0$。这意味着，在验算构件弯曲时的抗剪能力时，整个构件的宽度 b 可用于构件的有效宽度 b_{ef} 的公式（4.3.5）中。

$$b_{\mathrm{ef}} = k_{\mathrm{cr}} \cdot b \qquad (4.3.5)(\text{EC5 } 6.13\mathrm{a})$$

在梁的支座处，作用于梁顶部，并且距离支座边缘为 h 或 h_{ef} 范围内的集中荷载 F 对总剪力的贡献可忽略不计，见图 4.3.4。对于在支座处有缺口的梁，仅当缺口不在支座一侧时，可以不计支座处的剪力。对于均布荷载，可以取与支座距离为构件高度 h 处确的剪力进行计算。

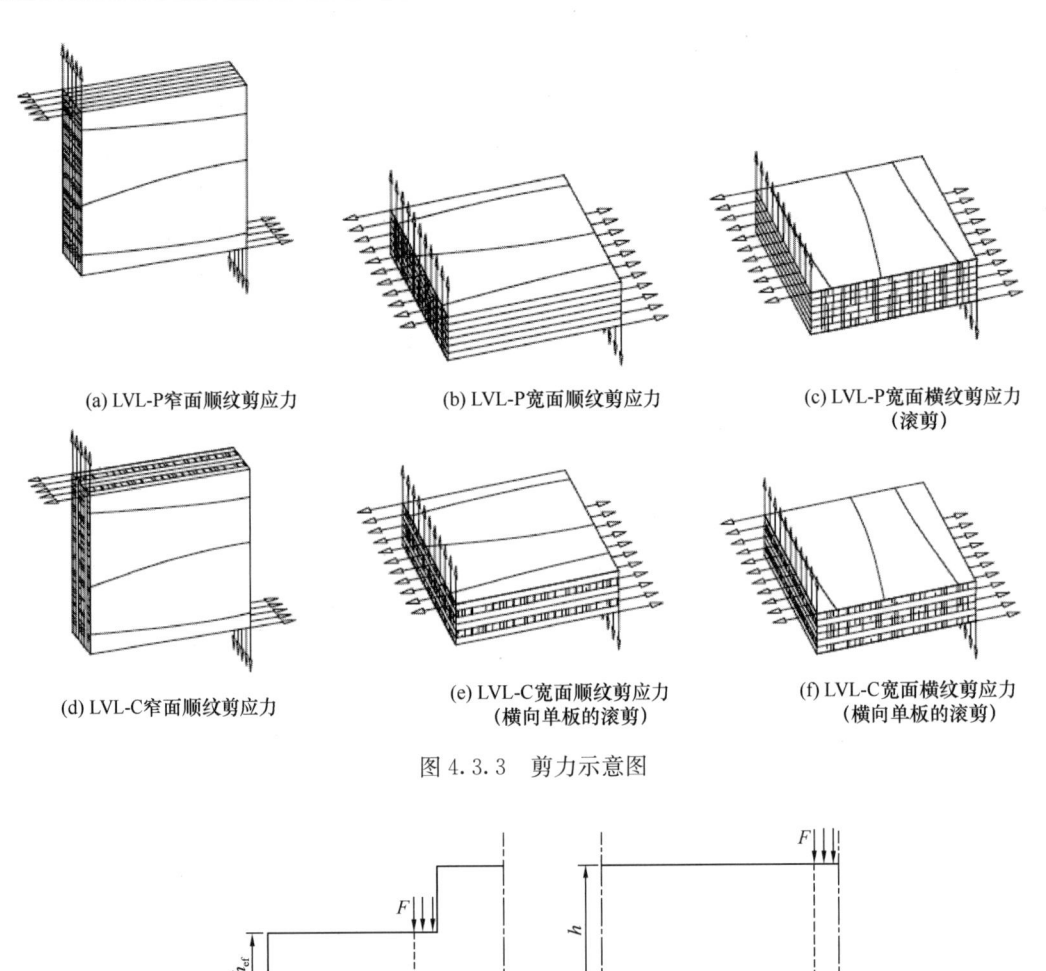

(a) LVL-P窄面顺纹剪应力　　　　(b) LVL-P宽面顺纹剪应力　　　　(c) LVL-P宽面横纹剪应力
（滚剪）

(d) LVL-C窄面顺纹剪应力　　　(e) LVL-C宽面顺纹剪应力　　　(f) LVL-C宽面横纹剪应力
（横向单板的滚剪）　　　　　（横向单板的滚剪）

图 4.3.3　剪力示意图

$$V_{red}=V\left(1-\frac{2h+l_A}{l}\right)$$

图 4.3.4　剪力计算时取值示意

　　LVL 的抗剪强度大小取决于剪应力的方向。在 LVL 窄面方向，窄面顺纹抗剪强度标准值 $f_{v,0,edge,k}$ 最大。LVL-P 和 LVL-C 的强度值非常相似，为 $3.2N/mm^2 \sim 4.5N/mm^2$，但实际上，由于横向单板的作用，LVL-C 在荷载作用下表现出具有更大的延性（即脆性较小）。在 LVL 宽面方向上，宽面抗剪强度标准值 $f_{v,flat,k}$ 较小。LVL-P 的宽面顺纹抗剪强度标准值 $f_{v,0,flat}$ 为 $2N/mm^2 \sim 3.2N/mm^2$，而 LVL-C 则为 $1.1N/mm^2 \sim 1.3N/mm^2$，这是

113

由于横向单板相对于 LVL-C 板的主方向为滚剪方向。LVL-C 板的宽面横纹抗剪强度标准值 $f_{v,90,flat,k}$ 为 $0.6N/mm^2$。

【注】多层胶合 GLVL 产品在宽面受剪时需遵守制造商指定的尺寸效应计算方法（参考尺寸和尺寸影响参数 $s_{flat,v}$）。

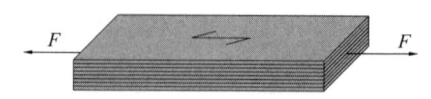

图 4.3.5　表面单板顺纹受拉示意

4.3.3　顺纹受拉

构件顺纹受拉（图 4.3.5）应满足下式：

$$\sigma_{t,0,d} = \frac{F_{t,0,d}}{A} \leqslant f_{t,0,d} \qquad (4.3.6)$$

式中：$\sigma_{t,0,d}$——顺纹拉应力设计值；

$F_{t,0,d}$——构件拉力设计值；

A——构件的横截面面积；

$f_{t,0,d}$——顺纹抗拉强度设计值。

除了 k_{mod} 和 γ_M 之外，对于 LVL，顺纹抗拉强度设计值还取决于受拉构件的长度 l。应考虑尺寸调整系数 k_l，并按下式计算：

$$k_l = \left(\frac{3000}{l}\right)^{\frac{s}{2}} \leqslant 1.1 \qquad (4.3.7)(EC5\ 3.4)$$

式中：l——受拉构件的长度；

s——尺寸影响参数。对于 LVL-P 和 LVL-C 强度等级，取值 0.15，也可采用制造商给出的值。

4.3.4　横纹受拉

构件横纹受拉（图 4.3.6）应满足下式：

$$\sigma_{t,90,d} \leqslant f_{t,90,d} \qquad (4.3.8)$$

式中：$\sigma_{t,90,d}$——横纹拉应力设计值；

$f_{t,90,d}$——横纹抗拉强度设计值。

虽然在 LVL-P 中，单板与成品的主轴方向平行，但每层单板的木纹方向之间存在细小的差异。这使得 LVL-P 产品对开裂的敏感性较低，并且，LVL-P 窄面的横纹抗拉强度标准值 $f_{t,90,k} = 0.5N/mm^2 \sim 0.8N/mm^2$，略高于实木或胶合木的横纹抗拉强度标准值 $f_{t,90,k} = 0.4N/mm^2 \sim 0.5N/mm^2$。

LVL-C 的横向单板提高了窄面方向的横纹抗拉强度标准值 $f_{t,90,k} = 4N/mm^2 \sim 5N/mm^2$，高于 LVL-P 该强度的很多倍。这种特性是一个优势，特别是应用在悬挑连接，以及主梁与次梁或斜撑的连接中。

LVL-P 和 LVL-C 宽面的横纹抗拉强度较小，因此，不建议在设计结构时，使构件在该方向的应力成为控制应力。LVL 产品在这个方向的强度值通常没有

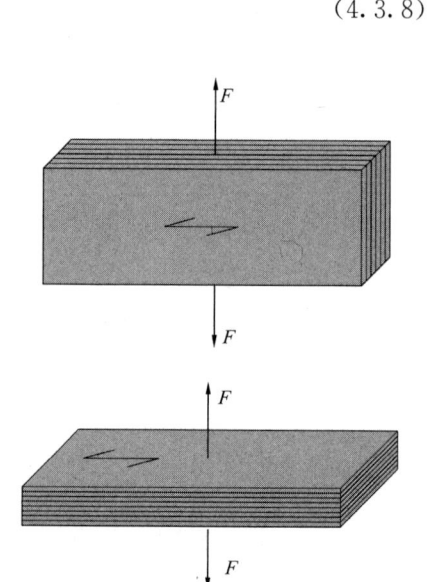

图 4.3.6　表面单板窄面和
宽面横纹受拉示意

在性能说明书（DoPs）中给出，但是为了了解该强度的水平，初步设计估算时，可使用 $f_{c,90,k,flat} \approx 0.2 N/mm^2 \sim 0.3 N/mm^2$。

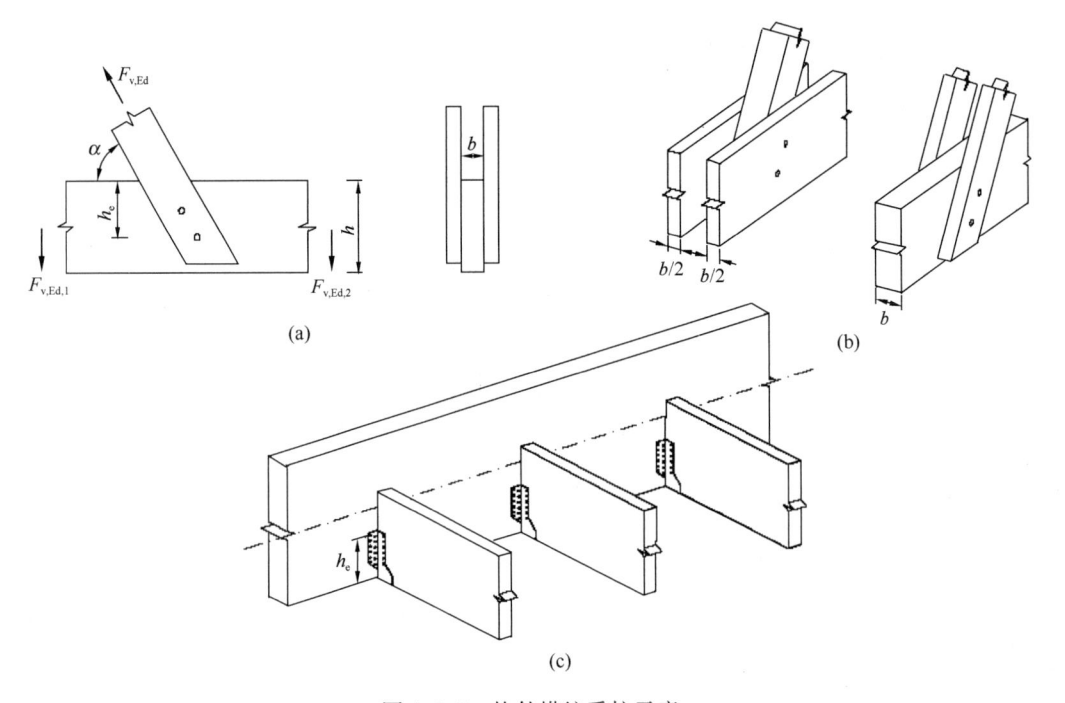

图 4.3.7　构件横纹受拉示意

在弦杆和斜撑之间的连接［图 4.3.7（a）、（b）］或次梁与主梁下部的连接［图 4.3.7（c）］将产生横纹拉应力，当弦杆构件采用 LVL-C 且连接位于宽面时，由于 LVL-C 对开裂不敏感，因此，"欧洲规范 5"的公式（8.4）不适用。

4.3.5　顺纹受压

构件顺纹受压（图 4.3.8）应满足下式：

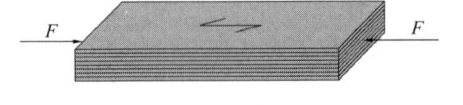

图 4.3.8　表面单板顺纹受压示意

$$\sigma_{c,0,d} = \frac{F_{c,0,d}}{A} \leqslant f_{c,0,d} \qquad (4.3.9)$$

式中：$\sigma_{c,0,d}$——顺纹压应力设计值；

　　　　$F_{c,0,d}$——构件压力设计值；

　　　　A——构件的横截面面积；

　　　　$f_{c,0,d}$——顺纹抗压强度设计值。

对于 LVL 强度等级，在本指南表 4.2.2 和表 4.2.3 中为使用环境 1 专门规定了比使用环境 2 高 20% 的顺纹抗压强度标准值 $f_{c,0,k}$。"欧洲规范 5"的 k_{mod} 系数在使用环境 1（SC1）和使用环境 2（SC2）中相似，但材料测试表明，抗压强度值在 SC1 和 SC2 中有所不同。同样的现象也出现在其他承重木材产品中，但是，这些产品的强度等级并不是直接根据欧洲标准 EN408 进行测试而确定的。

除了构件自身的抗压强度外，通常构件的稳定性（屈曲）设计更为关键，具体详见本指南第 4.3.9 节。

4.3.6 横纹受压

构件横纹受压设计在"欧洲规范5"第6.1.5中有规定，应满足下式：

$$\sigma_{c,90,d} \leqslant k_{c,90} \cdot f_{c,90,d} \qquad (4.3.10)(EC5\ 6.3)$$

或

$$\sigma_{c,90,d} = \frac{F_{c,90,d}}{A_{ef}} \qquad (4.3.11)(EC5\ 6.4)$$

式中：$\sigma_{c,90,d}$——接触面积的横纹压应力设计值；

$\quad\quad F_{c,90,d}$——横纹压力设计；

$\quad\quad A_{ef}$——横纹受压的有效接触面积；

$\quad\quad f_{c,90,d}$——横纹抗压强度设计值；

$\quad\quad k_{c,90}$——考虑了荷载分配、开裂可能性和受压变形程度。

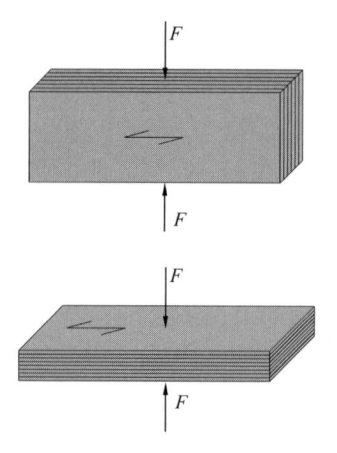

图 4.3.9 表面单板横纹
受压示意

横纹受压有效接触面积 A_{ef} 在确定时应该考虑木纹方向的有效接触长度，两侧的实际接触长度 l 需要增大。

"欧洲规范5"不包含用于不同方向 LVL 的参数 $k_{c,90}$ 和 A_{ef}。在窄面方向加载时，LVL 的 $k_{c,90}$ 取为 1.0。在宽面方向加载时，如距离 $l_1 \geqslant 2h$，LVL 的 $k_{c,90}$ 可取 $k_{c,90} = 1.4$。接触面的长度和宽度可以根据表 4.3.1 的规定增加，但不得超过 a、l 或 $l_1/2$，如图 4.3.10 所示。LVL 的供应商有时会根据产品提供更好的设计方法。

由于 LVL 产品的失效性能，增加的接触长度和系数 $k_{c,90}$ 对于 LVL 构件窄面方向的不利影响与其他木制品相比时，要大于对宽面方向的影响。LVL 宽面方向、实木和胶合木在横纹受压情况下具有延性。LVL 在窄面方向具有较高的横纹抗压强度值 $f_{c,90,edge,k} = 6N/mm^2 \sim 9N/mm^2$。但是，这会以更脆性的方式破坏，如图 4.3.11 所示。

由图 4.3.11 可知，在宽面方向上，LVL-C 表现为延性；在窄面方向上，LVL-C 的强度和刚度较高，但由于单板的屈曲而产生更大的脆性破坏。

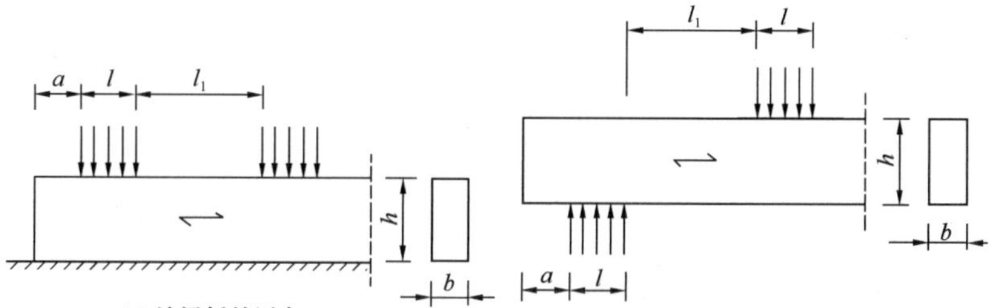

(a) 地梁板的压力 $F_{c,90}$

(b) 支座上梁的压力 $F_{c,90}$(EC5图6.2)

图 4.3.10 构件横纹受压计算简图

加载方向		抗压强度	$k_{c,90}$	增加的接触长度（mm）
窄面		$f_{c,90,edge,k}$	1.0	15
宽面	表面单板顺纹方向	$f_{c,90,flat,k}$	1.4	30
	表面单板横纹方向			15

LVL 横纹受压设计时 $k_{c,90}$ 值和增加接触长度 　　表 4.3.1

注：表中增加的接触长度为一端增加或两端增加，但不得超过欧洲标准 EN 1995-1-1 规定的 a、l 或 $l_1/2$。

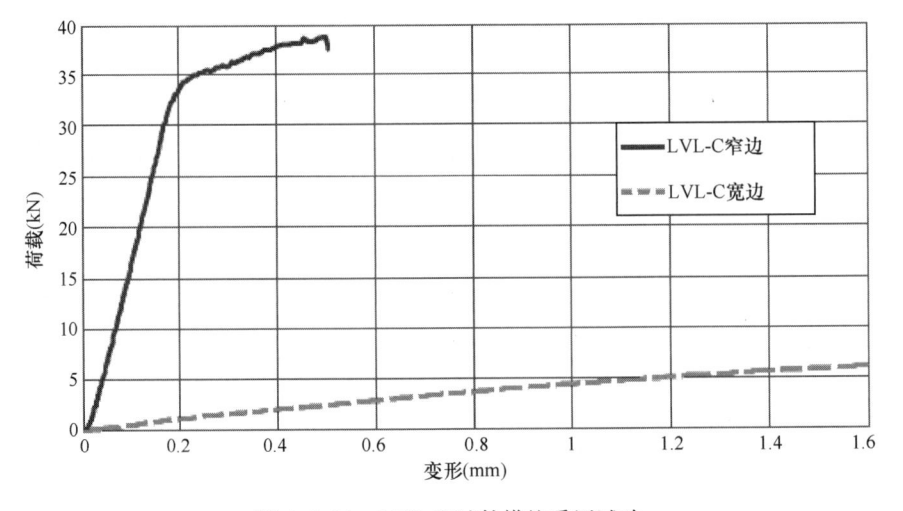

图 4.3.11　LVL-C 试件横纹受压试验

　　图 4.3.12 中给出了支承在 LVL 地梁板上的 LVL 梁的计算示例。其中，在 LVL 梁窄面方向有效接触长度增加了 15mm。在 LVL 地梁板上，沿长度方向有效接触长度增加了 60mm（2×30mm），沿宽度方向有效接触长度增加了 15mm。表 4.3.2 为 LVL 梁的相关性能。表 4.3.3 为 LVL 或实木底梁板的相关性能。

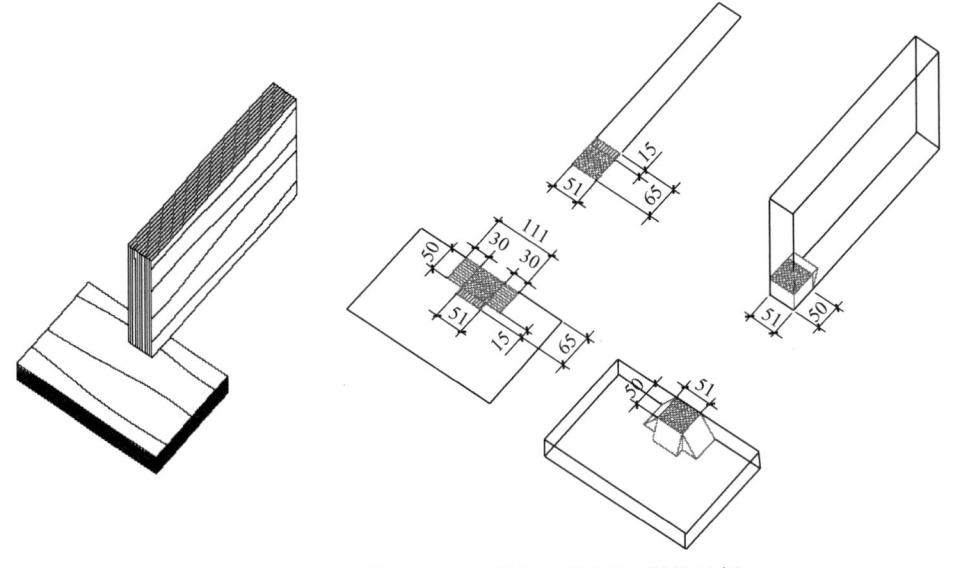

图 4.3.12　支承在 LVL 地梁板上的 LVL 梁的示例

LVL 梁的相关性能

表 4.3.2

产品类型	梁宽度 b (mm)	支承长度 (mm)	增加的实际接触长度 l_1 (mm)	有效接触面积 $A_{ef}=b \cdot (l+l_1)$ (mm²)	横纹抗压强度 $f_{c,90,edge,k}$ (N/mm²)	$k_{c,90}$	承载力标准值 $F_{c,k}=A_{ef} \cdot k_{c,90} \cdot f_{c,90,edge,k}$ (kN)
LVL48P	51	50	15	3315	6.0	1.0	20
LVL36C	51	50	15	3315	9.0	1.0	30

LVL 或实木底梁板的相关性能

表 4.3.3

产品类型	接触面宽度 b (mm)	接触长度 (mm)	增加的实际接触长度顺纹 l_1 和横纹 l_2 (mm)	有效接触面积 $A_{ef}=b \cdot (l+l_1)+(b \cdot l_2)$ (mm²)	横纹抗压强度 $f_{c,90,edge,k}$ (N/mm²)	$k_{c,90}$	承载力特征值 $F_{c,k}=A_{ef} \cdot k_{c,90} \cdot f_{c,90,edge,k}$ (kN)
LVL48P 或 36C	50	51	$l_1=30$ $l_2=15$	6315	2.2	1.4	19.5
松木 LVL48P 或 36C	50	51	$l_1=30$ $l_2=15$	6315	3.3	1.4	29
实木 C24	50	51	$l_1=30$ $l_2=0$	5550	2.5	1.25	17.3

4.3.7 斜纹弯曲应力

与木纹成角度 α 的斜纹弯曲应力应满足下式：

$$\sigma_{m,\alpha,d} \leqslant \frac{f_{m,0,d}}{\frac{f_{m,0,d}}{f_{m,90,d}} \cdot \sin^2\alpha + \frac{f_{m,0,d}}{f_{v,d}} \cdot \sin\alpha \cdot \cos\alpha + \cos^2\alpha} \tag{4.3.12}$$

式中：$\sigma_{m,\alpha,d}$——与木纹成角度 α 的斜纹弯曲应力。

当未给出产品的横纹抗弯强度标准值 $f_{m,90,k}$ 时，应假定 $f_{m,90,k}=f_{t,90,k}$。图 4.3.13 为跨度方向与表面单板纹理方向之间的夹角 α 示意。在此假设下，图 4.3.14 表明了 LVL 48P 和 LVL 36C 在不同角度的窄面斜纹抗弯强度。

4.3.8 斜纹的拉应力

与木纹成角度 α 的斜纹拉应力应满足下式：

$$\sigma_{t,\alpha,d} \leqslant \frac{f_{t,0,d}}{\frac{f_{t,0,d}}{f_{t,90,d}} \cdot \sin^2\alpha + \frac{f_{t,0,d}}{f_{v,d}} \cdot \sin\alpha \cdot \cos\alpha + \cos^2\alpha} \tag{4.3.13}$$

式中：$\sigma_{t,\alpha,d}$——与木纹成角度 α 的斜纹拉应力。

图 4.3.15 显示了不同角度的 LVL 48P 和 LVL 36C 的窄面斜纹抗拉强度。

可以在制造商的技术手册中得到有关确定木纹角度对 LVL 强度特性影响的更详细说明。

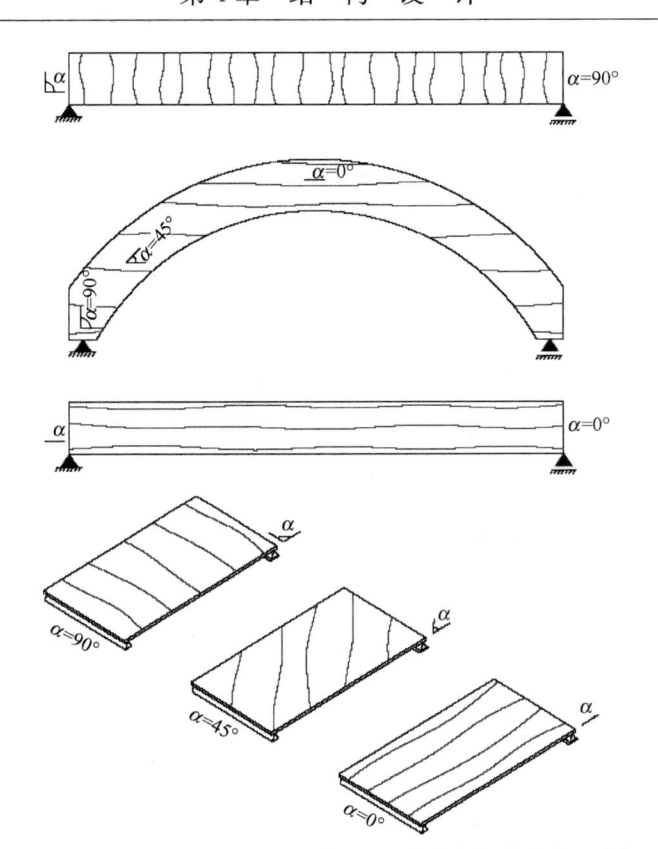

图 4.3.13 跨度方向与表面单板纹理方向之间的夹角 α 示意

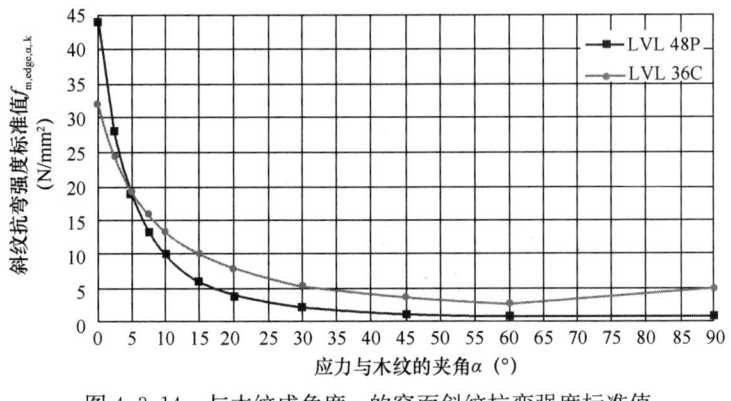

图 4.3.14 与木纹成角度 α 的窄面斜纹抗弯强度标准值

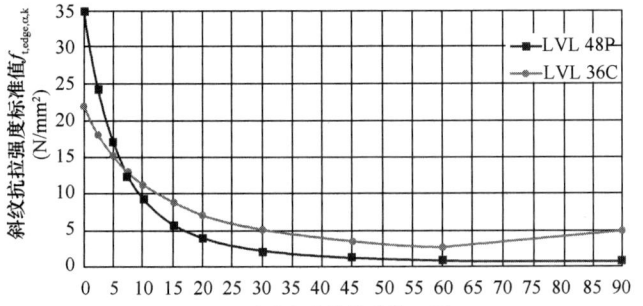

图 4.3.15 与木纹成角度 α 的窄面斜纹抗拉强度标准值

4.3.9 LVL 构件的稳定性

LVL 构件的长细比通常较大，因为将板坯切割后组成细而高的梁或墙骨柱的成本较低。因此，LVL 梁的稳定性计算非常重要。

轴压稳定性和侧向扭转稳定性应采用弹性模量标准值 $E_{0.05}$ 和剪切模量标准值 $G_{0.05}$ 进行验证。

1. 压弯和拉弯构件

坡屋顶的屋盖椽条是需要分析受弯和受压组合作用的典型构件。根据"欧洲规范 5"，受轴向荷载和弯矩组合作用的构件应满足式（4.3.14）、（4.3.15）或（4.3.16）、（4.3.17）。

对于轴向受拉和受弯组合作用，应满足下式：

$$\frac{\sigma_{t,0,d}}{f_{t,0,d}} + \frac{\sigma_{m,y,d}}{k_{m,\alpha} \cdot f_{m,y,d}} + k_m \cdot \frac{\sigma_{m,z,d}}{f_{m,z,d}} \leqslant 1 \qquad (4.3.14)(EC5\ 6.17)$$

$$\frac{\sigma_{t,0,d}}{f_{t,0,d}} + k_m \cdot \frac{\sigma_{m,y,d}}{k_{m,\alpha} \cdot f_{m,y,d}} + \frac{\sigma_{m,z,d}}{f_{m,z,d}} \leqslant 1 \qquad (4.3.15)(EC5\ 6.18)$$

对于轴向受压和受弯组合作用，应满足下式：

$$\left(\frac{\sigma_{c,0,d}}{f_{c,0,d}}\right)^2 + \frac{\sigma_{m,y,d}}{k_{m,\alpha} \cdot f_{m,y,d}} + k_m \cdot \frac{\sigma_{m,z,d}}{f_{m,z,d}} \leqslant 1 \qquad (4.3.16)(EC5\ 6.19)$$

$$\left(\frac{\sigma_{c,0,d}}{f_{c,0,d}}\right)^2 + k_m \cdot \frac{\sigma_{m,y,d}}{k_{m,\alpha} \cdot f_{m,y,d}} + \frac{\sigma_{m,z,d}}{f_{m,z,d}} \leqslant 1 \qquad (4.3.17)(EC5\ 6.20)$$

式中：k_m——考虑应力重分布和材料横截面不均匀性的影响系数。对于矩形 LVL 横截面，$k_m = 0.7$，对于其他横截面，$k_m = 1.0$；

$k_{m,\alpha}$——变截面梁中应力组合系数，详见本指南第 4.3.11 节，对于直梁，$k_{m,\alpha} = 1.0$。

2. 受轴压或压弯组合作用的柱

根据"欧洲规范 5"的规定，受压或压弯组合作用的柱应满足式（4.3.18）和（4.3.19）。

$$\frac{\sigma_{c,0,d}}{k_{c,y} \cdot f_{c,0,d}} + \frac{\sigma_{m,y,d}}{k_{m,\alpha} \cdot f_{m,y,d}} + k_m \cdot \frac{\sigma_{m,z,d}}{f_{m,z,d}} \leqslant 1 \qquad (4.3.18)(EC5\ 6.23)$$

$$\frac{\sigma_{c,0,d}}{k_{c,z} \cdot f_{c,0,d}} + k_m \cdot \frac{\sigma_{m,y,d}}{k_{m,\alpha} \cdot f_{m,y,d}} + \frac{\sigma_{m,z,d}}{f_{m,z,d}} \leqslant 1 \qquad (4.3.19)(EC5\ 6.24)$$

当 $\lambda_{rel,z} \leqslant 0.3$ 和 $\lambda_{rel,y} \leqslant 0.3$ 时，应力应满足验算压弯组合作用的式（4.3.16）和（4.3.17）。在所有其他情况下，由于挠度而增加的应力应满足式（4.3.18）和（4.3.19）。

$$k_{c,y} = \frac{1}{k_y + \sqrt{k_y^2 - \lambda_{rel,y}^2}} \qquad (4.3.20)(EC5\ 6.25)$$

$$k_{c,z} = \frac{1}{k_z + \sqrt{k_z^2 - \lambda_{rel,z}^2}} \qquad (4.3.21)(EC5\ 6.26)$$

$$k_y = 0.5(1 + \beta_c (\lambda_{rel,y} - 0.3) + \lambda_{rel,y}^2) \qquad (4.3.22)(EC5\ 6.27)$$

$$k_z = 0.5(1 + \beta_c (\lambda_{rel,z} - 0.3) + \lambda_{rel,z}^2) \qquad (4.3.23)(EC5\ 6.28)$$

在平直度为 $L/500$ 内的 LVL 构件，系数 β_c 取为 0.10。该极限在"欧洲规范 5"第 10 节中定义为：在可能发生侧向失稳的框架构件、柱和梁的支承之间的中线测得的平直度偏差。

相对长细比应为：

$$\lambda_{rel,y} = \frac{\lambda_y}{\pi} \sqrt{\frac{f_{c,0,k}}{E_{0.05}}} \qquad (4.3.24)(EC5\ 6.21)$$

$$\lambda_{rel,z} = \frac{\lambda_z}{\pi} \sqrt{\frac{f_{c,0,k}}{E_{0.05}}} \qquad (4.3.25)(EC5\ 6.22)$$

式中：λ_y、$\lambda_{rel,y}$——为关于 y 轴弯曲相对应的长细比（z 方向挠度）；

λ_z、$\lambda_{rel,z}$——为关于 z 轴弯曲相对应的长细比（y 方向挠度）；

$E_{0.05}$——顺纹弹性模量标准值。

对于矩形横截面，构件的长细比为：

$$\lambda = \frac{l_c}{i} = \frac{l_c}{\sqrt{\left(\dfrac{I}{A}\right)}} = \frac{l_c}{\sqrt{\dfrac{\left(\dfrac{bh^3}{12}\right)}{bh}}} = \sqrt{12}\left(\frac{l_c}{h}\right) \qquad (4.3.26)(EC5\ 6.21)$$

式中：l_c——稳定性计算长度；

h——构件在弯曲分析方向的截面高度。

不同 LVL 等级和长细比下的稳定系数 k_c 见图 4.3.16 和表 4.3.4，表中不同 LVL 等级对应的值非常接近。

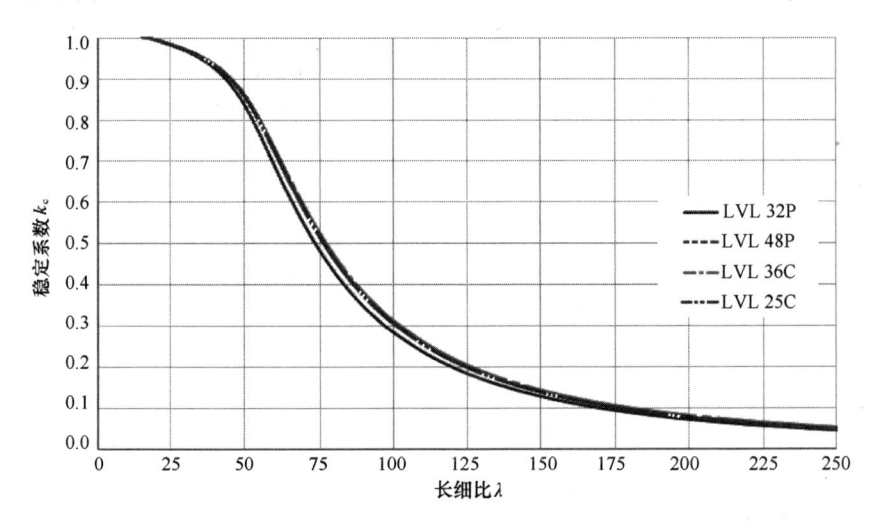

图 4.3.16　不同等级、长细比的 LVL 对应的稳定系数 k_c

可以在制造商的技术手册中获得有关确定木纹角度对 LVL 强度特性影响的更详细说明。

不同 LVL 等级在不同的长细比 λ 时的稳定系数 k_c 表 4.3.4

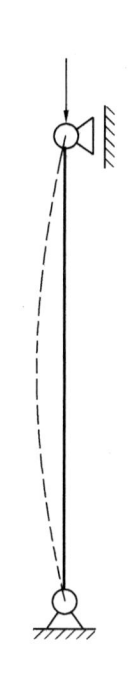

λ	k_c			
	LVL 32P	LVL 48P	LVL 25C	LVL 36C
15	1.00	1.00	1.00	1.00
20	0.99	0.99	0.99	0.99
25	0.98	0.98	0.98	0.98
30	0.97	0.97	0.97	0.97
35	0.95	0.95	0.95	0.96
40	0.92	0.93	0.93	0.93
45	0.89	0.90	0.90	0.90
50	0.84	0.86	0.86	0.86
55	0.77	0.80	0.80	0.81
60	0.69	0.73	0.73	0.74
65	0.62	0.65	0.66	0.66
70	0.55	0.58	0.58	0.59
75	0.49	0.52	0.52	0.53
80	0.43	0.46	0.47	0.47
85	0.39	0.41	0.42	0.42
90	0.35	0.37	0.38	0.38
95	0.31	0.34	0.34	0.34
100	0.29	0.31	0.31	0.31
110	0.24	0.26	0.26	0.26
120	0.20	0.22	0.22	0.22
130	0.17	0.18	0.19	0.19
140	0.15	0.16	0.16	0.16
150	0.13	0.14	0.14	0.14
160	0.11	0.12	0.12	0.13
170	0.10	0.11	0.11	0.11
180	0.09	0.10	0.10	0.10
190	0.08	0.09	0.09	0.09
200	0.07	0.08	0.08	0.08
220	0.06	0.07	0.07	0.07
240	0.05	0.06	0.06	0.06

3. 受纯弯或弯压组合作用的梁——侧向扭转失稳（LTB）

仅在强轴 y 存在弯矩 M_y 的情况下，以及在弯矩 M_y 和压力 N_c 的组合作用情况下，均应验证梁的侧向扭转稳定性。

当弯矩 M 仅存在于一个轴上时，应力应满足下式：

$$\sigma_{m,d} \leqslant k_{crit} \cdot f_{m,d}$$

$$(4.3.27)(EC5\ 6.33)$$

式中：$\sigma_{m,d}$——设计弯曲应力；

$\quad\quad f_{m,d}$——抗弯强度设计值；

$\quad\quad k_{crit}$——考虑侧向屈曲的抗弯强度折减系数。

在关于强轴 y 的弯矩 M_y 和压力 N_c 组合作用情况下，应力应满足下式：

$$\left(\frac{\sigma_{m,d}}{k_{crit}\cdot f_{m,d}}\right)^2 + \frac{\sigma_{c,0,d}}{k_{c,z}\cdot f_{c,0,d}} \leqslant 1 \qquad (4.3.28)(EC5\ 6.35)$$

对于平直度的初始侧向偏差在"欧洲规范 5"中第 10 节定义范围内的梁，可通过下式确定 k_{crit}：

$$k_{crit} = \begin{cases} 1 & (\lambda_{rel,m} \leqslant 0.75) \\ 1.56 - 0.75\lambda_{rel,m} & (0.75 < \lambda_{rel,m} \leqslant 1.4) \\ \dfrac{1}{\lambda_{rel,m}^2} & (\lambda_{rel,m} > 1.4) \end{cases}$$

$$(4.3.29)(EC5\ 6.34)$$

对于在全长范围内约束了受压侧的侧向位移的梁，并且在其支承处不会扭转的情况下，系数 k_{crit} 可取为 1.0。

弯曲的相对长细比应取为：

$$\lambda_{rel,m} = \sqrt{\frac{f_{m,k}}{\sigma_{m,crit}}} \qquad (4.3.30)(EC5\ 6.30)$$

式中：$\sigma_{m,crit}$——根据经典的稳定性理论，采用 5% 分位值的刚度值计算的临界弯曲应力。

临界弯曲应力按下式确定：

$$\sigma_{m,crit} = \frac{M_{y,crit}}{W_y} = \frac{\pi\sqrt{E_{0.05}I_z G_{0.05}I_{tor}}}{l_{ef}W_y} \qquad (4.3.31)(EC5\ 6.31)$$

式中：$E_{0.05}$——5% 的顺纹弹性模量；

$\quad\quad G_{0.05}$——5% 的顺纹剪切模量，应采用 LVL 的 $G_{edge,0.05}$ 值；

$\quad\quad I_z$——关于弱轴 z 截面抗弯惯性矩；

$\quad\quad I_{tor}$——扭转惯性矩；

$\quad\quad l_{ef}$——梁的有效计算长度，取决于支承条件和荷载分布，按表 4.3.5 取值；

$\quad\quad W_y$——关于强轴 y 的截面模量。

对于矩形横截面扭转模量按下列公式确定：

$$I_{tor} = k_1 \cdot h \cdot b^3 \qquad (4.3.32)$$

$$k_1 = \frac{1}{3}\left(1 - \frac{0.63b}{h}\right) \qquad (4.3.33)$$

对于正方形截面 $k_1 = 0.14$；当矩形截面 $h/b = 2$ 时，$k_1 = 0.23$；当矩形截面 $h/b = 4$ 时，$k_1 = 0.28$；当矩形截面 $h/b = 6$ 时，$k_1 = 0.30$；当矩形截面 $h/b = 10$ 时，$k_1 = 0.31$。

有效长度与跨度之比（根据"欧洲规范 5"表 6.1 修改） 表 4.3.5

梁类型	加载方式	l_{ef}/l
简单支承	恒载	1.0
	均布荷载	0.9
	跨中集中荷载	0.8

梁类型	加载方式	l_{ef}/l
悬臂梁	均布荷载	0.5
	跨中集中荷载	0.8

注：1. 有效长度 l_{ef} 与跨度 l 之比仅对具有受扭约束支撑并在重心处加载的梁。当荷载作用在梁的受压边缘时，应将 l_{ef} 增大 $2h$。当荷载作用在梁的受拉边缘时，可将 l_{ef} 减小 $0.5h$；

2. 当梁在受压边缘设置了支撑以抵抗侧向扭转失稳（LTB），并且梁从受压侧加载时，设计中的有效长度 l_{ef} 是侧向支撑之间的距离 $a+2h$。当梁从受拉侧加载时，有效长度 $l_{ef}=a-0.5h$。当仅在侧向支撑处梁的受压侧施加集中荷载时，有效长度 $l_{ef}=a$。

计算 $\sigma_{m,crit}$ 的公式（4.3.31）可以用简化的公式（4.3.34）代替：

$$\sigma_{m,crit} = \frac{c \cdot b^2}{h \cdot l_{ef}} E_{0.05} \tag{4.3.34}$$

式中：c——对于 LVL 48P 等级取 0.58；对于 LVL 36C 等级取 0.67；

b——梁截面宽度（mm）；

h——梁截面高度（mm）。

【注】可从制造商的技术手册中得到有关侧向扭转失稳的更多详细设计说明。

4.3.10 缺口

在对构件进行强度验算时，应考虑缺口处应力集中的影响。下列情况可不考虑应力集中的影响：

（1）顺纹受拉或受压；

（2）缺口处受弯曲拉应力，斜边坡度不大于 $1:i=1:10$，即 $i \geqslant 10$，见图 4.3.17（a）。

（3）缺口处受弯曲压应力，见图 4.3.17（b）。

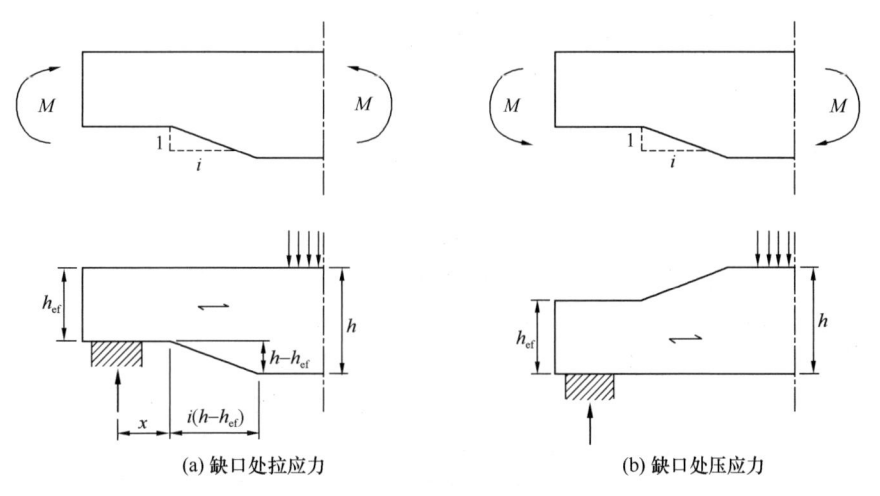

(a) 缺口处拉应力   (b) 缺口处压应力

图 4.3.17　缺口处弯曲

图 4.3.18 为有缺口 LVL 椽梁的安装。

当受拉侧缺口的斜边坡度大于 $1:10$ 时，缺口只能位于支撑处。

图 4.3.18　有缺口 LVL 橼梁的安装

对于矩形截面梁，当木纹基本与构件长度方向平行时，缺口支撑处的剪应力应使用截面有效高度 h_{ef}（小于原高度）计算 [图 4.3.17（b）]。缺口支承处的剪应力应通过下式验算：

$$\tau_d = \frac{1.5V_d}{b \cdot h_{ef}} \leqslant k_v \cdot f_{v,d} \qquad (4.3.35)(EC5\ 6.60)$$

式中：k_v——折减系数，按下列规定取值：

1）对于在与支座相对一侧（梁顶）开槽的梁 [图 4.3.17（b）]，取 $k_v = 1.0$；

2）对于在与支座相同一侧（梁底）开槽的梁 [图 4.3.17（a）] 按下列公式确定：

$$k_v = \min \left(\begin{matrix} 1 \\ \dfrac{k_n\left(1 + \dfrac{1.1i^{1.5}}{\sqrt{h}}\right)}{\sqrt{h}\left(\sqrt{\alpha(1-\alpha)} + 0.8\dfrac{x}{h}\sqrt{\dfrac{1}{\alpha} - \alpha^2}\right)} \end{matrix} \right) \qquad (4.3.36)(EC5\ 6.62)$$

$$\alpha = \frac{h_{ef}}{h} \qquad (4.3.37)$$

式中：i——缺口斜边的坡度，见图 4.3.17（a）；

　　　h——梁高度（mm）；

　　　x——支座支承点与缺口起点的距离（mm）；

　　　h_{ef}——截面有效高度（mm）；

　　　k_n——系数；对于 LVL，k_n 通常为 4.5。

【注】应由制造商提供其产品具体的 k_n 值，尤其是当 LVL-C 的优势明显时。

4.3.11 变截面梁

变截面梁应考虑斜边坡度对表面顺纹弯曲应力的影响。

设计弯曲应力 $\sigma_{m,\alpha,d}$ 和 $\sigma_{m,0,d}$（图4.3.19）应按下式确定：

$$\sigma_{m,\alpha,d} = \sigma_{m,0,d} = \frac{6M_d}{bh^2} \qquad (4.3.38)(EC5\ 6.37)$$

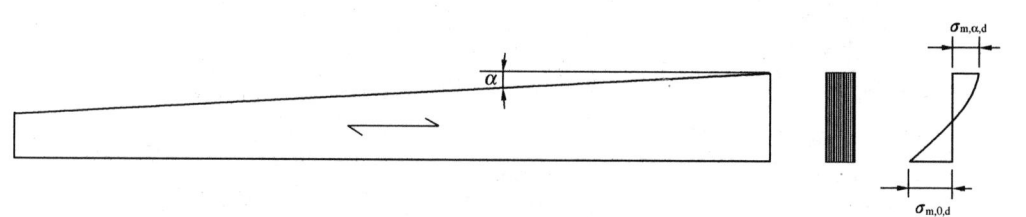

图4.3.19 单坡变截面梁

α—变截面边缘与木纹方向之间的夹角

在变截面边缘的最外侧纤维处，应力应满足下式：

$$\sigma_{m,\alpha,d} \leqslant k_{m,\alpha} \cdot f_{m,d} \qquad (4.3.39)(EC5\ 6.38)$$

式中：$\sigma_{m,\alpha,d}$——与木纹成一定角度的设计弯曲应力；

$f_{m,d}$——抗弯强度设计值；

$k_{m,\alpha}$——折减系数。按下列规定取值：

1）对于拉应力平行于变截面斜边时：

$$k_{m,\alpha} = \frac{1}{\sqrt{1 + \left(\dfrac{f_{m,d}}{a \cdot f_{v,d}} \tan\alpha\right)^2 + \left(\dfrac{f_{m,d}}{f_{t,90,d}} \tan^2\alpha\right)^2}} \qquad (4.3.40)$$

式中，a 的取值，对于LVL-P取为0.75，对于LVL-C取为1.0。

2）对于压应力平行于变截面斜边时：

$$k_{m,\alpha} = \frac{1}{\sqrt{1 + \left(\dfrac{f_{m,d}}{b \cdot f_{v,d}} \tan\alpha\right)^2 + \left(\dfrac{f_{m,d}}{f_{c,90,d}} \tan^2\alpha\right)^2}} \qquad (4.3.41)$$

式中，b 的取值，对于LVL-P取为1.5，对于LVL-C取为1.0。

梁的侧向扭转失稳［本指南公式（4.3.27）］中不必考虑 $k_{m,\alpha}$，应考虑轴力和弯矩的组合作用。当变截面边缘受拉应力作用时，组合应力公式（4.3.14）和（4.3.15）中应采用折减系数 $k_{m,\alpha}$ 对弯曲强度进行折减。当变截面边缘受压应力作用时，组合应力公式（4.3.16）和（4.3.17）中应采用折减系数 $k_{m,\alpha}$ 对弯曲强度进行折减。

建议将变截面斜边设在受压侧，特别是对于LVL-P，因为横纹抗拉强度标准值 $f_{t,90,edge,k}$ 较小，会导致开裂和脆性破坏。LVL-C可用于制作特殊形状，也可用于变截面斜边位于受拉侧时，由于横向单板的作用，使LVL-C横纹抗拉强度标准值 $f_{t,90,edge,k}$ 较高，并且表现出更好的延性。图4.3.20表明了折减系数 $k_{m,\alpha}$ 与角度 α 的关系。

对于较大倾角的屋盖梁（$\alpha \geqslant 10°$），应在最大弯矩处，按以下公式验算最大剪应力

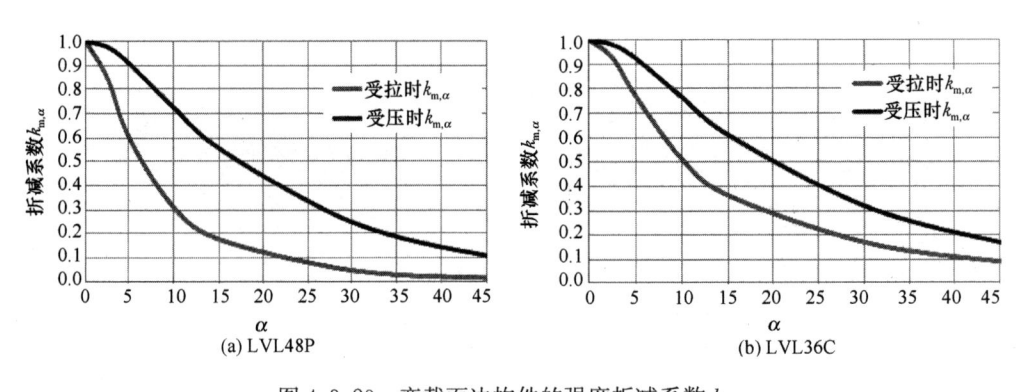

图 4.3.20 变截面边构件的强度折减系数 $k_{m,\alpha}$

$\tau_{v,max,d}$ 和横纹拉应力 $\sigma_{90,max,d}$:

$$\tau_{v,max,d} = \sigma_{m,0,max,d} \cdot \tan\alpha \qquad (4.3.42)$$

$$\sigma_{90,max,d} = \sigma_{m,0,max,d} \cdot \tan^2\alpha \qquad (4.3.43)$$

对于双坡变截面梁、曲线形受弯弧梁的设计说明详见"欧洲规范 5"中第 6.4.3 节。除此之外,还要考虑:

(1) LVL 在窄面方向的曲线构件强度修正系数 k_r 为 1.0;因为梁的形状是直接从面板上切割下来的,所以无须因生产过程中层板的弯曲而折减。

(2) 验算顶点处的应力时,$k_{m,\alpha}$ 不与相关公式一起使用。

(3) 对于梁的侧向扭转失稳验算时,本指南公式 (4.3.27) 不考虑 k_l 的折减。

图 4.3.21 为单坡和双坡变截面梁的应力分布。当加载方向与木纹之间的角度较大时 ($\alpha \geqslant 10°$),最大弯曲应力点处的剪应力可能会比支承处的剪应力更为关键。

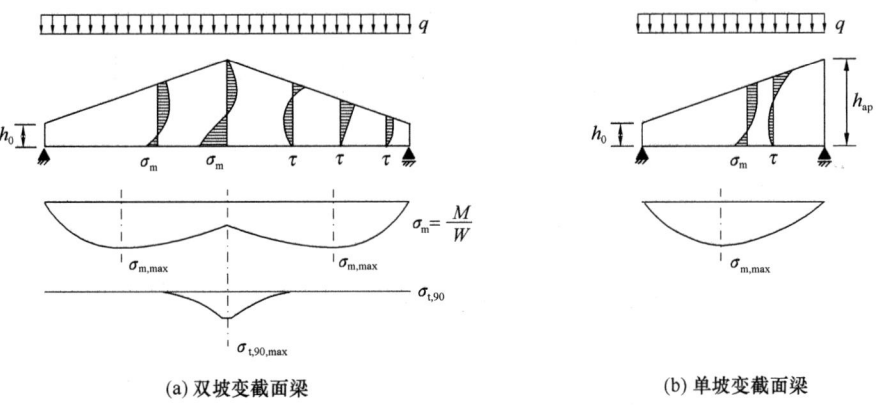

(a) 双坡变截面梁   (b) 单坡变截面梁

图 4.3.21 单坡和双坡变截面梁的应力分布

图 4.3.22 为变截面梁锥形边缘的应力分布。$\sigma_{m,\alpha}$ 为窄面的弯曲应力;σ_0 为顺纹弯曲应力;τ 为剪应力,$\tau = \sigma_0 \cdot \tan\alpha$;$\sigma_{90}$ 为横纹应力,$\sigma_{90} = \sigma_0 \cdot \tan^2\alpha$。

4.3.12 孔洞

"欧洲规范 5"中没有给出梁上孔洞的设计规定,但是在"欧洲规范 5"的非冲突补充

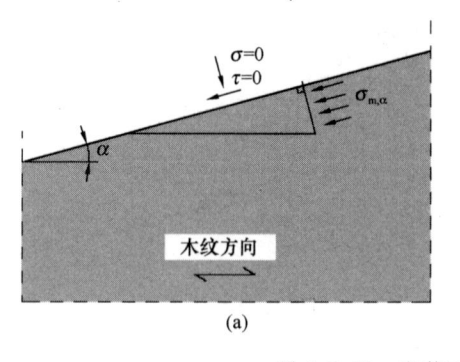
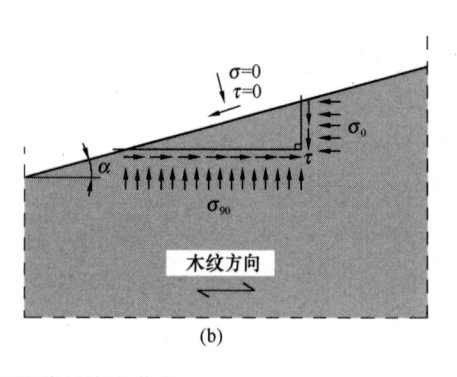

图 4.2.22　变截面梁锥形边缘的应力分布

说明（NCCI）中作出了规定。本小节介绍的设计方法是依据奥地利 NCCI 文件 ÖNORMB 1995-1-1：2015，附录 F 的相关要求，可适用于使用环境 1 和使用环境 2 条件下的 LVL 梁上的孔洞设计。LVL 供应商在其技术手册中也有特定的说明，用于不同边界条件下 LVL 梁上的开孔洞设计。

对于所有带孔洞的梁，应在孔洞的位置验算其抗弯、抗剪和抗拉或抗压性能。当孔的直径 $d \geqslant 50$mm 或直径不小于 $h/10$（h 为梁截面高度）时，横纹抗拉承载力应采用公式（4.3.44）进行验算，集中剪应力应采用公式（4.3.49）进行验算。对于矩形孔洞，应采用公式（4.3.51）和（4.3.52）对孔洞处的弯曲应力进行验算；对于圆形孔，应采用公式（4.3.60）进行验算。矩形孔四个转角的圆角半径 $r \geqslant 15$mm。梁上孔洞几何边界条件的位置见图 4.3.23，几何边界条件的尺寸限值应符合表 4.3.6 的规定。

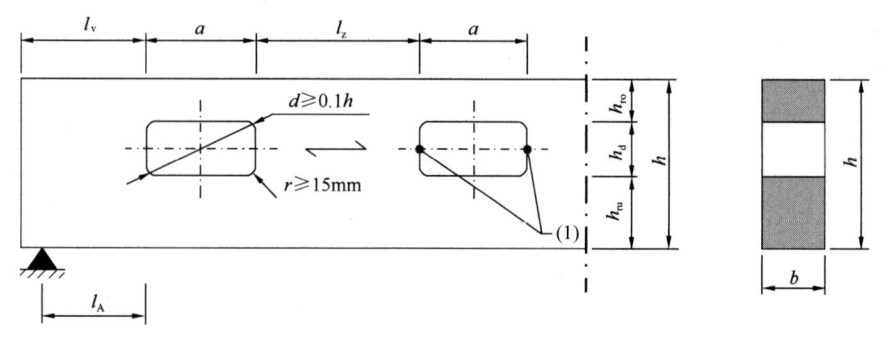

图 4.3.23　梁上孔洞的几何边界条件

注：图中（1）处有横纹拉力导致开裂的风险

几何边界条件的尺寸限制　　　　　　　　　　　　　　　　　　　　　　　表 4.3.6

产品类型	l_v	l_A	l_z	h_{ro} 或 h_{ru}	a	h_d
LVL-P	$\geqslant h$	$\geqslant 0.5h$	最大（$\geqslant 1.5h$；300mm）	$\geqslant 0.35h$	$\leqslant 2.5h_d$	$\leqslant 0.15h_d$
LVL-C	$\geqslant h$	$\geqslant 0.5h$	最大（$\geqslant 1.5h$；300mm）	$\geqslant 0.25h$	$\leqslant 2.5h_d$	$\leqslant 0.4h_d$

验算横纹抗拉应力是 LVL-P 梁中孔洞设计要满足的最关键条件。另外，LVL-C 为带孔洞的梁提供了一个显著的优势，因为横向单板在孔洞周围起到加固的作用，防止由于横纹受拉导致的开裂。因此，LVL-C 横纹抗拉性能较好。奥地利 NCCI 文件中对加固孔洞的

相关规定适用于 LVL-C 梁的孔径限制较宽。

横纹受拉应按下列公式进行验算：

$$\sigma_{t,90,d} = \frac{F_{t,90,d}}{0.5 \cdot l_{t,90} \cdot b \cdot k_{t,90}} \leqslant f_{t,90,d} \tag{4.3.44}$$

$$k_{t,90} = \min \begin{cases} 1 \\ \left(\dfrac{450}{h}\right)^{0.5} \end{cases} \tag{4.3.45}$$

$$F_{t,90,d} = \frac{V_d \cdot h_d}{4 \cdot h} \cdot \left[3 - \left(\frac{h_d}{h}\right)^2\right] + 0.008 \cdot \frac{M_d}{h_r} \tag{4.3.46}$$

$$h_r = \begin{cases} \text{对于矩形孔，取 } \min(h_{ro}; h_{ru}) \\ \text{对于圆孔，取 } \min(h_{ro} + 0.15 \cdot d; h_{ro} + 0.15 \cdot d) \end{cases} \tag{4.3.47}$$

$$l_{t,90} = \begin{cases} \text{对于矩形孔，取 } 0.5 \cdot (h_d + h) \\ \text{对于圆孔，取 } 0.35 \cdot d + 0.5 \cdot h \end{cases} \tag{4.3.48}$$

式中：$\sigma_{t,90,d}$——横纹拉应力设计值（N/mm²）；

$F_{t,90,d}$——横纹拉力设计值（N），取决于孔洞边缘处的剪力 V_d 和弯矩 M_d；

$l_{t,90}$——荷载分布长度（mm），见图 4.3.24；

b——梁截面宽度（mm）；

$f_{t,90,d}$——横纹抗拉强度设计值（N/mm²）；

h——梁截面高度；

h_d——矩形孔的高度，对于圆孔，在公式（4.3.46）中可以采用 $h_d = 0.7d$。

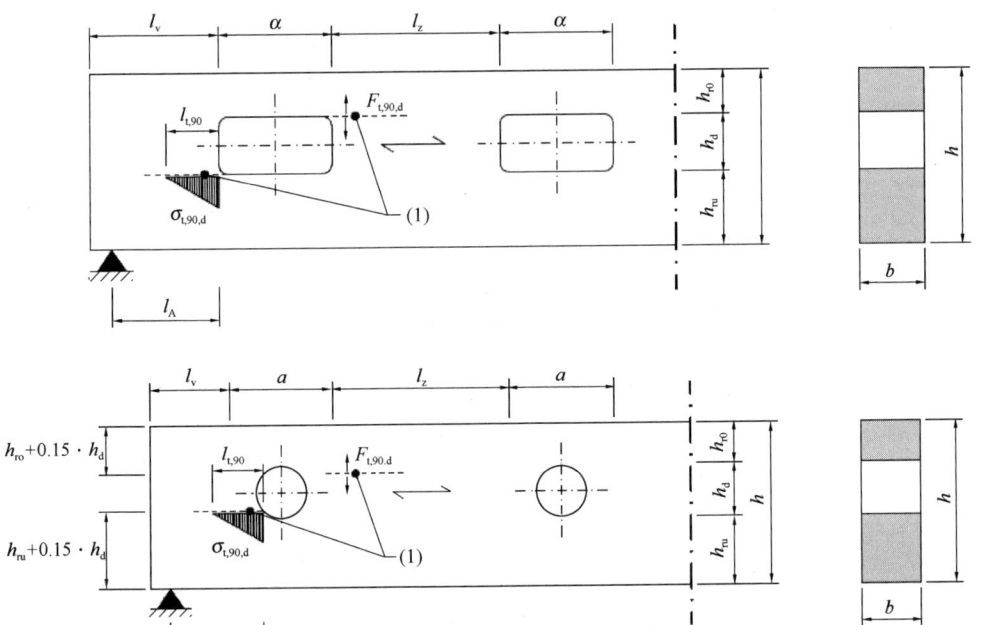

图 4.3.24 孔洞边缘横纹拉应力示意

注：图中（1）处有横纹拉力导致开裂的风险

孔洞边缘剪应力集中的验算应符合下列公式：

$$\tau_d = k_\tau \cdot \frac{1.5 \cdot V_d}{b(h - h_d)} \leqslant f_{v,d} \tag{4.3.49}$$

$$k_\tau = 1.85 \cdot \left(1 + \frac{a}{h}\right) \cdot \left(\frac{h_d}{h}\right)^{0.2} \tag{4.3.50}$$

式中：τ_d——剪应力设计值；

$\quad\quad k_\tau$——确定由应力集中产生的最大剪应力的系数；

$\quad\quad a$——矩形孔的长度（mm），对于圆形孔，$a = h_d$；

$\quad\quad f_{v,d}$——梁窄面抗剪强度设计值。

矩形孔洞处的弯曲应力应按下列公式进行验算：

$$\frac{M_d}{W_n} + \frac{M_{o,d}}{W_o} \leqslant f_{m,d} \tag{4.3.51}$$

$$\frac{M_d}{W_n} + \frac{M_{u,d}}{W_u} \leqslant f_{m,d} \tag{4.3.52}$$

$$W_n = \frac{b \cdot (h^2 - h_d^2)}{6} \tag{4.3.53}$$

$$M_{o,d} = \frac{A_o}{A_u + A_o} \cdot V_d \cdot \frac{a}{2} \tag{4.3.54}$$

$$M_{u,d} = \frac{A_u}{A_u + A_o} \cdot V_d \cdot \frac{a}{2} \tag{4.3.55}$$

$$A_o = b \cdot h_{ro} \tag{4.3.56}$$

$$W_o = \frac{b \cdot h_{ro}^2}{6} \tag{4.3.57}$$

$$A_u = b \cdot h_{ru} \tag{4.3.58}$$

$$W_u = \frac{b \cdot h_{ru}^2}{6} \tag{4.3.59}$$

式中：W_o、W_u——梁在孔洞处的有效截面模量（mm³）；

$\quad\quad f_{m,d}$——梁窄面抗弯强度设计值（N/mm²）。

圆孔处的弯曲应力应按下式进行验算：

$$\frac{M_d}{W_n} \leqslant f_{m,d} \tag{4.3.60}$$

当通过在两侧粘贴木基板材（如胶合板）对 LVL-P 梁孔洞周围进行加固时，孔洞处的抗力得到提高，可以允许更大的孔洞尺寸。详细的设计要求在奥地利 ONORM B 1995-1-1：15 15 第 F3.2 章中进行了说明。由于 LVL 梁很薄，不建议使用螺钉或植筋法进行内部加固。

4.3.13 正常使用极限状态设计：变形

构件的瞬时挠度按式（4.1.1）计算。在正常使用极限状态（SLS）验算中，荷载的分项系数 γ_G 和 γ_Q 为 1.0。在"欧洲规范 5"第 2.2.3 节中给出了以下正常使用极限状态原则：考虑到表面材料、顶棚、楼盖、隔断和饰面可能受到的损坏，以及使用功能的需求和外观需求，由作用（如轴力和剪力、弯矩和接缝滑移）和含水率的影响造成的结构变形应保持在适当的范围内。

应采用作用的标准组合计算瞬时变形 u_{inst}（图 4.3.25），参考 EN 1990：2002 中的 6.5.3（2）a 条的规定，应采用适当的弹性模量、剪切模量和滑移模量的平均值进行计算。

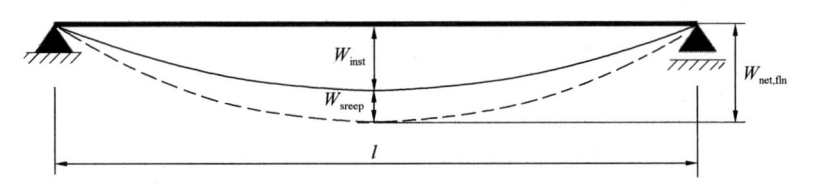

图 4.3.25 由作用组合引起的 LVL 构件挠度的组成

最终变形 u_{fin}（图 4.3.25 中的 $w_{net,fin}$）在由"欧洲规范 5"中公式 2.2.3（2）计算出的瞬时变形 u_{inst} 的基础上，还要叠加由作用的准永久组合计算得到的蠕变变形 u_{creep}（见 EN 1990：2002，6.5.3 [2][c]）。蠕变变形应采用适当的弹性模量、剪切模量和滑移模量的平均值以及本指南表 4.1.3 中给出的蠕变变形系数 k_{def} 相关值进行计算。

【注】在计算 LVL-C 在窄面方向上的蠕变挠度时，蠕变变形系数 k_{def} 值与 LVL-P 相类似。在宽面方向上，由于横向单板的滚动剪切变形，k_{def} 值较大，类似于胶合板。蠕变变形系数 k_{def} 值见本指南表 4.1.3。

如果结构由具有不同蠕变特性的构件或组件组成，则应根据"欧洲规范 5"第 2.3.2.2（1）条，采用适当的弹性模量、剪切模量和滑移模量的最终平均值，来计算由作用的准永久组合引起的长期变形。因标准组合与准永久组合对长期变形的作用不同，最终的变形 u_{fin} 由蠕变变形与瞬时变形相叠加得到。

对于由具有相同蠕变特性的构件、组件和连接组成的结构，当假设作用和相应变形之间具有线性关系的前提下，作为对 EN 1990：2002，2.2.3（3）条的简化，最终变形 u_{fin} 为：

$$u_{fin} = u_{fin,G} + u_{fin,Q_1} + u_{fin,Q_1} \tag{4.3.61 (EC5 2.2)}$$

$$u_{fin,G} = u_{inst,G}(1 + k_{def}) \tag{4.3.62}$$

$$u_{fin,Q1} = u_{inst,Q1}(1 + \psi_{2,1}k_{def}) \tag{4.3.63}$$

$$u_{fin,Qi} = u_{inst,Qi}(\psi_{0,i} + \psi_{2,i}k_{def}) \tag{4.3.64}$$

式中：
$u_{fin,G}$——永久作用 G 产生的变形；

$u_{fin,Q1}$——主要可变作用 Q_1 产生的变形；

$u_{fin,Qi}$——次要可变作用 Q_1（$i>1$）产生的变形；

$u_{inst,G}$、$u_{inst,Q1}$、$u_{inst,Q,i}$——作用 G、Q_1、Q_i 的瞬时变形；

$\psi_{2,1}$、$\psi_{2,i}$——可变作用的准永久值系数；

$\psi_{0,i}$——可变作用的组合值系数；

k_{def}——木材和木基材料的蠕变变形系数。

由作用组合引起的 LVL 构件挠度的组成如图 4.3.25 所示，其中的符号定义为：w_{inst} 是瞬时挠度；w_{creep} 是蠕变挠度；w_{fin} 是最终挠度。

注意：LVL 没有预弯曲。仅在某些非常特殊的情况下，可以对 LVL 进行特殊锯切，将 LVL 梁切割成弧形。

支承之间所连直线下的净挠度 $w_{net,fin}$ 应为：

$$w_{net,fin} = w_{inst} + w_{creep} \tag{4.3.65}$$

【注】表 4.3.7 给出了跨度为 l 的梁的挠度极限值的建议范围。具体取值应取根据变形水平需求确定。有关各个国家的变形限值的信息见"欧洲规范 5"的国家附件。

梁挠度极限值 表 4.3.7

构件类型	w_{inst}	$w_{inst,fin}$
两端支承梁	$l/300 \sim l/500$	$l/250 \sim l/350$
悬臂梁	$l/150 \sim l/250$	$l/125 \sim l/150$

对于所有承重的木材制品都应考虑由于弯矩和剪力引起的挠度。例如，均布荷载作用下单跨梁的挠度按下式计算：

$$w = \frac{5 \cdot q_{d,i,SLS} \cdot L^4}{384 \cdot E_{mean} \cdot I} + \frac{\zeta \cdot q_{d,i,SLS} \cdot L^2}{8 \cdot G_{mean} \cdot A} \tag{4.3.66}$$

对于跨中集中荷载作用下单跨梁的挠度按下式计算：

$$w = \frac{F_{d,i,SLS} \cdot L^3}{48 \cdot E_{mean} \cdot I} + \frac{\zeta \cdot F_{d,i,SLS} \cdot L^2}{4 \cdot G_{mean} \cdot A} \tag{4.3.67}$$

式中：$q_{d,i,SLS}$——在正常使用极限状态下均布荷载的设计值（N/mm）；

$\quad F_{d,i,SLS}$——在正常使用极限状态下集中荷载的设计值（N/mm）；

$\quad L$——梁的跨度（mm）；

$\quad I$——LVL 横截面的惯性矩（mm^4）；

$\quad A$——LVL 梁横截面面积（mm^2）；

$\quad \zeta$——剪切变形系数；对于矩形横截面取 $\zeta = 6/5$；

$\quad E_{mean}$——LVL 等级的弹性模量平均值（N/mm^2）；

$\quad G_{mean}$——LVL 等级的剪切模量平均值（N/mm^2）。

有关其他形式的荷载和支座布置的挠度计算的方法，可以从有关的力学手册中获得，或者可以应用有限元计算软件进行计算。

【注】在 EN 标准中，弹性模量 E 定义为局部值 E_{local}，其中不包括剪切挠度。因此，需要分别计算剪切挠度，见公式（4.3.66）和（4.3.67）。定义弹性模量的另一种方法是整体值 E_{global}，其中包括剪切挠度。在 LVL 的窄面弯曲中，E_{global} 的值比 E_{local} 小约 5%～7%，但由于不需要单独计算剪切变形，因此计算更简单容易。澳大利亚和美国通常采用 E_{global} 值。E_{global} 的另一个名称是 $E_{apparent}$，E_{local} 的另一个名称是 E_{true}。

4.3.14　正常使用极限状态设计：楼盖振动

"欧洲规范 5"第 7.3.3 节给出了住宅楼盖设计的要求和一些规定。但是，大多数国家附件都与这些规定有很大不同。

木楼盖结构可以根据其最低固有频率分为高频楼盖和低频楼盖。

对于固有频率大于 8Hz（$f_1 > 8Hz$）的住宅楼盖，应满足下列公式要求：

$$\frac{w}{F} = a \tag{4.3.68}（EC5 7.3）$$

$$\nu \leqslant b^{(f_1 \zeta - 1)} \tag{4.3.69}（EC5 7.4）$$

式中：w——考虑荷载分布情况下，在楼层任意点施加竖向集中静力 F 所产生的最大瞬时竖向挠度（mm）；

    ν——单位脉冲速度响应（m/Ns²），即在楼盖产生最大响应处，施加一个理想单位冲击（1Ns）时，引起的楼盖垂直振动速度的最大初始值（m/s），高于 40Hz 的分量可以忽略不计；

    F——集中力（kN）；

    f_1——固有频率（Hz）；

    ζ——模态阻尼比；

a、b——系数，按图 4.3.26 确定。

根据所需的性能水平，可以从图 4.3.26 中选择系数 a 和 b 的值。

计算是在假定楼盖不受外荷载情况下进行的，即仅考虑楼盖的自重和其他永久作用。注：在某些国家附件中也考虑了部分活荷载，如芬兰考虑活荷载 30kg/m²。对于跨度为 l 的矩形楼盖，固有频率 f_1 可按下式计算近似值：

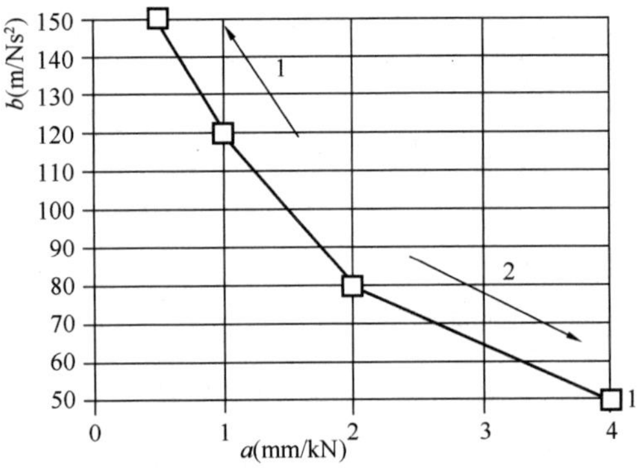

$$f_1 = \frac{\pi}{2l^2}\sqrt{\frac{(EI)_l}{m}}$$

$$(4.3.70)(EC5\ 7.5)$$

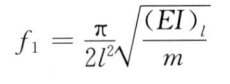

图 4.3.26　a 与 b 的关系图和建议值
（1 方向性能提高，2 方向性能降低）

式中：m——单位面积重量（kg/m²）；

    l——楼盖跨度（m）；

    $(EI)_l$——垂直于梁轴方向的 1m 宽楼盖计算的等效平面外抗弯刚度（Nm²/m）。

对于整体尺寸为 $b\times l$ 的矩形楼盖，沿四个边均为简支时，单位脉冲速度响应 ν 可以近似地取为：

$$\nu = \frac{4\cdot(0.4+0.6n_{40})}{m\cdot b\cdot l+200} \qquad (4.3.71)(EC5\ 7.6)$$

$$n_{40} = \left\{\left[\left(\frac{40}{f_1}\right)^2-1\right]\left(\frac{b}{l}\right)^4\frac{(EI)_l}{(EI)_b}\right\}^{0.25} \qquad (4.3.72)(EC5\ 7.7)$$

式中：ν——单位脉冲速度响应（m/Ns²）；

    n_{40}——与频率在 40Hz 以下的一阶模态数量有关；

    b——楼盖宽度（m）；

    m——单位面积重量（kg/m²）；

    l——楼盖跨度（m）。

$(EI)_b$——平行于梁轴方向的 1m 宽楼盖计算的等效平面外抗弯刚度（Nm²/m），且 $(EI)_b < (EI)_l$。

$F=1$kN 集中荷载下的挠度可按下式计算：

$$w = \min\begin{cases} \dfrac{F\cdot l^2}{42\cdot k_\delta\cdot(EI)_l} \\[3mm] \dfrac{F\cdot l^3}{48\cdot s\cdot(EI)_l} \end{cases} \qquad (4.3.73)$$

或按下列公式计算：

$$w = \frac{F \cdot l^2}{43.6 \cdot k_\delta \cdot (EI)_l} \quad\quad (4.3.74)$$

$$k_\delta = \sqrt[4]{\frac{(EI)_b}{(EI)_l}} \quad\quad (4.3.75)$$

式中：s——楼盖梁的间距（m）。

对于 k_δ 应符合 $k_\delta \leqslant b/l$ 的限制。

对于多跨楼盖，可以从国家附件中找到附加说明，如奥地利国家附件。

对于固有频率低于 8Hz（$f_1 \leqslant 8\text{Hz}$）的住宅楼盖，应进行专门研究。对于固有频率为 $4.5\text{Hz} \leqslant f_1 \leqslant 8\text{Hz}$ 的楼盖，在一些国家附件中是有说明的，如奥地利或德国的国家附件。实际上，只有当楼盖的自重大于 250kg/m^2 时，才能满足其要求，这对于 LVL 楼盖结构而言是相当重了。

4.4 组合截面

4.4.1 基本原则

与单独作用的构件相比，多根构件通过胶合组合在一起产生组合效应，可显著提高构件刚度和承载力。当然用螺栓等机械方法连接多根构件也会产生组合效应，但这时需考虑机械连接可能产生的滑移的影响。因此，机械连接组合截面的整体刚度较低。组合截面的等效刚度 EI_{eff}、抗弯强度以及胶和面抗剪强度等是结构分析的关键问题，这些可以根据公式（4.4.1）～公式（4.4.5）进行计算。

胶合组合截面的等效刚度 EI_{eff} 根据下式计算：

$$EI_{\text{eff}} = \sum_i E_i I_i + E_i A_i e_i^2 \quad\quad (4.4.1)$$

式中：EI_{eff}——组合截面的等效刚度（N·mm²）；

$\quad\quad E_i$——第 i 部分的弹性模量（N/mm²）；

$\quad\quad I_i$——第 i 部分的惯性矩（mm⁴）；矩形截面 $I_i = b_i \cdot h_i^3/12$，其中 b_i 为宽度（mm），h_i 为高度（mm）；

$\quad\quad A_i$——第 i 部分的截面面积（mm²）；

$\quad\quad e_i$——第 i 部分的偏心距，即第 i 部分的重心与整个组合截面的中性轴之间的距离（mm）。

组合截面中和轴到截面底部的距离为：

$$e_0 = \frac{\sum_i E_i \cdot A_i \cdot a_i}{\sum_i E_i \cdot A_i} \qu\quad (4.4.2)$$

式中：a_i——第 i 部分的重心与组合截面底部的距离（mm）。

按下式计算组合截面的弯矩正应力：

$$\sigma_{i,\text{d}(z)} = \frac{E_i \cdot e_{(z)i} \cdot M_\text{d}}{EI_{\text{eff}}} \quad\quad (4.4.3)$$

式中：$\sigma_{i,\text{d}(z)}$——截面坐标 z 处的正应力设计值（N/mm²）；

E_i——第 i 部分的弹性模量（N/mm²）；

$e_{(z)i}$——分析应力点 i 的 z 坐标，即分析点到组合截面中和轴的距离（mm）；

M_d——构件验算截面的弯矩设计值（N·mm）；

EI_{eff}——组合截面的等效刚度（N·mm²）。

按下列公式计算组合截面胶连接处的剪应力：

$$\tau_{(z)d} = E_i \cdot \frac{S_{(z)} \cdot V_d}{EI_{eff} \cdot b_{(z)}} \qquad (4.4.4)$$

$$S_{(z)} = \sum_i A_i \cdot e_{(z)i} \qquad (4.4.5)$$

式中：$\tau_{(z)d}$——截面坐标 z 处的剪应力设计值（N/mm²）；

E_i——第 i 部分的弹性模量（N/mm²）；

$S_{(z)}$——坐标 z 处的面积矩（mm³）；

V_d——构件验算截面的剪力设计值（N）；

EI_{eff}——组合截面的等效刚度（N·mm²）；

$b_{(z)}$——坐标 z 处的截面宽度（mm）；

A_i——第 i 部分的截面面积（mm²）；

$e_{(z)i}$——分析应力点 i 的 z 坐标，即分析点到组合截面中和轴的距离（mm）。

在工字形组合截面中（图 4.4.1），应在点 1、3 和 5 处验算弯曲正应力，在点 2、3 和 4 处验算剪应力。

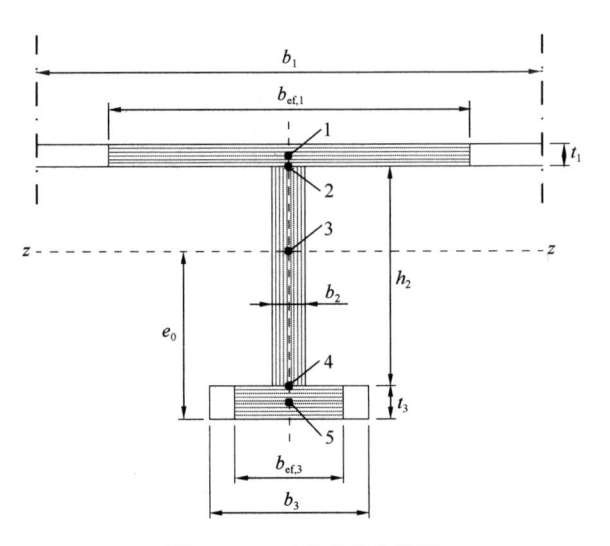

图 4.4.1　工字形组合截面

4.4.2　梁和柱

当 LVL-P 或 LVL-C 构件以相同方向胶合为矩形的 GLVL 截面时（图 4.4.2），LVL 层板的材料强度值可直接利用。但是，当 GLVL 平放使用时，需考虑 LVL 层板抗剪强度和抗弯强度的尺寸效应，制造商的技术手册应对尺寸效应作出说明。

LVL 工字梁和箱形梁一般用 LVL-P 作翼缘、LVL-C 作腹板，这样的组合构件即使外部含水率变化也能保证构件平直和尺寸稳定。胶合的薄腹工字梁和箱形梁的具体设计要求

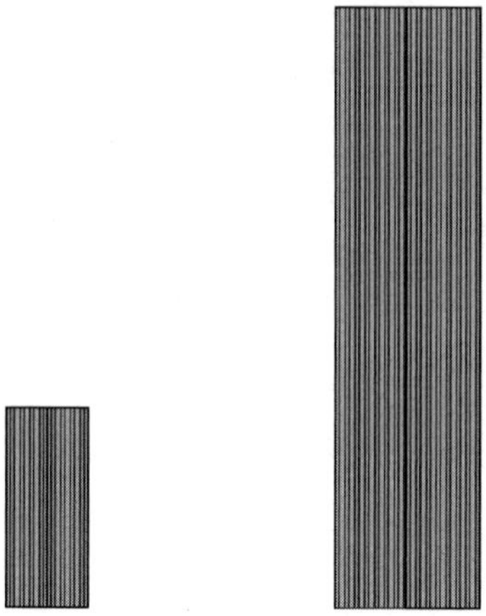

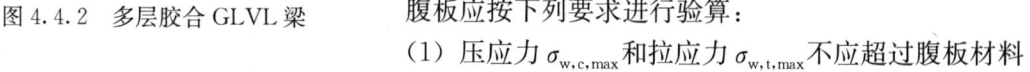

图 4.4.2　多层胶合 GLVL 梁

见"欧洲规范 5"的第 9.1.1 条。翼缘需按下列要求进行验算：

（1）翼缘最外边缘拉应力 $\sigma_{f,t,max}$ 不应超过翼缘材料的抗弯强度设计值 $f_{m,d}$；

（2）翼缘中心的轴向拉应力 $\sigma_{f,t,d}$ 不应超过翼缘材料的顺纹抗拉强度设计值 $f_{t,0,d}$；

（3）翼缘最外边缘压应力 $\sigma_{f,c,max}$ 不应超过翼缘材料的抗弯强度设计值 $f_{m,d}$；

（4）翼缘中心的轴向压应力 $\sigma_{f,c,d}$ 不应超过翼缘材料的顺纹抗压强度设计值 $f_{c,0,d}$，并应保证受压翼缘板的轴压稳定性。

腹板应按下列要求进行验算：

（1）压应力 $\sigma_{w,c,max}$ 和拉应力 $\sigma_{w,t,max}$ 不应超过腹板材料所对应的顺纹抗拉强度设计值 $f_{w,t,0,d}$ 和顺纹抗压强度设计值 $f_{w,c,0,d}$；

（2）腹板上的剪力 $F_{v,w,Ed}$ 设计值不应超过抗剪承载力 $R_{v,w,d}$，并应保证腹板的稳定性。

对于腹板和翼缘之间的胶合面（图 4.4.3 中标注为 1 的部分），应按照"欧洲规范 5"公式（9.10）进行验算，即剪应力 $\tau_{mean,d}$ 不应超过翼缘或腹板材料的平面抗剪强度。

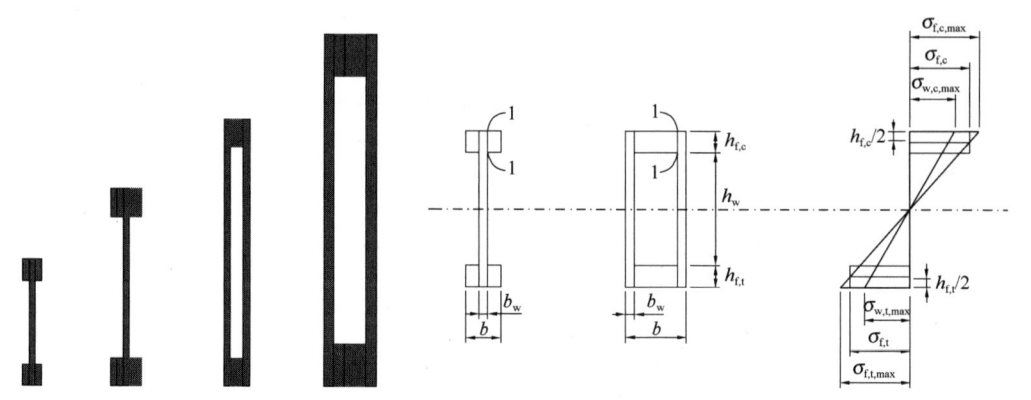

图 4.4.3　GLVL 工字梁、箱形梁及截面应力分布示意
1—腹板和翼缘间的胶合面

正常使用极限状态（SLS）设计时，构件计算要考虑弯曲变形和剪切变形。为简化起见，计算中仅考虑腹板的抗剪刚度 G_A。

LVL 工字梁和箱梁的供应商有更详细的设计说明，这是产品技术手册的组成部分。

4.4.3　多层胶合 GLVL 板

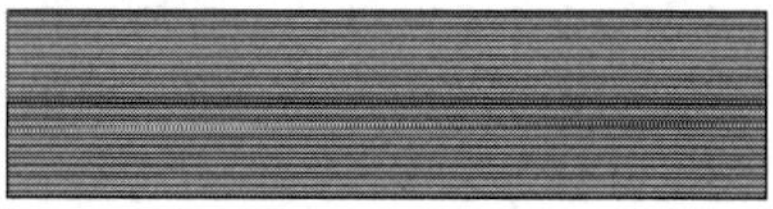

在多层胶合 GLVL-C 板中（图 4.4.4），假定截面的力学性能为均匀的，且不考虑横向层板的作用（将横向层板厚度视作为 0）。但当 GLVL-C 板平放使用（作为楼板）时，应考虑抗弯承载力和抗剪承载力

图 4.4.4　多层胶合 GLVL 面板

的尺寸效应。GLVL-C 板的尺寸和尺寸效应参数 s、$s_{\text{flat,m}}$ 和 $s_{\text{flat,v}}$ 详见制造商的技术手册。

4.4.4　肋板和箱板

LVL 肋板和箱形板构件采用 LVL-P 肋和 LVL-C 板（图 4.4.5）。面板将荷载分配到肋上，并作为组合截面的薄翼缘。对每个肋板截面应分别进行结构设计，其具体设计见"欧洲规范 5"第 9.1.2 节中的规定。翼缘板的有效宽度 b_{ef} 需考虑剪切滞后和承载能力极限状态（ULS）设计时的板屈曲，有效宽度应按表 4.4.1 确定。

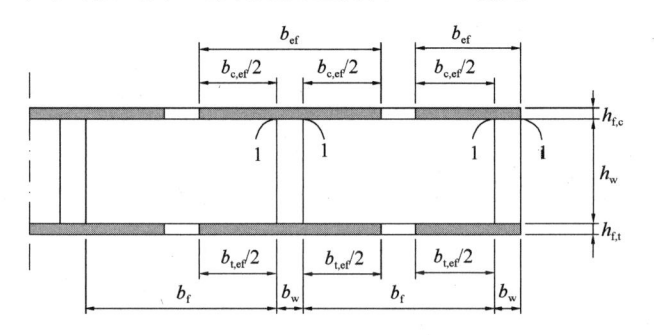

图 4.4.5　肋板部分示意

I 形截面用于中间肋，C 形截面用于构件的边缘肋

肋板的翼缘最大有效宽度 b_{ef}　　　　　　　　　　　　表 4.4.1

截面类型	剪切滞后	ULS 设计中的板屈曲
I 形截面	$b_{\text{ef}}=b_{\text{w}}+0.1 \cdot l$	$b_{\text{ef}}=b_{\text{w}}+20 \cdot h_{\text{f,c}}$
C 形截面	$b_{\text{ef}}=b_{\text{w}}+0.05 \cdot l$	$b_{\text{ef}}=b_{\text{w}}+10 \cdot h_{\text{f,c}}$

注：1. 本表由"欧洲规范 5"表 9.1 确定；

2. 表中 b_{w} 为肋板厚度；l 为跨度（肋板间距）；$h_{\text{f,c}}$ 为受压侧的翼缘板的厚度。

在承载能力极限状态（ULS）设计中，需要进行下列验算：

（1）平均轴向压应力 $\sigma_{\text{f,c,d}}$ 和拉应力 $\sigma_{\text{f,t,d}}$ 分别小于强度 $f_{\text{f,c,d}}$ 和 $f_{\text{f,t,d}}$。由于翼缘板很薄，不用考虑翼缘最外侧的抗拉承载力和抗压承载力。

（2）肋板中和轴处的抗剪承载力，以及肋板和翼缘板之间粘接处的抗剪承载力应按"欧洲规范 5"公式（9.14）计算。由于 LVL-C 中交叉单板的滚剪效应，平放的翼缘板的抗剪强度 $f_{\text{v,flat,0,d}}$ 通常是材料的控制性能。

（3）翼缘板在垂直于肋板方向的抗弯和抗剪承载力。

在正常使用极限状态（SLS）设计中，需考虑弯曲和剪切变形。为了简化计算，仅考虑肋板的抗剪刚度 G_{A}。在这种情况下，在进行变形计算时，LVL-P 的刚度系数 k_{def} 也可用于 LVL-C 翼缘板的计算，因为翼缘板很薄，可以当作只受轴向荷载的作用。

肋板供应商有更详细的设计说明，这是产品技术手册的组成部分。

第 5 章 连接设计

LVL 的连接如图 5.1.1 所示。

图 5.1.1 LVL 的连接

5.1 符合"欧洲规范 5"的 LVL 连接设计

采用金属紧固件的连接设计在"欧洲规范 5"第 8 节中作了规定，但并未完全包括关于旋切板胶合木（LVL）的连接设计。因此，本指南根据以下文件提供针对 LVL 的附加规定：

（1）提交至 CEN/TC250/SC5 的关于符合欧洲规范中 LVL 设计规则的建议讨论稿；

（2）符合欧洲规范的芬兰木结构设计指南；

（3）KertoLVL 设计手册中关于连接的内容。

本节中的公式除有单独编号外，当公式与"欧洲规范 5"中的公式相同时，也将按 EC5 中的编号标记，如（EC5 8.2）。

必须注意，位于 LVL 的宽边（宽面）和位于窄边（窄面）上的连接性能可能是不同的，见图 5.1.2。LVL 的窄边对开裂更敏感，在确定连接的几何形状和最大紧固件尺寸时应考虑到这一点。另外，LVL-C 的横向单板使得在宽边连接具有延性优势，因而能排除某些与连接有关的木材破坏模式，并使紧固件组群更加密集。

连接可能受侧向加载、轴向加载，或者同时受侧向和轴向加载作用（图 5.1.3）。在确定金属销类紧固件的连接侧向承载力标准值时，应考虑紧固件的屈服强度、销槽承压强度和抗拔强度的影响。"欧洲规范 5" 的 8.2 节提供了根据 Johansen 屈服理论计算不同破坏模式的圆钉、U 形钉、螺栓、销和螺钉的承载力标准值的公式。根据连接类型的相关破坏模式，将最小值作为每个紧固件的每个剪切平面的承载力。

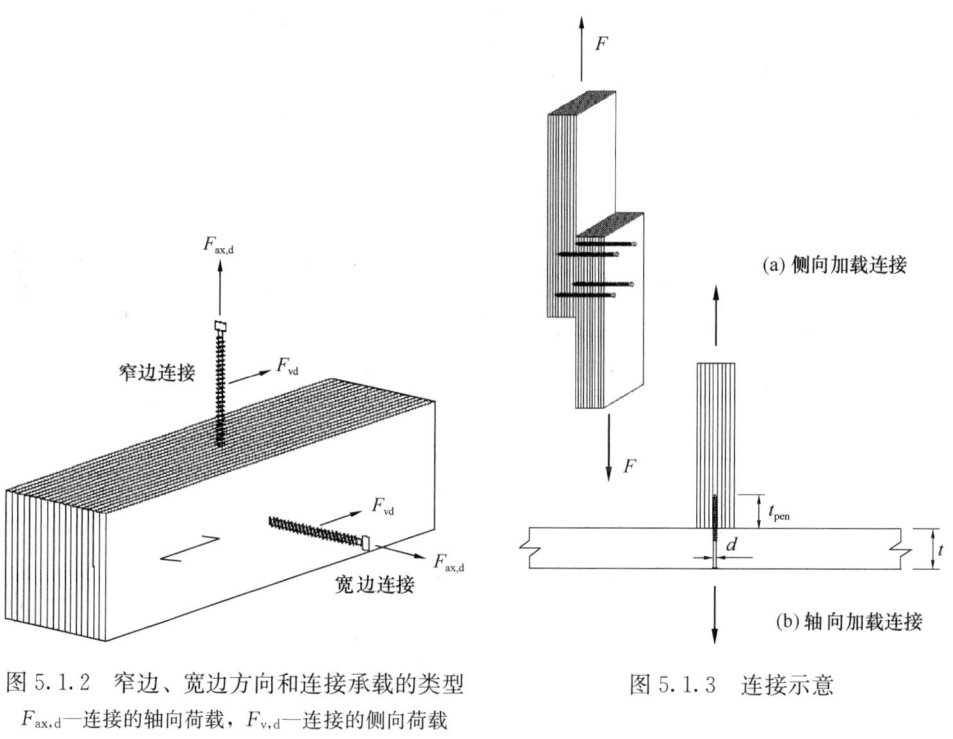

图 5.1.2　窄边、宽边方向和连接承载的类型　　　图 5.1.3　连接示意
$F_{ax,d}$—连接的轴向荷载，$F_{v,d}$—连接的侧向荷载

在"欧洲规范 5" 的第 8.3～8.7 节中针对紧固件类型对销槽承压强度 $f_{h,k}$、屈服弯矩 $M_{y,Rk}$ 和轴向拉拔力 $F_{ax,Rk}$ 的计算方法作出了专门规定，这些规定是侧向和轴向加载连接承载力计算所需要的。紧固件供应商也可在其 ETA 评估文件中提供相关产品的连接设计说明。

5.2　紧固件间距、边距和端距

在 LVL-P 的宽面（宽面连接）上不进行预钻孔的紧固件连接几何布置要求类似于实木。在 LVL-C 的宽面连接中，紧固件之间的间距、端距和边距可更小，因为产品具有横向单板而对劈裂不敏感。但是，LVL-P 和 LVL-C 在窄面的连接均有劈裂的风险，故需要更大的紧固件间距、端距和边距。预钻孔降低了劈裂的风险，可以采用较小的间距、端距和边距。

图 5.2.1～图 5.2.4 表示了不同情况下侧向受力连接的间距 a_1、a_2，端距 $a_{3,c}$、$a_{3,t}$，

边距 $a_{4,c}$、$a_{4,t}$ 以及夹角 α、β 和 ε。

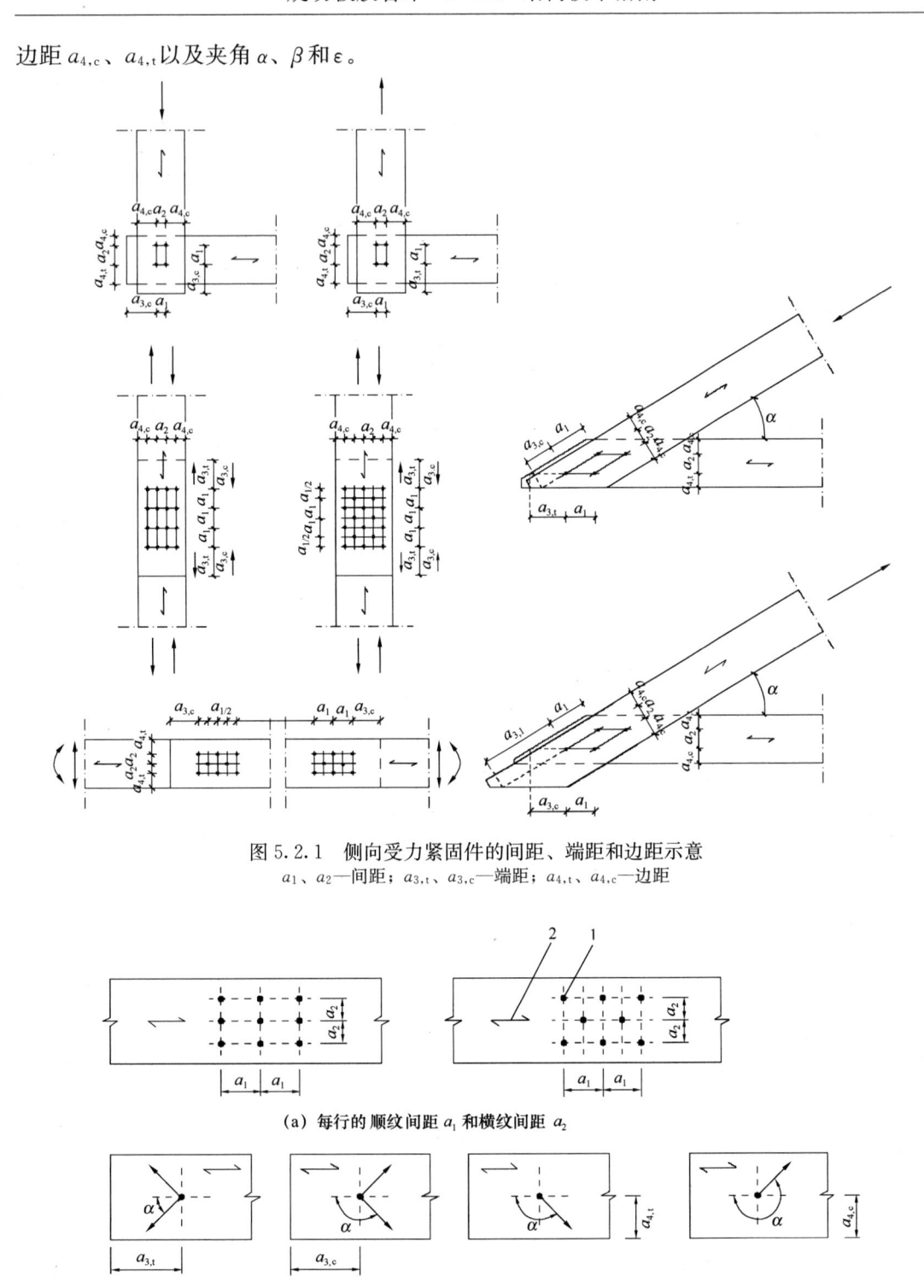

图 5.2.1　侧向受力紧固件的间距、端距和边距示意

a_1、a_2—间距；$a_{3,t}$、$a_{3,c}$—端距；$a_{4,t}$、$a_{4,c}$—边距

（a）每行的顺纹间距 a_1 和横纹间距 a_2

（b）-90°≤α≤90°时，
受力端的边距
和端距 $a_{3,t}$

（c）90°≤α≤270°时，
非受力端的边距
和端距 $a_{3,c}$

（d）0°≤α≤180°时，
受力边 的边距 $a_{4,t}$

（e）180°≤α≤360°时，
非受力边 的边距 $a_{4,c}$

图 5.2.2　间距、端距与边距示意

1—紧固件；2—木纹方向

140

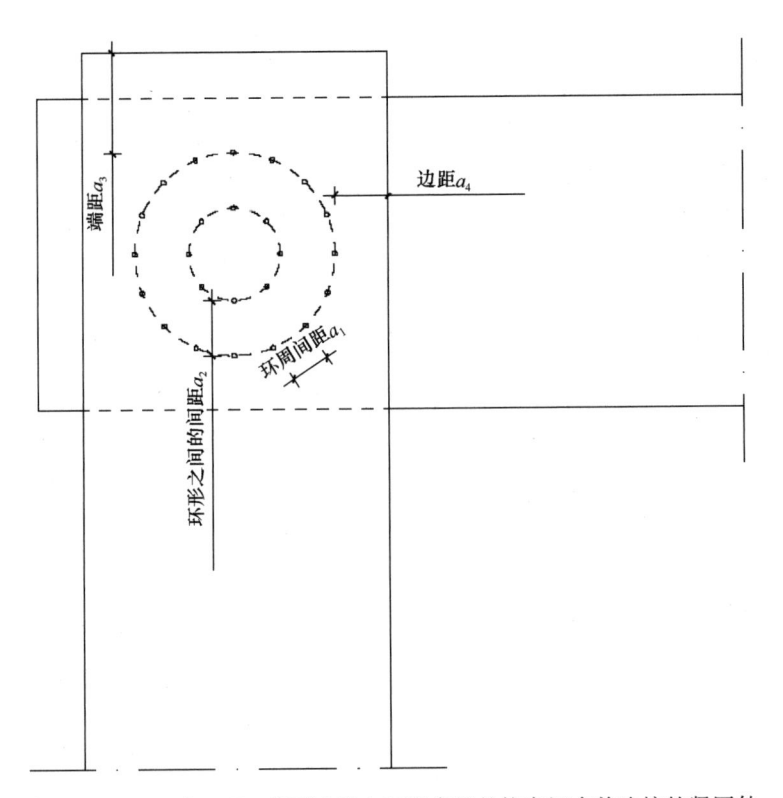

图 5.2.3 LVL 与 LVL 宽面连接中环形布置的抗弯矩多剪连接的紧固件

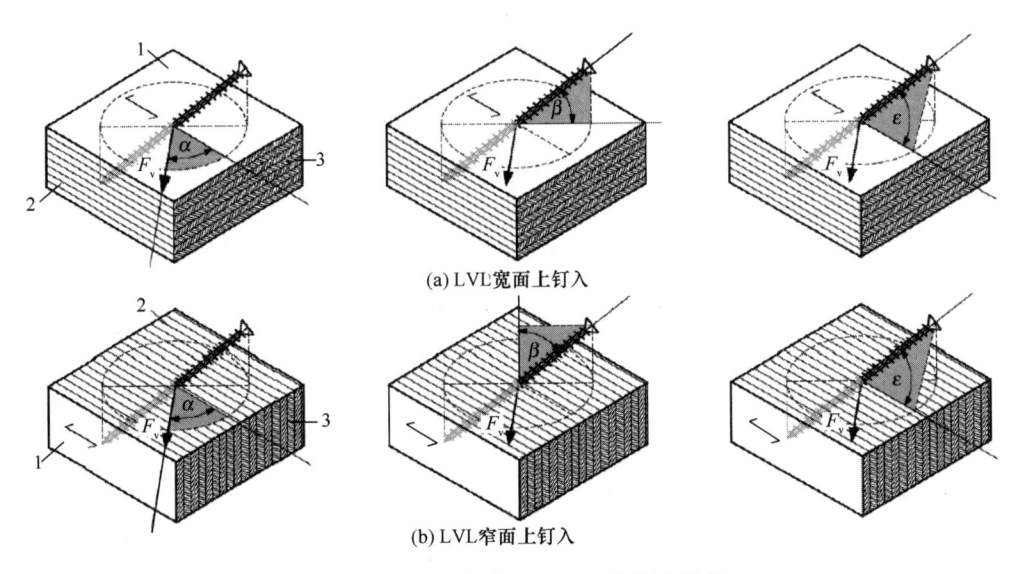

(a) LVL宽面上钉入

(b) LVL窄面上钉入

图 5.2.4 螺钉角度 α、β 和 ε 的位置示意

1—宽面；2—窄面；3—端面；α—侧向受力螺钉连接时荷载与木纹方向间的夹角；
β—螺钉钉杆与宽面间的夹角；ε—螺钉钉杆与木纹方向间的夹角

LVL-P 和 LVL-C 在不同侧面连接要求的间距、端距与边距分别见表 5.2.1~ 表 5.2.4：

(1) 表 5.2.1、表 5.2.2 为钉和螺钉螺纹外直径<12mm 时的间距、端距与边距；

（2）表 5.2.3 为螺栓和螺钉螺纹外直径≥12mm 时的间距、端距与边距；

（3）表 5.2.4 为销的间距、端距与边距。

图 5.2.5 和表 5.2.1 表示了轴向受力螺钉连接的间距、端距与边距以及具体取值。

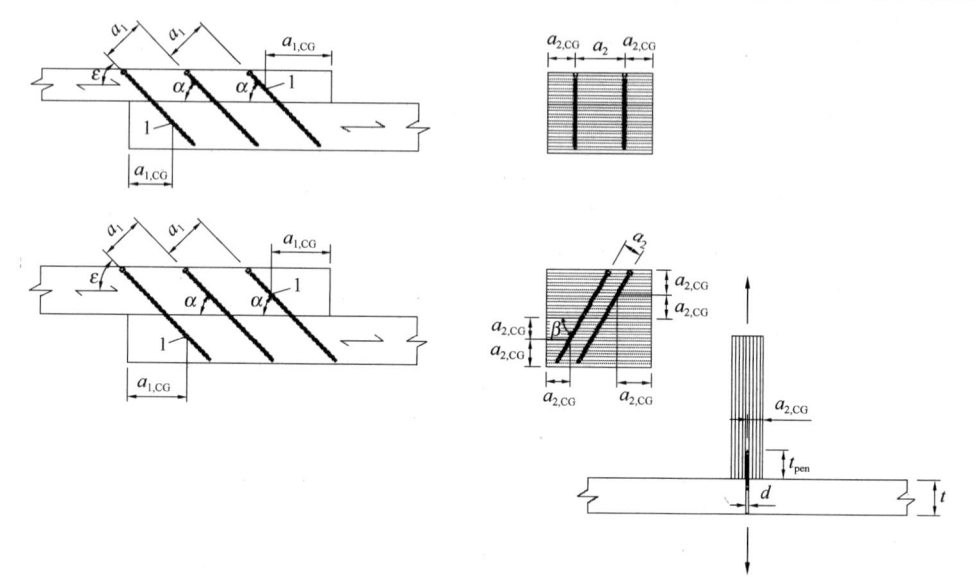

图 5.2.5　LVL 中轴向受力螺钉连接的间距、端距和边距以及角度 α、β 和 ε 的示意

α—剪切面和螺钉钉杆间的夹角；β—螺钉钉杆与宽面间的夹角；ε—螺钉钉杆与木纹方向间的夹角

螺纹外直径小于 12mm 的钉和螺钉的最小间距、端距与边距[1]　　　　　　　表 5.2.1

侧向受力时（图 5.2.1、图 5.2.2、图 5.2.4）

距离名称	角度 α	最小间距、端距与边距			
		无预钻孔			预钻孔
		LVL 或 GLVL 宽面	LVL 或 GLVL 窄面	LVL-C 或 GLVL-C 宽面[2]	
间距 a_1（顺纹）	$0° \leqslant \alpha \leqslant 360°$	$d<5\text{mm}$ 时：$(5+5|\cos\alpha|)d$ $d \geqslant 5\text{mm}$ 时：$(5+7|\cos\alpha|)d$	$(7+8|\cos\alpha|)d$	$(5+2|\cos\alpha|)d$	$(4+|\cos\alpha|)d$
间距 a_2（横纹）	$0° \leqslant \alpha \leqslant 360°$	$5d$	$7d$	$5d$	$(3+|\sin\alpha|)d$
端距 $a_{3,t}$（受力端）	$-90° \leqslant \alpha \leqslant 90°$	$(10+5\cos\alpha)d$	$(15+5\cos\alpha)d$	$(4+3\cos\alpha)d$	$(7+5\cos\alpha)d^3$
端距 $a_{3,c}$（非受力端）	$90° \leqslant \alpha \leqslant 270°$	$10d$	$15d$	$5d$	$7d^4$
边距 $a_{4,t}$（受力边）	$0° \leqslant \alpha \leqslant 180°$	$d<5\text{mm}$ 时：$(5+2\sin\alpha)d$ $d \geqslant 5\text{mm}$ 时：$(5+5\sin\alpha)d$	$d<5\text{mm}$ 时：$(7+2\sin\alpha)d$ $d \geqslant 5\text{mm}$ 时：$(7+5\sin\alpha)d$	$(4+3\sin\alpha)d$	$d<5\text{mm}$ 时：$(3+2\sin\alpha)d$ $d \geqslant 5\text{mm}$ 时：$(3+4\sin\alpha)d$

续表

距离名称	角度 α	最小间距、端距与边距			
		无预钻孔			预钻孔
		LVL 或 GLVL 宽面	LVL 或 GLVL 窄面	LVL-C 或 GLVL-C 宽面[2]	
边距 $a_{4,c}$ （非受力边）	180°≤α≤360°	5d	7d	3d	3d
轴向受力时（图 5.2.4、图 5.2.5）					
间距 a_1（顺纹）		7d	10d	7d	7d
间距 a_2（横纹）		5d	5d	5d	5d
构件中螺钉的螺纹部分的重心的最小端距 $a_{1,CG}$		10d	12d	10d	10d
构件中螺钉的螺纹部分的重心的最小边距 $a_{2,CG}$		4d	4d	4d	4d

注：1. EN 1995-1-1：2004 "欧洲规范 5" 的限值 d_{ef}<6mm，对应于 9mm 的螺纹外直径；

2. 当钉尖穿透长度小于 10d 时，规则适用于柱 LVL 或 GLVL 宽面；

3. 对于 LVL-C 或 GLVL-C 宽面和钉尖穿透长度至少为 10d 时：取 (4+3cosα)d；

4. 对于 LVL-C 或 GLVL-C 宽面和钉尖穿透长度至少为 10d 时：取 5d。

连接位于窄面的钉和螺钉的最大直径 d（mm） 表 5.2.2

LVL 厚度	侧向受力连接			轴向受力连接	图示
	无预钻孔 $a_{4,c}$≥7d	预钻孔 $a_{4,c}$≥3d		$a_{2,CG}$≥4d	
	钉和螺钉	钉	螺钉	螺钉	
27mm	1.9	4.5	4.5	3.4	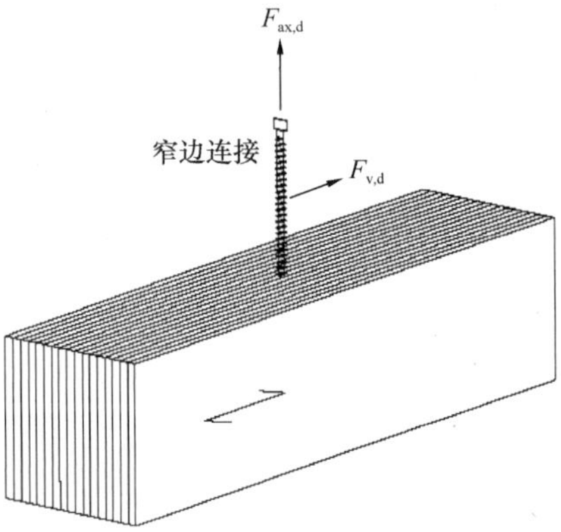
33mm	2.4	5.5	5.5	4.1	
39mm	2.8	6.5	6.5	4.9	
45mm	3.2	7.5	7.5	5.6	
51mm	3.6	8.0	8.5	6.4	
57mm	4.1	8.0	9.5	7.1	
63mm	4.5	8.0	10.5	7.9	
69mm	4.9	8.0	11.5	8.6	
75mm	5.4	8.0	12.0	9.4	

最大螺纹外直径大于 12mm 且预钻孔的螺栓和螺钉的最小间距、端距和边距[1] 表 5.2.3

侧向受力时（图 5.2.1、图 5.2.2、图 5.2.4）

间距或距离名称	角度 α	最小间距或端距/边距	
		LVL-P/GLVL-P 或 LVL-C/GLVL-C 侧面	LVL-C/GLVL-C 宽面
间距 a_1（顺纹）	$0°\leqslant\alpha\leqslant360°$	$(4+3\mid\cos\alpha\mid)\,d$[2]	$4d$
间距 a_2（横纹）	$0°\leqslant\alpha\leqslant360°$	$4d$	$4d$
端离 $a_{3,t}$（受力端）	$-90°\leqslant\alpha\leqslant90°$	max（$7d$；105mm）[3]	max（$4d$；60mm）[4]
端离 $a_{3,c}$（非受力端）	$90°\leqslant\alpha\leqslant150°$	$(1+6\sin\alpha)\,d$	$4d$
	$150°\leqslant\alpha\leqslant210°$	$4d$	$4d$
	$210°\leqslant\alpha\leqslant270°$	$(1+6\sin\alpha)\,d$	$4d$
距离 $a_{4,t}$（受力边）	$0°\leqslant\alpha\leqslant180°$	max［$(2+2\sin\alpha)\,d$；$3d$］	max［$(2+2\sin\alpha)\,d$；$3d$］
距离 $a_{4,c}$（非受力边）	$180°\leqslant\alpha\leqslant360°$	$3d$	$3d$

双剪抗弯连接的环形排列时（图 5.2.3）

间距、端距 与边距名称	最小间距或端距/边距		
	LVL-P、GLVL-P 宽面	LVL-C、GLVL-C 宽面	边部构件：LVL-C、GLVL-C 宽面 中部构件：LVL-P、GLVL-P 或 LVL-C 宽面
a_1（环周间距）	$6d$	$4d$	$5d$
a_2（环间间距）	$5d$	$4d$	$5d$
$a_{3,t}$（受力端）	$6d$	$4d$	中部构件 $6d$ 边部构件 $4d$
$a_{4,t}$（受力边）	$4d$	$3d$	中部构件 $4d$ 边部构件 $3d$

注：1. EN 1995-1-1：2004 "欧洲规范 5" 的限值 $d_{ef}<6mm$，对应于 9mm 的螺纹外直径；

　　2. 当 $f_{h,0,k}$ 乘以 $\sqrt{a_1/(4+3\mid\cos\alpha\mid)\,d}$，则最小间距 a_1 可减小到 $5d$；

　　3. 当 $f_{h,0,k}$ 乘以 $a_{3,t}/105mm$，则对于 $d<15mm$ 时，最小端距 $a_{3,t}$ 可减小到 $7d$；

　　4. 当 $f_{h,0,k}$ 乘以 $a_{3,t}/60mm$，则对于 $d<15mm$ 时，最小端距 $a_{3,t}$ 可减小到 $4d$。

直径为 6mm～30mm 的销的最小间距、端距和边距　　　　表 5.2.4

间距或距离名称 （图 5.2.1～图 5.2.4）	角度 α	最小间距或端距/边距	
		LVL-P/GLVL-P 或 LVL-C/GLVL-C 侧面	LVL-C/GLVL-C 宽面
间距 a_1（顺纹）	$0°\leqslant\alpha\leqslant360°$	$(4+3\mid\cos\alpha\mid)\,d$[1]	$4d$
间距 a_2（横纹）	$0°\leqslant\alpha\leqslant360°$	$3d$	$4d$
端距 $a_{3,t}$（受力端）	$-90°\leqslant\alpha\leqslant90°$	max（$7d$；105mm）[2]	max（$4d$；60mm）[3]

间距或距离名称 (图 5.2.1～图 5.2.4)	角度 α	最小间距或端距/边距	
		LVL-P/GLVL-P 或 LVL-C/GLVL-C 侧面	LVL-C/GLVL-C 宽面
端距 $a_{3,c}$（非受力端）	$90°\leqslant α\leqslant150°$ $150°\leqslant α\leqslant210°$ $210°\leqslant α\leqslant270°$	$a_{3,t} \mid \cosα \mid$ $3d$ $a_{3,t} \mid \cosα \mid$	$(3+\mid \cosα \mid)d$
边距 $a_{4,t}$（受力边）	$0°\leqslant α\leqslant180°$	$\max[(2+2\sinα)d; 3d]$	$\max[(2+2\sinα)d; 3d]$
边距 $a_{4,c}$（非受力边）	$180°\leqslant α\leqslant360°$	$3d$	$3d$

注：1. 当 $f_{h,0,k}$ 乘以 $\sqrt{a_1/(4+3\mid\cosα\mid)d}$，则最小间距 a_1 可减小到 $5d$；

2. 当 $f_{h,0,k}$ 乘以 $a_{3,t}/105mm$，则对于 $d<15mm$，最小端距 $a_{3,t}$ 可以减小到 $7d$；

3. 当 $f_{h,0,k}$ 乘以 $a_{3,t}/60mm$，则对于 $d<15mm$，最小端距 $a_{3,t}$ 可减小到 $4d$。

5.3 连接的木材破坏模式

5.3.1 连接的作用力与面层单板木纹成角度时造成的木材劈裂风险

当连接中的力与木纹成一定角度作用时（图 5.3.1），应考虑横纹拉力分量 $F_{Ed}\cdot\sinα$ 引起劈裂的可能性。对于结构用木材、胶合木和 LVL-P 应满足以下条件：

$$F_{v,Ed} \leqslant F_{90,Rd} \qquad\qquad (5.3.1)(EC5\ 8.2)$$

式中：$F_{90,Rd}$——抗劈裂承载力设计值。

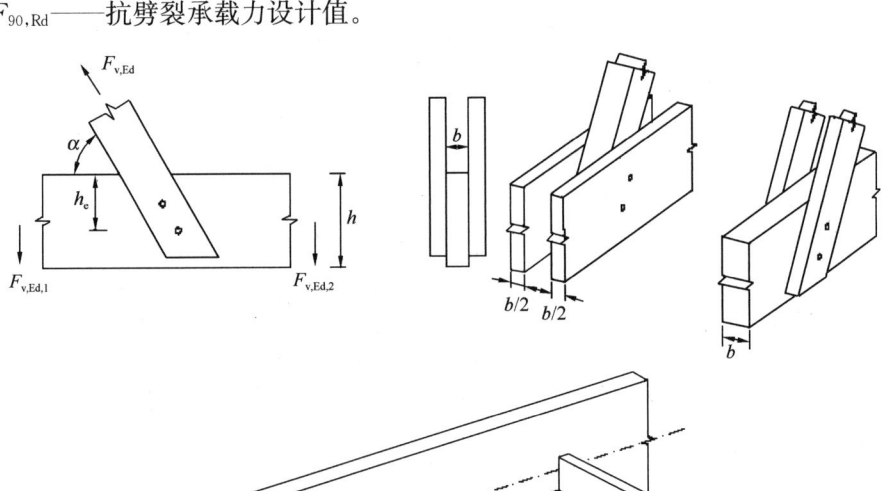

图 5.3.1 连接传递的斜向力（从 EC5 图 8.1 修改）

$$F_{v,Ed} \leqslant \max \begin{cases} F_{v,Ed,1} \\ F_{v,Ed,2} \end{cases} \qquad (5.3.2)(EC5\ 8.3)$$

式中：$F_{v,Ed,1}$、$F_{v,Ed,2}$——由横纹连接力分量（$F_{Ed} \cdot \sin\alpha$）引起的连接两侧的剪力设计值。

根据本指南第 4.1.6 节中公式（4.1.3），抗劈裂承载力应按该公式表示的抗劈裂承载力标准值计算。对于针叶材，图 5.3.1 所示布置的开裂承载力标准值应为：

$$F_{90,Rk} \leqslant 14b \sqrt{\dfrac{h_e}{\left(1 - \dfrac{h_e}{h}\right)}} \qquad (5.3.3)(EC5\ 8.4)$$

式中：$F_{90,Rk}$——抗劈裂承载力标准值（N）；

　　　h_e——最远的紧固件中心与受力边缘的边距（mm）；

　　　h——木构件的截面高度（mm）；

　　　b——木构件截面宽度，但不大于紧固件的钉入深度（mm）。

对于 LVL-C 宽面上的连接，因横向单板的存在，连接力与木纹成一定角度时对劈裂不敏感，因此无须按公式（5.3.3）进行验算。

5.3.2　防止劈裂或行剪破坏的紧固件有效数量

为了防止劈裂或行剪破坏模式，在 LVL 构件受拉端的螺栓、销和 $d > 12\text{mm}$ 的螺钉连接，应采用紧固件的有效数量 n_{ef} 进行设计。对于顺纹方向的一行含 n_i 个紧固件的情况，应采用紧固件的有效数量 n_{ef}，按下列公式计算顺纹承载力：

$$n_{ef} = \min \begin{cases} n_i \\ n_i^{0.9} \sqrt[4]{\dfrac{a \cdot t}{50 \cdot d^2}} \end{cases} \qquad (5.3.4)$$

$$a = \begin{cases} \min(a_1; a_3),\text{当 } n_i \geqslant 2 \\ a_3,\text{当 } n_i = 1 \end{cases} \qquad (5.3.5)$$

$$t = \begin{cases} \min(t_1; t_2),\text{当外部仅为木结构时} \\ \min(2t_1; 2t_2; t_s),\text{当与两个和多个剪切连接时} \end{cases} \qquad (5.3.6)$$

式中：n_i——第 i 行的紧固件数量；

　　　d——紧固件的有效直径，螺钉则为 d_{ef}；

　　　a_1——顺纹方向紧固件的间距；

　　　a_3——紧固件的端距；

t_1、t_2——外部木构件的厚度（如果外部构件不是木材，则忽略不计）；

　　　t_s——双剪连接的中部构件的厚度或多剪连接的中部构件的最小厚度。

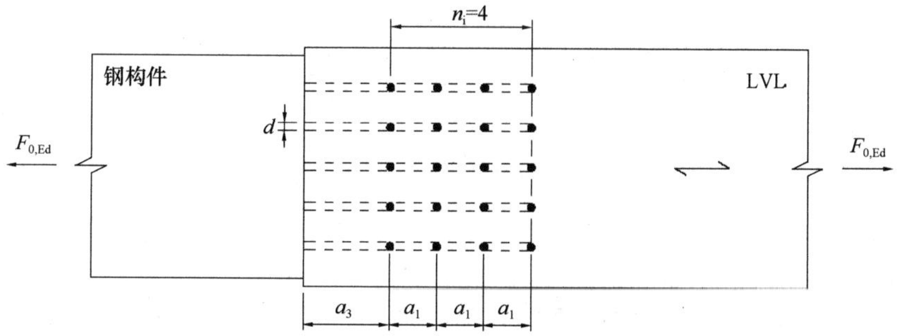

图 5.3.2　行剪破坏模式

5.3.3 多销类钢-木连接的木构件块体剪切破坏与塞头剪切破坏

对于钢-木连接、双剪木-木连接或多剪木-木连接的受拉构件端部，应进行端部连接的块体剪切破坏和塞头剪切破坏的验算（图 5.3.3）。可按"欧洲规范 5"的芬兰手册：RIL 205-1-2009 第 8.2.4S 节中介绍的方法，进行连接区域的木材抗力计算。此外，为了防止劈裂和行剪破坏，尚应按本指南第 5.3.2 节考虑紧固件的有效数量 n_{ef}。这种方法不能用于 LVL 窄面的连接。

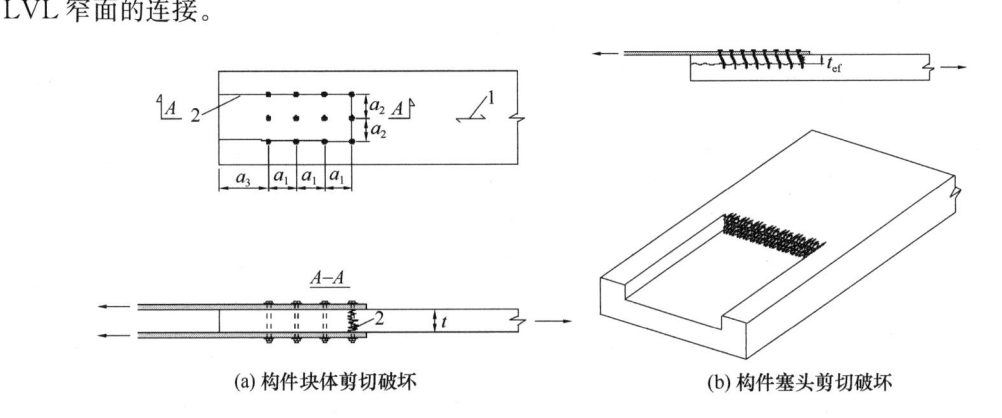

(a) 构件块体剪切破坏　　　　　　　　　　(b) 构件塞头剪切破坏

图 5.3.3　端部连接木构件破坏示意
1—木纹方向，2—破坏线

应验算受拉构件端部在与木纹平行的力作用下木材的破坏。木材破坏形式有两种：木构件端部连接部位块体剪切破坏和塞头剪切破坏。

（1）螺栓连接和销连接以及螺钉由中部构件的两侧钉入且相重叠的螺钉连接，需验算块体剪切破坏。

（2）采用表面类紧固件（圆钉、螺钉、钉板和剪板）的钢-木连接，应验算塞头剪切破坏。当销长度小于被连接构件的总厚度时，也应验算外侧层板的塞头剪切破坏。对于 LVL-C 宽面采用螺栓和销连接，均应验算木构件端部块体剪切和塞头剪切破坏。

（3）当所有紧固件位于平行于木纹的同一行时（$n_2 = 1$），不需验算木构件端部块体剪切破坏和塞头剪切破坏。

（4）如果钢-木连接中木构件 t_1 由两侧贯入紧固件，且有效厚度 $t_{ef} \geqslant 0.5t_1$，应验算木构件的块体剪切破坏。

（5）对于螺栓连接和销连接存在以下情况时，不需验算块体剪切破坏：

1）构件厚度为 $t_1 \geqslant 4d$，$t_s \geqslant 5d$（中部构件）；

2）顺纹方向每行最多 4 个紧固件；

3）横纹方向，螺栓间距 $a_2 \geqslant 5d$ 或销间距 $a_2 \geqslant 4d$，见图 5.3.3。

采用下列公式计算塞头剪切承载力标准值：

$$F_{ps,k} = L_{net,t} \cdot \{t_{ef} \cdot f_{t,0,k} + [a_3 + (n_1 - 1)] \cdot a_1 \cdot f_{v,0,k}\} \tag{5.3.7}$$

$$L_{net,t} = (n_2 - 1) \cdot (a_2 - D) \tag{5.3.8}$$

$$t_{ef} = \frac{R_k}{d \cdot f_{h,0,k}} \tag{5.3.9}$$

式中：$f_{\mathrm{h,0,k}}$——销槽承压强度标准值（N/mm²），按本指南第5.5.1节或5.6节确定；

$\quad\quad n_1$——顺纹一行中紧固件的数量；

$\quad\quad n_2$——横纹方向紧固件的行数；

$\quad\quad a_1$——顺纹方向一行中紧固件的间距（mm）；

$\quad\quad a_2$——横纹方向一列中紧固件的间距（mm）；

$\quad\quad a_3$——紧固件的端距（mm）；

$\quad\quad D$——预留孔的直径（mm）；

$\quad\quad f_{\mathrm{t,0,k}}$——木构件的顺纹抗拉强度标准值（N/mm²）；LVL 48P 为 35N/mm²，LVL 36C 为 19N/mm²；

$\quad\quad f_{\mathrm{v,0,k}}$——木构件的顺纹抗剪强度标准值（N/mm²）；宽面连接时，LVL 48P 的 $f_{\mathrm{v,0,flat,k}}$ 为 2.3N/mm²，而 LVL 36C 为 1.3N/mm²；

$\quad\quad R_{\mathrm{k}}$——紧固件的每个剪切面的承载力标准值（N）；

$\quad\quad d$——紧固件直径（mm）。

按下式计算木构件块体剪切承载力标准值：

$$F_{\mathrm{bt,k}} = L_{\mathrm{net,t}} \cdot t_1 \cdot k_{\mathrm{bt}} \cdot f_{\mathrm{t,0,k}} \tag{5.3.10}$$

式中：$L_{\mathrm{net,t}}$——由公式（5.3.8）计算；

$\quad\quad k_{\mathrm{bt}}$——实木和胶合木取 1.50，LVL 取 1.25；

$\quad\quad t_1$——木构件的厚度（$t_1 \leqslant 2t_{\mathrm{ef}}$）（mm）。

按下列公式计算 LVL-C 构件的块体剪切承载力标准值：

$$F_{\mathrm{bt,k}} = \max \begin{cases} L_{\mathrm{net,t}} \cdot t_1 \cdot f_{\mathrm{t,0,k}} + 0.7 \cdot L_{\mathrm{net,v}} \cdot t_1 \cdot f_{\mathrm{v,k}} \\ L_{\mathrm{net,t}} \cdot t_1 \cdot k_{\mathrm{bt}} \cdot f_{\mathrm{t,0,k}} \end{cases} \tag{5.3.11}$$

$$L_{\mathrm{net,v}} = 2 \cdot [a_3 + (n_1 - 1) \cdot (a_1 - D)] \tag{5.3.12}$$

式中：$f_{\mathrm{v,k}}$——窄面剪切强度标准值（N/mm²）；LVL36C 的 $f_{\mathrm{v,0,edge,k}} = 4.5$N/mm²。

LVL 供应商在其技术手册中也有更详细的说明。

5.4 钉连接

"欧洲规范5"中第8.3节中提供了有关钉连接的规定。除这些规定外，还应符合下列规定：

（1）当钉的直径 $d > 6$mm 时，LVL 构件应预钻孔；

（2）对于横纹方向排列的直径不超过为8mm的圆钉，按以下规定计算 LVL 的销槽承压强度标准值：

1）针叶材 LVL 或 GLVL 不采用预钻孔时：

$$f_{\mathrm{h,k}} = \frac{0.082 \cdot \rho_{\mathrm{k}} \cdot d^{-0.3}}{k_{\mathrm{C}} \cdot \cos^2\beta + \sin^2\beta} \tag{5.4.1}$$

2）针叶材 LVL 或 GLVL 采用预钻孔时：

$$f_{\mathrm{h,k}} = \frac{0.082 \cdot (1 - 0.01d) \cdot \rho_{\mathrm{k}}}{k_{\mathrm{C}} \cdot \cos^2\beta + \sin^2\beta} \tag{5.4.2}$$

$$k_{\mathrm{C}} = \begin{cases} 1, \text{对于 LVL-P 和 GLVL-P} \\ \min \begin{cases} \dfrac{d}{(d-2)}, \text{对于 LVL-C 和 GLVL-C} \\ 3 \end{cases} \end{cases} \qquad (5.4.3)$$

式中：ρ_{k}——密度标准值（kg/m³）；

β——圆钉轴线与 LVL 宽面之间的夹角；

d——钉直径（mm）。

（3）为防止劈裂破坏，对于顺纹布置成一行的 n 个钉，除该行钉在横纹方向至少按 $1d$ 的距离错列布置外，顺纹承载力应采用紧固件的有效数量 $n_{\mathrm{ef}} = n^{k_{\mathrm{ef}}}$ 计算（见"欧洲规范 5"中第 8.1.2 节（4）的规定）。"欧洲规范 5"中表 8.1 的系数 k_{ef} 适用于 LVL-P 宽面上的连接。对于 LVL-C 宽面上的连接 $k_{\mathrm{ef}} = 1$，对于 LVL 或 GLVL 窄面上的连接，系数 k_{ef} 按下式确定：

$$k_{\mathrm{ef}} = \min \begin{cases} 1 \\ 1 - 0.03(20 - a_1/d) \end{cases} \qquad (5.4.4)$$

（4）对于 LVL 或 GLVL 窄面上预钻孔的连接，光面圆钉钉尖的穿透长度至少应为 $12d$。

（5）LVL 构件厚度：

1）当木构件的厚度小于按公式（5.4.5）确定的厚度 t 时，在 LVL-P 或 GLVL-P 宽面的钉连接应预钻孔。

$$t = \max \begin{cases} 7d \\ (13d - 30) \dfrac{\rho_{\mathrm{k}}}{400} \end{cases} \qquad (5.4.5)$$

式中：t——不需要预钻孔的木构件最小厚度（mm）；

ρ_{k}——木材的密度标准值（kg/m³）；

d——圆钉直径（mm）。

2）对于 LVL-C 或 GLVL-C 的宽面钉连接，可不考虑公式（5.4.5）的规定。

3）当木构件在钉连接方向上的厚度小于按公式（5.4.6）确定的厚度 t 时，在 LVL 或 GLVL 窄面的钉连接应预钻孔。

$$t = \max \begin{cases} 14d \\ (13d - 30) \dfrac{\rho_{\mathrm{k}}}{200} \end{cases} \qquad (5.4.6)$$

4）对于边距 $a_4 \geqslant 14d$，可以用公式（5.4.6）替代公式（5.4.5）进行计算。

（6）轴向受力的钉连接中，对于未预钻孔，并且钉尖穿透长度至少为 $12d$ 的光面圆钉，圆钉的抗拔强度标准值 $f_{\mathrm{ax,k}}$ 和钉帽拉穿强度标准值 $f_{\mathrm{head,k}}$ 应由下列各式确定：

对于 LVL 和 GLVL 的宽面连接：

$$f_{\mathrm{ax,k}} = 20 \cdot 10^{-6} \cdot \rho_{\mathrm{k}}^2 \qquad (5.4.7)$$

对于 LVL 和 GLVL 的窄面连接，并且 $\rho_{\mathrm{k}} \geqslant 480 \mathrm{kg/m^3}$：

$$f_{\mathrm{ax,k}} = 0.32 \cdot d + 0.8 \qquad (5.4.8)$$

$$f_{\mathrm{head,k}} = 70 \cdot 10^{-6} \rho_{\mathrm{k}}^2 \qquad (5.4.9)$$

式中：ρ_k——密度标准值（kg/m^3）。

但光滑圆钉不能用于抵抗永久或长期作用的轴向力。

下列信息应从圆钉供应商的产品说明中获取：

① 屈服弯矩标准值 $M_{y,k}$（N·mm）；

② 抗拔强度标准值 $f_{ax,k}$（N/mm^2）；

③ 钉帽拉穿强度标准值 $f_{head,k}$（N/mm^2）；

④ 抗拉强度标准值 $f_{tens,k}$（kN）；

⑤ 钉直径（mm）；

⑥ 钉帽面积（mm^2）；

⑦ 钉长度（mm）；

⑧ 对于螺纹钉，螺纹部分的长度（l_g）和钉尖的长度（l_p）。

5.5 螺钉连接

"欧洲规范 5"中第 8.7 节给出了螺钉连接的设计要求。本节中介绍的内容与"欧洲规范 5"中的要求有某些不同之处，以便改进 LVL 的连接设计。螺钉供应商在其欧洲技术评估（ETA）和产品的性能声明书（DoP）中，也会有其专门的设计说明。除非其直接引用了欧洲规范，这类说明只能作为各供应商的特定文件，区别对待。

以下信息应从螺钉供应商的产品的性能声明书（DoP）中获取：

① 屈服弯矩标准值 $M_{y,k}$（N·mm）；

② 抗拔强度标准值 $f_{ax,k}$（N/mm^2）；

③ 钉帽拉穿强度标准值 $f_{head,k}$（N/mm^2）；

④ 抗拉强度标准值 $f_{tens,k}$（kN）；

⑤ 螺钉螺纹外直径 d（mm）；

⑥ 螺钉内螺纹直径 d_1（mm）；

⑦ 螺钉帽直径 d_h（mm）；

⑧ 螺钉长度 l（mm）；

⑨ 螺纹长度 l_g（mm）。

5.5.1 LVL 连接中侧向受力螺钉

本节介绍有关 LVL 的具体要求的基础是，提交至 CEN/TC250/SC5 的关于符合"欧洲规范 5"中 LVL 设计规则的建议讨论稿，且部分内容不同于"欧洲规范 5"。当由螺钉屈服弯矩按欧洲标准 EN14592 确定连接的承载能力时，应考虑螺杆螺纹部分的影响。应采用螺纹外径 d 确定销槽承压强度、间距、边距和端距以及螺钉的有效数量。

【注】在"欧洲规范 5"中，销槽承压强度是根据有效直径 d_{ef} 而不是螺纹外直径 d 确定的。

对于光面螺杆螺钉，光面螺杆的屈服弯矩可用于发生在光面螺杆段的塑性铰。如果光面螺杆段穿透构件的长度（含螺钉尖端）不小于 $4d$，除进行详细的分析外，可以采用光面螺杆的屈服弯矩。

除本节中另有说明外，对螺栓的规定适用于预钻孔 LVL/GLVL 构件中外径 $d>12mm$

的螺钉。销槽承压强度 $f_{h,k}$ 应按下式确定：

$$f_{h,k} = \frac{0.082 \cdot (1-0.01d)\rho_k}{(k_{90} \cdot \sin^2\alpha + \cos^2\alpha) \cdot (k_C \cdot \cos^2\beta + \sin^2\beta) \cdot (2.5 \cdot \cos^2\varepsilon + \sin^2\varepsilon)} \quad (5.5.1)$$

式中：d——螺钉的螺纹外直径（mm）；

ρ_k——木材密度标准值（kg/m³）；

α——荷载与木纹方向之间的夹角（图 5.2.4）；对于针叶材 LVL-C/GLVL-C 且 $\alpha >$ 45°时，α 可假定为 45°；

β——螺钉钉杆与 LVL 宽面的夹角（图 5.2.4）；

ε——螺钉钉杆与木纹方向的夹角（图 5.2.4）；

k_{90}——系数，对于针叶材 LVL/GLVL 按下式取值：

$$k_{90} = 1.15 + 0.015 \quad (5.5.2)$$

k_C——系数，按下式确定：

$$k_C = \max \begin{cases} \dfrac{d}{d-2} （用于针叶材 LVL） \\ 1.15 \end{cases} \quad (5.5.3)$$

除本节另有说明外，对圆钉的相关规定适用于直径 $d \leqslant 12m$ 的螺钉或未预钻孔木材及 LVL/GLVL 构件中的螺钉。销槽承压强度应按下列公式确定：

（1）针叶材 LVL 或 GLVL 未预钻孔：

$$f_{h,k} = \frac{0.082 \cdot \rho_k \cdot d^{-0.3}}{(k_C \cdot \cos^2\beta + \sin^2\beta) \cdot (2.5 \cdot \cos^2\varepsilon + \sin^2\varepsilon)} \quad (5.5.4)$$

（2）针叶材 LVL 或 GLVL 已预钻孔：

$$f_{h,k} = \frac{0.082 \cdot (1-0.01d)\rho_k}{(k_C \cdot \cos^2\beta + \sin^2\beta) \cdot (2.5 \cdot \cos^2\varepsilon + \sin^2\varepsilon)} \quad (5.5.5)$$

其中：

$$k_C = \begin{cases} 1，用于 LVL-P 和 GLVL-P \\ \max \begin{cases} \dfrac{d}{d-2}，用于 LVL-C 和 GLVL-C \\ 3 \end{cases} \end{cases} \quad (5.5.6)$$

5.5.2 轴向受力螺钉

根据欧洲标准 EN 14592，用于针叶材或 LVL/GLVL 连接的 $\varepsilon \geqslant 15°$ 的螺钉应符合下列要求：

（1）6mm $\leqslant d \leqslant$ 12mm（d 是螺纹外直径）；

（2）0.6 $\leqslant d_1/d \leqslant$ 0.75（d_1 是螺纹内直径）。

抗拔承载力标准值应按下列公式确定：

$$F_{ax,\varepsilon,Rk} = \frac{n_{ef} \cdot k_{ax} \cdot f_{ax,90,k} \cdot d \cdot l_{ef}}{k_\beta} \left(\frac{\rho_k}{\rho_a}\right)^{0.8} \quad (5.5.7)$$

$$k_{ax} = \begin{cases} 0.5 + \dfrac{0.5\varepsilon}{45°}，当 15° \leqslant \varepsilon < 45° 时 \\ 1，\qquad\qquad 当 45° \leqslant \varepsilon \leqslant 90° 时 \end{cases} \quad (5.5.8)$$

$$k_\beta = 1.5 \cdot \cos^2\beta + \sin^2\beta \tag{5.5.9}$$

式中：$F_{ax,\varepsilon,Rk}$——与木纹成一定角度 ε 连接的抗拔承载力标准值（N）；

$f_{ax,90,k}$——横纹抗拔强度标准值；按 EN14592 对相关密度 ρ_a 确定（N/mm²）；

n_{ef}——螺钉的有效数量，$n_{ef} = n^{0.9}$（n 是在连接中共同作用的螺钉数量）；

k_{ax}——考虑螺钉钉杆与木纹方向夹角 ε 和长期作用的影响系数；

l_{ef}——螺纹部分的穿透长度（mm）；

ρ_k——木材密度标准值（kg/m³）；

ρ_a——计算 $f_{ax,k}$ 的相关密度（kg/m³）；

k_β——考虑螺钉钉杆和 LVL 宽面夹角 β 影响的系数；

ε——螺钉钉杆与木纹方向的夹角；$\varepsilon \geqslant 15°$，见图 5.2.4；

β——螺钉钉杆与 LVL 宽面的夹角；$0° \leqslant \beta \leqslant 90°$，见图 5.2.4。

【注】螺钉或螺钉周围木材的破坏模式为脆性破坏，即极限变形最小，因此应力重新分配的可能性很低。

对于 LVL 中的螺钉，当 $\rho_a = 500$kg/m³，且针叶材 LVL/GLVL 中螺钉为 6mm $\leqslant d \leqslant$ 12mm 时，抗拔承载力标准值可以假定为 $F_{ax,90,k} = 15$N/mm²。

轴向受力螺钉连接的钉帽拉穿承载力标准值应按下式确定：

$$F_{ax,\varepsilon,Rk} = n_{ef} \cdot f_{head,k} \cdot d_h^2 \left(\frac{\rho_k}{\rho_a}\right)^{0.8} \tag{5.5.10}$$

式中：$F_{ax,\varepsilon,Rk}$——与木纹成一定角度 ε（$\varepsilon \geqslant$ 30°）连接的钉帽拉穿承载力标准值（N）；

$f_{head,k}$——根据 EN14592 对相关密度 ρ_a 确定的螺钉钉帽拉穿强度标准值；

d_h——螺钉帽直径（mm）。

5.5.3 斜螺钉连接

斜螺钉连接是 LVL 构件连接或 LVL 构件与其他木构件连接的有效方法。尽管连接传递的是剪力，但紧固件是轴向受力的。本节中内容是基于符合"欧洲规范 5"的芬兰手册（RIL205-1：2017）第 8.7.4S 节。

这些规则涉及图 5.5.1 所示的单剪连接设计，其中相对于剪切面的螺钉倾角 α 应在 30°～60°之间。螺钉是轴向受力的。如果受拉螺钉连接的钉帽在钢板上能完整承压，则图 5.5.1（b）所示连接钉帽侧的木构件（t_1）可替换为钢板。螺钉应采用自攻螺钉，且钉杆为全螺纹或部分螺纹，而光面部分直径 $d_s \leqslant$

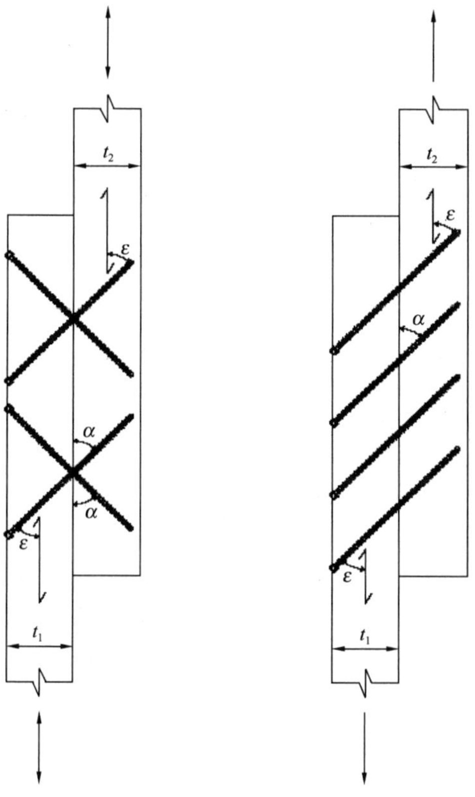

(a) 交叉螺钉连接　　(b) 受拉螺钉连接

图 5.5.1　斜螺钉连接

0.8d（d 是螺纹外径）。

与"欧洲规范 5"不同的和补充性的连接类型，以及与欧洲规范不同规格的螺钉，可按欧洲技术评估报告（ETA）采用。

1. 交叉螺钉连接

交叉螺钉连接由对称的螺钉成对组成，见图 5.5.1（a），其中一个螺钉受压，另一个螺钉受拉。交叉螺纹连接的承载力标准值由下式计算：

$$R_k = n_p^{0.9}(R_{C,k} + R_{T,k})\cos\alpha \tag{5.5.11}$$

式中：n_p——连接中的螺钉对的数量；

α——螺钉钉杆与剪切平面的夹角（$30° \leqslant \alpha \leqslant 60°$），见图 5.5.1（a）。

螺钉的抗压承载力标准值由下式计算：

$$R_{C,k} = \min \begin{cases} f_{ax,\varepsilon,1,k} \cdot d \cdot l_{g,1} \\ f_{ax,\varepsilon,2,k} \cdot d \cdot l_{g,2} \\ 0.8 \cdot f_{tens,k} \end{cases} \tag{5.5.12}$$

螺钉的抗拔承载力标准值由下式计算：

$$R_{T,k} = \min \begin{cases} f_{ax,\varepsilon,1,k} \cdot d \cdot l_{g,1} + f_{head,k} \cdot d_h^2 \left(\dfrac{\rho_k}{\rho_a}\right)^{0.8} \\ f_{ax,\varepsilon,2,k} \cdot d \cdot l_{g,2} \\ f_{tens,k} \end{cases} \tag{5.5.13}$$

式中：$f_{ax,\varepsilon,1,k}$——连接构件中钉帽侧与木纹方向成角度 ε 的螺钉的抗拔强度标准值（N/mm^2）；

$\quad f_{ax,\varepsilon,2,k}$——连接构件中钉尖侧与木纹方向成角度 ε 的螺钉的抗拔强度标准值（N/mm^2）；

$\quad d$——螺纹外直径（mm）；

$\quad l_{g,1}$——钉帽侧构件中的螺纹部分的穿透长度（mm）；

$\quad l_{g,2}$——钉尖侧构件中的螺纹部分的穿透长度（mm）；

$\quad f_{tens,k}$——根据 EN 14592 确定的螺钉抗拉承载力标准值（N）；

$\quad f_{head}$——螺钉对于相关密度 ρ_a 的木材的钉帽拉穿强度标准值（N/mm^2）；

$\quad d_h$——钉帽直径（mm）；

$\quad \rho_k$——LVL 的密度标准值（kg/m^3）；

$\quad \rho_a$——木材计算 $f_{head,k}$ 的相关密度（kg/m^3）。

当梁中螺钉方向相对于木纹方向为 $\varepsilon = 90°$ 时（即使角度 β 在窄面和宽面之间倾斜），也不允许将钉帽的抗拉承载力叠加到梁上螺纹部分的抗拔承载力上。因此，螺钉的抗拔承载力标准值 $R_{T,k}$ 由下式计算：

$$R_{T,k} = \min \begin{cases} \max\left[f_{ax,90,1,k} \cdot d \cdot l_{g,1} \,; f_{head,k} \cdot d_h^2 \left(\dfrac{\rho_k}{\rho_a}\right)^{0.8} \right] \\ f_{ax,\varepsilon,2,k} \cdot d \cdot l_{g,2} \\ f_{tens,k} \end{cases} \tag{5.5.14}$$

抗拔强度 $f_{ax,\varepsilon,k}$ 应根据欧洲标准 EN 14592 和 EN 1382 提供试验确定，当与木纹成角度 ε，按下式确定：

$$f_{ax,\varepsilon,k} = \frac{k_{ax} \cdot f_{ax,90,k}}{1.5\cos^2\beta + \sin^2\beta}\left(\frac{\rho_k}{\rho_a}\right)^{0.8} \tag{5.5.15}$$

式中：β——螺钉钉杆与 LVL 宽面的夹角，$0° \leqslant \beta \leqslant 90°$，见图 5.2.4；

k_{ax}——根据本指南公式（5.5.8）计算；

ρ_k——LVL 的密度标准值（kg/m³）；

ρ_a——计算 $f_{ax,k}$ 的相关密度（kg/m³）；

$f_{ax,90,k}$——螺钉横纹抗拔强度标准值（N/mm²）。

螺钉的横纹抗拔强度标准值的确定，对于 LVL 中的螺钉，应根据欧洲标准 EN 14592 和 EN 1382 通过试验来确定；对于针叶材 LVL/GLVL，当 $\rho_a = 500\text{kg/m}^3$ 和螺钉直径为 $6\text{mm} \leqslant d \leqslant 12\text{mm}$ 时，可假定为 $f_{ax,90,k} = 15\text{N/mm}^2$。

2. 受拉螺钉连接

在仅由受拉螺钉组成的连接中，要求木构件之间保持接触。当木材干燥可能导致接触面间隙超过 $0.2d$ 的情况时，不应采用受拉螺钉连接方式。该间隙由 LVL 构件厚度方向螺钉长度（$L \cdot \sin\alpha$）内的木材收缩决定的。

受拉螺钉连接的承载力标准值 [图 5.5.1（b）]，可由下式计算：

$$R_k = n^{0.9}R_{T,k}(\cos\alpha + \mu \cdot \sin\alpha) \tag{5.5.16}$$

式中：n——连接中的螺钉数量；

$R_{T,k}$——抗拔承载力标准值；由公式（5.5.14）确定；

α——螺钉钉杆与剪切平面的夹角（$30° \leqslant \alpha \leqslant 60°$），见图 5.5.1（b）；

μ——构件之间的动摩擦系数；对于未防腐处理的 LVL 窄面、LVL-木材连接或木-木连接取为 0.26；对于钢-木连接取为 0.30；对于未经防腐处理的 LVL 宽面连接取为 0.40。

3. 斜钉连接的构造要求

当螺钉的直径 d 超过 8mm 或光面段直径 d_s 超过 6mm 时，应采用预钻孔。非自攻螺钉的预钻孔直径应为：$D = 0.5d \sim 0.7d$，但不应大于螺纹部分的内径 d_i。

构件的最小厚度应符合下式要求：

$$t = \max\begin{cases} 5d \\ (10d-30)\dfrac{\rho_k}{400} \end{cases} \tag{5.5.17}$$

式中：ρ_k——木材密度标准值（kg/m³）；

d——螺钉直径（mm）。

本指南表 5.2.1 中给出了一般情况下的间距、端距和边距要求。当成对的交叉螺钉中的受压、受拉螺钉沿顺纹方向分别单独成列时，上述要求仍然适用，即行距 a_2 为 $4d$，钉帽间沿顺纹方向错列的距离不应大于 $3t_1$（t_1 为钉帽侧木构件厚度）。

不同类型或尺寸的螺钉不能用于同一连接。所有螺钉在构件中的倾角 ε 和 β 应相同。螺钉相对于连接作用力需对称布置，并应钉入足够的深度，以使螺钉帽与构件表面完全接触。钉尖侧的最小穿入深度应为 $6d$。构件应压紧，无间隙。

LVL 供应商针对其产品应提供有关斜螺钉连接的具体说明。

5.6 螺栓连接和销连接

对于螺栓连接和销连接，设计规则为 LVL 宽面上的连接作出了明确规定。对于 LVL 连接的设计，除销槽承压强度计算外，其他均与"欧洲规范 5"第 8.5 节和第 8.6 节的要求相同。连接的构造要求由本指南第 5.2 节给出，连接中木材的破坏模式，则由本指南第 5.3 节给出。

宽面上直径不大于 30mm 的螺栓和销的侧向受力连接中，LVL 的销槽承压强度标准值应按下式计算：

$$f_{h,k} = \frac{0.082 \cdot (1 - 0.01d)\rho_k}{(k_{90} \cdot \sin^2\alpha + \cos^2\alpha) \cdot (k_C \cdot \cos^2\beta + \sin^2\beta)} \tag{5.6.1}$$

式中：ρ_k——木材密度标准值（kg/m³）；

α——荷载与木纹方向的夹角，对于针叶材 LVL-C/GLVL-C 且 $\alpha > 45°$，α 可假定为 45°；

β——螺栓栓杆与 LVL 宽面的夹角；

d——螺栓直径（mm）；

k_{90}——系数，对于针叶材 LVL/GLVL 取 $k_{90} = 1.15 + 0.015$；

k_C——系数，按下式确定：

$$k_C = \max \begin{cases} \dfrac{d}{d-2} \\ 1.15 \end{cases} \quad \text{用于针叶材 LVL/GLVL} \tag{5.6.2}$$

5.7 LVL 板与木框架的连接

LVL-C 板与木框架的连接可根据"欧洲规范 5"中木-木相连的规定采用常用紧固件进行设计（图 5.7.1）。连接承载力和框架的最小厚度要求取决于 LVL 板、紧固件和框架材料等综合因素。LVL-C 板与 LVL-P、胶合木或实木框架的连接承载力和尺寸要求见表 5.7.1，此表适用于荷载持续时间等级为瞬时荷载、短期荷载和中期荷载。

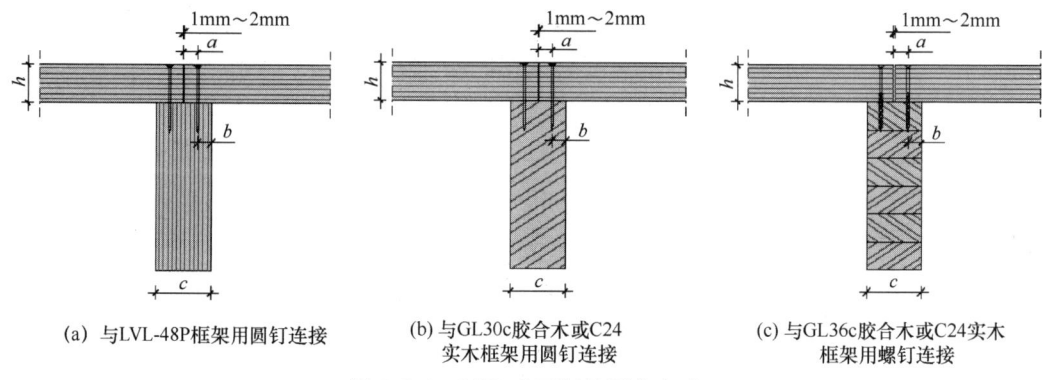

(a) 与 LVL-48P 框架用圆钉连接　　(b) 与 GL30c 胶合木或 C24　　(c) 与 GL36c 胶合木或 C24 实木
　　　　　　　　　　　　　　　实木框架用圆钉连接　　　　　框架用螺钉连接

图 5.7.1　LVL-C 面板的固定方式

155

LVL-C 板与 LVL-P、胶合木或实木框架连接的侧向承载力和尺寸要求　　表 5.7.1

连接种类	板厚度	钉直径或螺纹钉外径	钉或螺钉最小长度	板最小端距	梁的最小边距	框架梁最小宽度	连接的侧向承载力标准值
	h (mm)	d (mm)	L_{min} (mm)	$\geq a$ (mm)	$\geq b$ (mm)	$\geq c$ (mm)	R_k (N)
LVL36C 板采用圆钉与 LVL48P 框架连接 [图 5.7.1 (a)]	24	2.1	50	11	15	51	470
	27	2.5	60	13	18	63	600
	33	2.8	70	14	20	69	750
	45	3.1	90	16	22	75	900
	57	3.4	100	17	24	84	1000
	69	4.2	125	21	30	102	1500
LVL36C 板采用圆钉与 GL30c 或实木 C24 框架连接 [图 5.7.1 (b)]	24	2.1	50	11	11	45	440
	27	2.5	60	13	13	63	580
	33	2.8	70	14	14	63	700
	45	3.1	90	16	16	63	840
	57	3.4	100	17	17	75	950
	69	4.2	125	21	21	90	1350
LVL36C 板采用螺钉与 GL30c 或实木 C24 框架连接 [图 5.7.1 (c)]	24	4.5	60	23	23	100	1100
	27	5.0	70	25	25	115	1300
	33	5.0	70	25	25	115	1300
	45	6.0	90	30	30	140	1800
	57	7.0	100	35	35	165	2400
	69	8.0	120	40	40	165	3000

注：1. a 为板的端距，可取 $5d$，边距可取 $3d$；

　　2. b 为梁的边距，LVL 窄面取 $7d$，实木或胶合木取 $5d$；

　　3. 本表适用于荷载持续时间为瞬时、短期和中期持续时间等级。

5.8　特殊情况

　　许多齿板制造商已经测试了齿板用于 LVL-P 构件连接的锚固强度，其值与齿板用于 C30 结构木材的锚固强度相似，这些值已用于其桁架设计软件中。在齿板桁架中采用 LVL 下弦杆，以提高阁楼桁架楼盖部分的刚度，并在桁架的其余部分可能受火的情况下提高桁架整体的耐火性能。

　　通常，锚固装置通过 LVL 宽面上侧向受力的连接安装到 LVL 支撑板上。在 LVL 窄面上的植筋连接或植螺钉连接是锚固大型支撑板的有效方法。不过，这需要单独的测试和生产质量保证，并且在有些国家还需要单独的产品认证。窄面的植筋连接或植螺钉连接要求面板厚度至少为 66mm，以满足连接的边距要求。

第6章 防火性能

6.1 木材与火

　　木材和木制品，包括旋切板胶合木（LVL）都是可燃材料。当暴露于火焰中时，在270℃的温度下表面开始燃烧。但是，木材在低于400℃的温度下不会发生自燃。根据"欧洲规范5"（EN1995-1-2）的结构防火设计部分，木材表面温度达到300℃时，为木材炭化的起始点（图6.1.1）。

图 6.1.1　木材炭化

　　木制品的防火性能是完全可预测的，可以根据"欧洲规范5"的结构防火设计规范进行计算。燃烧会在木制品的表面形成一层炭化层。作为隔热层，炭化层可减缓燃烧并保护剩余的木截面，见图6.1.2（a）。木材燃烧时，炭化层下的温度明显下降，距炭化区15mm的温度低于100℃，见图6.1.2（b）。但是，燃烧炭化前所达到的高温已降低了木材的强度和刚度，见图6.1.3。这在结构防火设计中必须予以考虑。

　　对木材表面规定了防火性能的要求，以控制火焰在建筑物中蔓延的风险。这些规定为在腹面层和结构构件中采用可视的木材设定了界限。在某些情况下，经过阻燃处理或采用喷淋系统可以使更多可视的木结构用于建筑设计中。

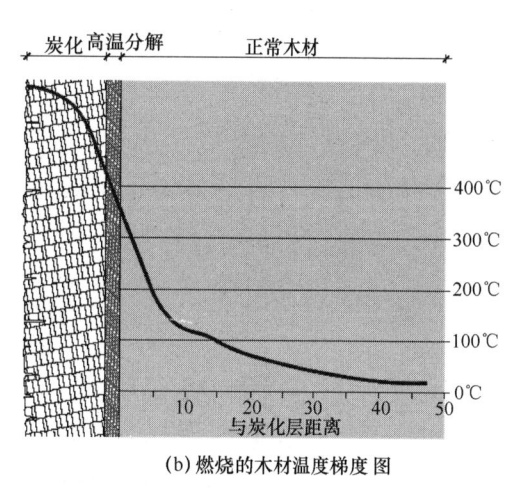

(a) 木材炭化层示意图　　　　(b) 燃烧的木材温度梯度图

图 6.1.2　木材的燃烧特性

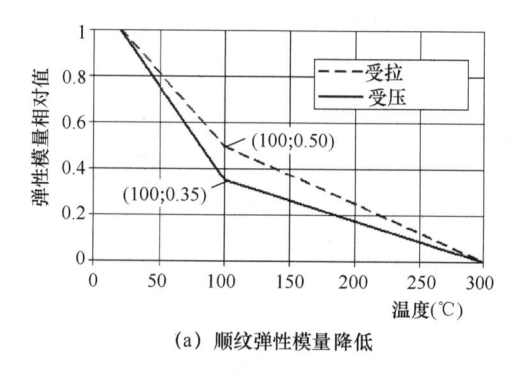
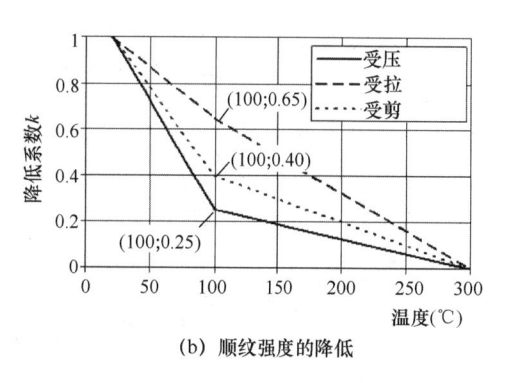

(a) 顺纹弹性模量降低　　　　(b) 顺纹强度的降低

图 6.1.3　温度对针叶材力学性能的影响

6.2　防火性能

在欧洲标准 EN 135011 规定的欧洲分级系统中，LVL 抗火等级为 D-s2，d0。当 LVL 密度大于 400 kg/m³ 且厚度不小于 18mm 时，此抗火等级可直接使用，而无须进一步测试。见"欧洲委员会授权法规（EU）2017/2293"（European Commission Delegated Regulation（EU）2017/2293）。

各国建筑法规对不同应用的抗火等级的要求作出了规定。一般来说，LVL 板及其结构在建筑中外露的条件，与其他实木制品相同。

在抗火等级的标识中，第一个字母（A～E）表示可燃性，其中 D 是特指木制品。第二个符号（s1～s3）表示产生烟雾的等级，第三个符号（d0～d3）表示燃烧滴落物的风险等级。LVL 的分级与大多数未经防火处理的木制品相似。有些制造商为了某些应用目的，根据单独的测试，规定其产品产生烟雾等级为 s1，这比典型的 s2 等级稍好。木制品的燃烧滴落物 d0 等级意味着不产生燃烧性滴液或颗粒。虽然欧洲分级体系自 2000 年初开始使用，但一些国家仍并行采用各自国家的分级系统。

可以通过阻燃处理或采用无机腹面板提高 LVL 的抗火等级，可达到 B-s1，d0，这是可燃材料的最高等级。阻燃剂主要是盐基化合物，通常具有吸湿性，这意味着它们能从周围的空气中吸收水分。因此，在产品的整个使用年限中，必须对阻燃处理的预期使用等级进行耐久性验证。

作为一项附加服务，LVL 制造商可以为其产品提供阻燃处理，有关详细信息见其产品说明。

6.3　防火能力 K 级的包覆

在建筑法规中作出了抗火能力等级为 K10～K60 的覆盖物的包覆规定，以保护底层产品免受损坏。当采用 LVL-C 板作为包覆层，且最小厚度符合表 6.3.1 时，LVL-C 板可达到这些规定的抗火能力等级。然而，在某些应用场合，只准许采用不可燃材料作为包覆层。

【注】达到 K 级抗火要求的包覆层，还要将其耐火时间一并考虑。

EN14374 规定的 LVL 的抗火能力性能等级　　　　表 6.3.1

产品	构　造	最小平均密度 （kg/m³）	板的最小厚度 （mm）	使用位置	K 等级
统一标准 EN 14374 中 包含的 LVL 产品	带或不带企口，单板厚度≥3mm，螺钉长度≥30mm，间距≤200mm	450	15	墙面 顶棚	K_2 10
	带或不带企口，单板厚度≥3mm，螺钉长度≥50mm，间距≤200mm	450	26		K_2 30
	带或不带企口，单板厚度≥3mm，螺钉长度≥75mm，间距≤200mm	450	52		K_2 60

注：1. LVL 板直接安装在基板上，无隔气层（根据 EN14135 要求刨花板 680kg/m³）；
　　2. LVL 板为直切边对接或企口接头，厚度与木材产品相同，无缝隙；
　　3. 当板的最小厚度 15mm，基板≥300kg/m³ 时，耐火等级为 K_1 10；
　　4. 该表已作为"欧洲委员会参考文件"的附件草案公布（2017）2463446-15/05/2017，待欧洲委员会授权条例正式发布。

6.4　LVL 结构抗火

LVL 结构的抗火能力可以根据"欧洲规范 5"（EN1995-1-2）及其国家附录的结构防火设计规范进行计算。设计采用的计算模型应反映火灾情况下结构的性能。

图 6.4.1 为炭化深度示意。图 6.4.1（a）为单侧火灾时面板或宽面的一维炭化深度 $d_{char,0}$。图 6.4.1（b）为双向炭化深度示意，其中考虑了一维炭化深度 $d_{char,0}$ 和截面转角处倒圆角的名义炭化深度 $d_{char,n}$。

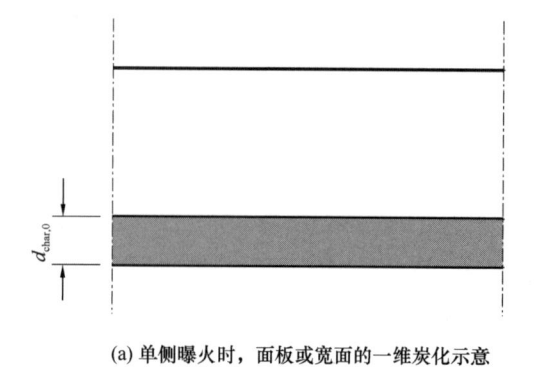

| (a) 单侧曝火时，面板或宽面的一维炭化示意 | (b) 考虑转角影响的炭化示意 |

图 6.4.1　炭化深度示意

（$d_{char,0}$ 为一维炭化深度，$d_{char,n}$ 为考虑转角影响的名义炭化深度）

6.4.1　抗火设计过程

抗火设计过程包括以下步骤：

1. 确定炭化深度

炭化深度是初始构件的外表面与炭化线位置之间的距离。炭化深度是根据曝火时间和相关炭化速率来计算的，炭化速率取决于结构材料以及结构上可能附加的保护层材料。初始截面尺寸减去曝火侧的炭化深度后，定义为构件的剩余截面。

2. 确定有效截面

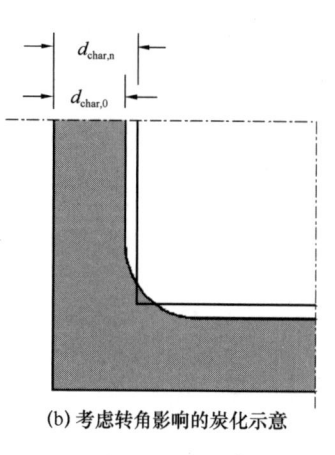

由于温度升高，木材的力学性能降低，通过采用零强度层考虑这种降低。曝火侧零强度层下剩余的残余截面定义为构件有效截面。有效截面是通过从初始截面中减去有效炭化深度 d_{ef} 来计算的，见图 6.4.2 和公式（6.4.1）。

$$d_{ef} = d_{char,n} + k_0 \cdot d_0$$

（6.4.1）（EC5 4.1）

图 6.4.2　残余截面和有效截面的示意

1—构件初始表面；2—剩余截面边界

3—有效截面边界

式中：d_0——7mm；

　　　$d_{char,n}$——名义设计炭化深度，按式（6.4.4）确定；

　　　k_0——当时间 $t<20$min 时，未受保护表面取 $t/20$；

　　　　　　当 $t>20$min 时，k_0 为 1.0；对于受保护的表面，图 6.4.3 给出了 k_0 的值。对于开始炭化的时间 $t_{ch}>20$min 的受保护表面，假设 k_0 在 $t=0$ 到 $t=t_{ch}$ 的时间间隔内从 0 到 1 线性变化，见图 6.4.3（b）。对于 $t_{ch}\leqslant20$min 的受保护表面，k_0 为 $t/20$。

对于与楼盖或墙体中的空腔相邻的木材表面（通常是墙骨柱或搁栅的宽面），k_0 按以下规定确定：

1）如果防火保护层采用一层或两层 A 型石膏板、木板或木基板，则在覆面层破坏时间 t_f 时，k_0 应设为 0.3。此后的 15min 内，假设 k_0 线性增加到 1.0；

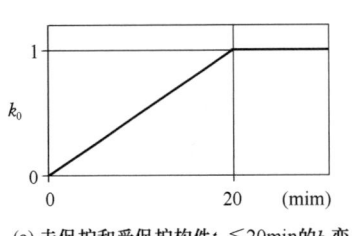
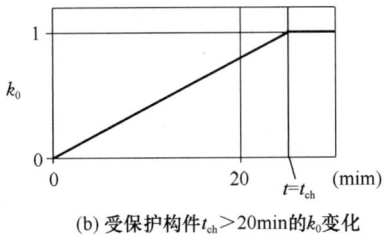

(a) 未保护和受保护构件 $t_{ch} \leqslant 20\min$ 的 k_0 变化   (b) 受保护构件 $t_{ch} > 20\min$ 的 k_0 变化

图 6.4.3 k_0 变化曲线图

2）如果防火保护层采用一层或两层 F 型石膏板，则在开始炭化 t_{ch} 时，k_0 为 1。对于时间 $t < t_{ch}$，应采用线性插值法，见图 6.4.3 (b)。

应采用有效截面计算 LVL 构件的刚度和耐火性。

【注】建议采用有效截面法设计。但是，根据国家附件的不同，也可采用"欧洲规范 5"的性能折减方法。

3. 确定强度和刚度的设计值

为了计算火灾情况下的抗力设计值 $R_{d,t,fi}$，强度设计值应由以下公式确定：

$$f_{d,fi} = k_{mod,fi} \frac{f_{20}}{\gamma_{M,fi}} \qquad (6.4.2)（EC5\ 2.1）$$

式中：$f_{d,fi}$——抗火设计强度；

f_{20}——常温下强度的 20% 分位值；可以计算为 $f_{20} = k_{fi} \cdot f_k$；对于 LVL，$k_{fi}$ 为 1.1，因此，f_{20} 为强度标准值 f_k 的 1.1 倍；

$k_{mod,fi}$——抗火条件下材料强度修正系数，该系数代替 EN 1995-1-1 中常温条件下材料强度修正系数 k_{mod}；除了采用 EN 1995-1-2 附录 C 的方法时，$k_{mod,fi}$ 在大多数情况下为 1.0；

$\gamma_{M,fi}$——火灾情况下木材的分项系数；火灾情况下该分项系数推荐值为 $\gamma_{M,fi} = 1.0$，有关不同国家的取值可见各国家附件。

例如，LVL36C 的抗弯强度设计值：

$$f_{m,d,fi} = k_{mod,fi} \frac{k_{fi} \cdot f_{m,k}}{\gamma_{M,fi}} = 1.0 \times \frac{1.1 \times 36 N/mm^2}{1.0} = 39.6 N/mm^2$$

稳定性计算中采用常温下的刚度特性的标准值。

4. 确定作用的设计值

根据 EN 1991-1-2：2002 的规定，火灾情况下作用 $E_{d,fi}$ 的设计值，包括热膨胀和变形的影响。木结构的典型情况是自身重量相对较低，作用 $E_{d,fi}$ 的设计值是常温下作用设计值 E_d 的 20%~40%。

5. 验证抗力设计值大于作用设计值

在规定的耐火时间 t 内应满足下式要求：

$$E_{d,fi} \leqslant R_{d,t,fi}$$

根据"欧洲规范 5"第 4.3 节，用于分析结构构件和组件的简化规则，可忽略横纹承压验算和抗剪验算。

6.4.2　LVL 的炭化速率

有两种不同类型的炭化速率 β_0 和 β_n。对于板和宽截面，在计算中采用一维炭化速率 β_0。在某些更高级的计算方法中，它也用作基础值。当 LVL 的密度标准值 $\rho_k \geqslant 480 \text{kg/m}^3$ 时，一维炭化速率 β_0 为 0.65mm/min。

当表面在整个火灾过程中未受到保护时，一维炭化的设计炭化深度 $d_{char,0}$（mm）应按下式计算：

$$d_{char,0} = \beta_0 t \qquad\qquad (6.4.3)（EC5\ 3.1）$$

式中：t——曝火时间（min）；

β_0——一维炭化速率（mm/min）。

对于多个侧面暴露的所有其他结构，通常是柱和梁，名义炭化速率 β_n 用于名义炭化深度 $d_{char,n}$ 的计算。当 LVL 的密度标准值 $\rho_k \geqslant 480 \text{kg/m}^3$ 时，名义炭化速率 β_n 为 0.70mm/min。

当表面在整个火灾过程中未受到保护时，名义炭化的设计炭化深度 $d_{char,n}$ 应按下式计算：

$$d_{char,n} = \beta_n t \qquad\qquad (6.4.4)（EC5\ 3.2）$$

式中：t——曝火时间（min）；

β_n——名义炭化速率（mm/min）。

在测试报告 VTT-S-04746-16 中，根据标准的时间-温度升温曲线（EN 1363-1：2012），在曝火 120min 中评估了不同木制品的一维炭化速率。根据该报告，木制品的性能符合预期，对于 LVL，一维炭化速率 $\beta_0 = 0.65 \text{mm/min}$ 可用于更长的曝火时间。在正面和侧面受火试件中，结果均相似（图 6.4.4）。这为消防设计人员提供了必要的数据和信心，使他们能够采用基于性能的设计方法评估苛刻情况下 LVL 结构的抗火能力。

【注】对于采用更先进的设计方法的特殊情况，报告 VTT-S-04746-16 还提供了基于更严格的碳氢化合物（HC）时间-温度曲线（EN 1363-2：1999）条件下的试验中的炭化速率 β_0 的资料。

6.4.3　无保护梁和面板的设计

由于 LVL 梁通常较为细长，未进行多层再胶合的梁的最大宽度可达 75mm，因此，未受保护 LVL 梁的抗火设计不能超过 15min 的耐火时间要求。零强度层（$k_0 \cdot d_0$）显著减小了有效截面的宽度，使梁在侧向稳定分析中更加趋于

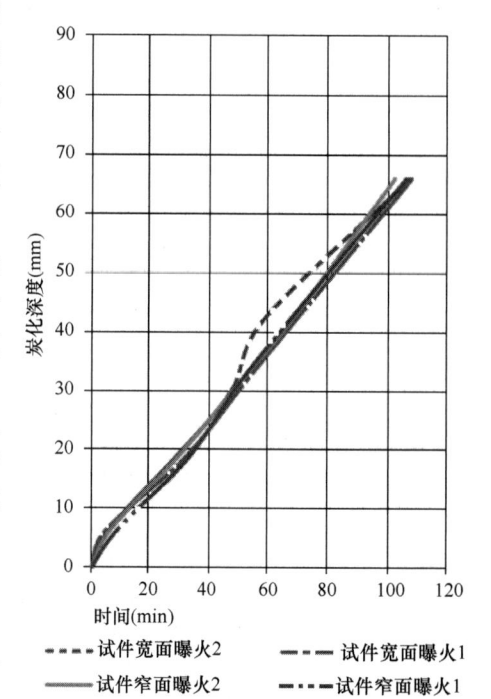

图 6.4.4　标准时间-温度曲线条件下 120min 耐火试验中 LVL-C 的一维炭化呈线性变化

细长。

示例：63mm×300mm 的 LVL-P 梁和厚度为 33mm 的 LVL-C 面板耐火 15min（图 6.4.5）：

1. 梁

$$d_{\mathrm{ef,beam}} = \beta_{\mathrm{n}} \cdot t + k_0 \cdot d_0 = 0.7\mathrm{mm/min} \times 15\mathrm{min} + \frac{15\mathrm{min}}{20\mathrm{min}} \times 7\mathrm{mm} = 15.75\mathrm{mm}$$

梁的 3 个侧面受火时，其有效截面尺寸：

宽度 b：63mm－2×15.75mm＝31.5mm

高度 h：300mm－15.75mm＝284mm

$$f_{\mathrm{m,d,fi}} = k_{\mathrm{mod,fi}} \cdot \frac{k_{\mathrm{fi}} \cdot k_{\mathrm{h}} \cdot f_{\mathrm{m,k}}}{\gamma_{\mathrm{M,fi}}} = 1.0 \times \frac{1.1 \times \left(\frac{300\mathrm{mm}}{284\mathrm{mm}}\right)^{0.15} \times 44\mathrm{N/mm}^2}{1.0} = 44.3\mathrm{N/mm}^2$$

2. 面板

$$d_{\mathrm{ef,panel}} = \beta_0 \cdot t + k_0 \cdot d_0 = 0.65\mathrm{mm/min} \times 15\mathrm{min} + \frac{15\mathrm{min}}{20\mathrm{min}} \times 7\mathrm{mm} = 15\mathrm{mm}$$

面板有效厚度 t_{panel}： 33mm－15mm＝18mm

LVL 36C 抗弯强度设计值：

$$f_{\mathrm{m,d,fi}} = k_{\mathrm{mod,fi}} \cdot \frac{k_{\mathrm{fi}} \cdot f_{\mathrm{m,k}}}{\gamma_{\mathrm{M,fi}}} = 1.0 \times \frac{1.1 \times 36\mathrm{N/mm}^2}{1.0} = 39.6\mathrm{N/mm}^2$$

示例：四面曝火的 133mm×400mmGLVL-P 梁耐火 30min（图 6.4.6）：

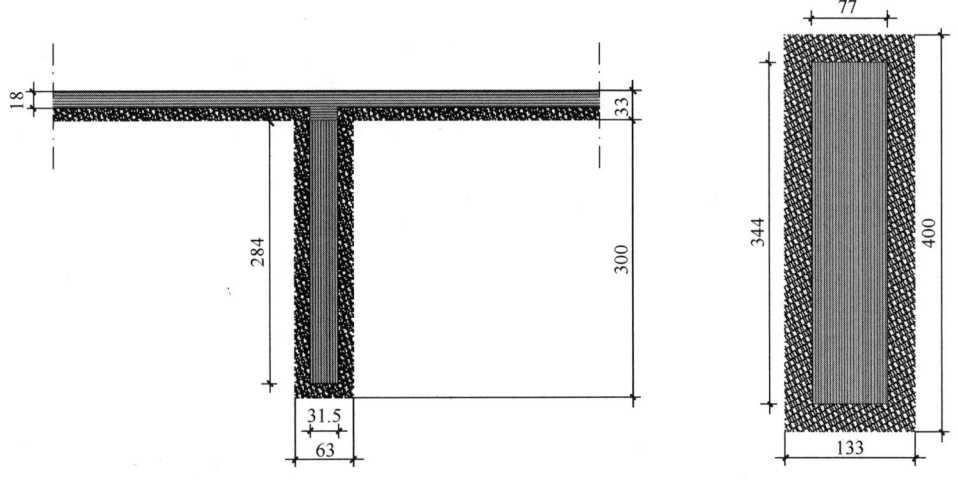

图 6.4.5 受火 15min 后有效截面　　　　图 6.4.6 受火 30min
后有效截面

$$d_{\mathrm{ef}} = \beta_{\mathrm{n}} \cdot t + k_0 \cdot d_0 = 0.70\mathrm{mm/min} \times 30\mathrm{min} + 1.0 \times 7\mathrm{mm} = 28\mathrm{mm}$$

有效截面尺寸：

宽度 b：133mm－2×28mm＝77mm

高度 h：400mm－2×28mm＝344mm

LVL 48P 抗弯强度设计值：

$$f_{\mathrm{m,d,fi}} = k_{\mathrm{mod,fi}} \cdot \frac{k_{\mathrm{fi}} \cdot k_{\mathrm{h}} \cdot f_{\mathrm{m,k}}}{\gamma_{\mathrm{M,fi}}} = 1.0 \times \frac{1.1 \times \left(\frac{300\mathrm{mm}}{344\mathrm{mm}}\right)^{0.15} \times 44\mathrm{N/mm^2}}{1.0} = 47.4\mathrm{N/mm^2}$$

LVL-C 面板一侧受火时，采用一维炭化速率 β_0 计算有效面板厚度。表 6.4.1 给出了受火 15min、30min 和 60min 后的厚度。建议有效厚度至少有一个横向单板厚度。因此，在有效厚度至少为 9mm 的情况下，这些值才被给出。

LVL 36C 板一侧受火后的有效厚度　　　　　　　　　　　　　　表 6.4.1

LVL-C 面板初始厚度 （mm）	15min 后有效厚度 （mm）	30min 后有效厚度 （mm）	60min 后有效厚度 （mm）
27	12	—	—
33	18	—	—
39	24	12	—
45	30	18	—
51	36	24	—
57	42	30	11
63	48	36	17
69	54	42	23
75	60	48	29

6.4.4　LVL-C 板用作防火层

当 LVL-C 板的厚度符合表 6.4.2 的要求时，板在一定的耐火时间 t（min）内能够保护其后面的木结构。除非在结构抗火设计中板也是承重体系的一部分，否则无须对其余的木构件进行其他的抗火设计验算。对于木框架结构，LVL-C 保护板的厚度 h_{pl}（mm）是根据 EN1995-1-2 的公式（4.1）和公式（C.7）或公式（D.3）按所需的耐火时间 t 计算：

最小面板厚度：　　　　　　　　$h_{\mathrm{pl}} = \beta_0 \cdot (t + 4\mathrm{min}) + 7$　　　　　　　　　（6.4.5）

当保护板直接应用于梁或柱上时，保护板厚度 h_{p2}（mm）是根据 EN1995-1-2 公式（4.1）和公式（3.10）按所需的耐火时间 t 计算：

最小面板厚度：　　　　　　　　$h_{\mathrm{p2}} = \beta_0 \cdot t + 7$　　　　　　　　　　　（6.4.6）

为木结构提供防火保护的 LVL36C 面板的最小厚度　　　　　　表 6.4.2

耐火极限 R（min）	保护木框架组件的 LVL 36C 面板 最小厚度 h_{pl}（mm）	保护梁或柱的 LVL36C 面板 最小厚度 h_{p2}（mm）
30	29	27
45	39	36
60	49	46
75	58	56
90	68	66

6.4.5　防火 LVL-C 板的总结

表 6.4.3 规定了 LVL-C 板的最小厚度 h_{p}。LVL-C 板的防火用途（图 6.4.7）包括作

为底层材料（A 类）提供防护层、结构保护层（B 类）或用作具有防火要求 EI 的顶棚结构（C 类）。所有不同的防火规定均有构造要求，如面板之间的接缝等。

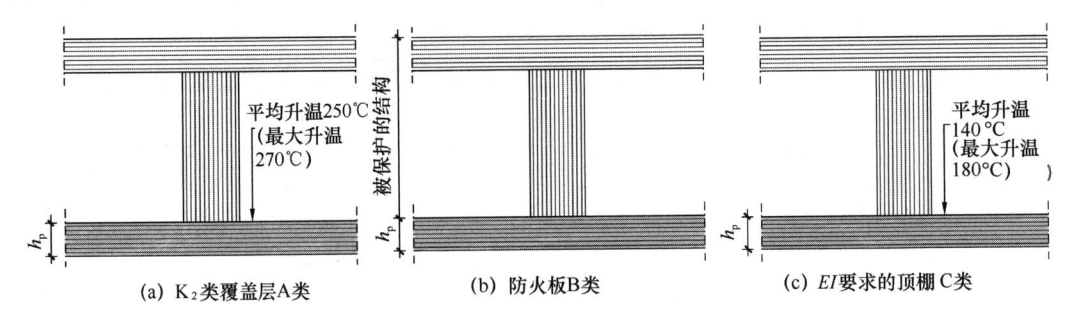

图 6.4.7 LVL36C 板的防火用途及分类

防火应用中 LVL36C 板的最小厚度 表 6.4.3

LVL-C 板用途	K₂ 类覆盖层（A 类）	防火板（B 类）	EI 要求的顶棚板（C 类）
防火要求	保护底部材料的防火能力 K₂ 等级要求是：在保护板下，整个未暴露表面的平均温度上升限值为 250℃，且该面任一点的最大温度上升不超过 270℃。在某些情况下，可能要求只能采用不燃材料进行覆盖	LVL 板作为防火层。当板厚度 $h_p = d_{char,0} + k_0 7mm$ 时，保护所覆盖的构件以满足所需耐火时间 t，而抗火验算的有效截面为整个构件的截面	当保持完整性 E 和绝缘性 I 时，即假设满足隔离功能 EI。当 LVL-C 板作为顶棚板，且具有隔离功能 EI 的要求时，根据隔热时间 t_{ins}，按 EN1995-1-2 附录 E 确定所需的板厚度 h_p。此外，应满足接缝的构造要求
最小厚度 h_p	等级 K₂ 10，$h_p \geqslant 15mm$	抗火 15min，$h_p \geqslant 18mm$	隔热时间 $t_{ins} = 15min$，$h_p \geqslant 18mm$
	等级 K₂ 30，$h_p \geqslant 26mm$	抗火 30min，$h_p \geqslant 29mm$	隔热时间 $t_{ins} = 30min$，$h_p \geqslant 33mm$
	等级 K₂ 60，$h_p \geqslant 52mm$	抗火 60min，$h_p \geqslant 49mm$	隔热时间 $t_{ins} = 60min$，$h_p \geqslant 66mm$

注：一种满足隔离功能要求的高级计算方法在欧洲木结构建筑消防安全技术指南（Fire safety in timber buildings-Technical guideline for Europe）第 5.5 章中有介绍。

6.5 带空腔的楼盖和墙体结构的抗火设计

LVL 墙体和楼盖的抗火性能可以根据 EN1995-1-2 的附录 C 和 D 及其国家附件进行计算。当搁栅或墙骨柱之间的空腔中填充岩棉绝缘材料时，应使用附录 C。空腔未填充的应使用附录 D。

在有填充空腔的情况下，根据 EN1995-1-2 附录 C 的要求，设计应按下列步骤进行：

（1）验证结构是否满足设计方法的边界条件，注意该方法对于最大 60min 的耐火极限有效。

（2）根据附录 C 中的计算式和 LVL 板供应商的技术说明，对板进行评估，评估板开始炭化的防护时间 t_{ch} 和板破坏时间 t_f。必须采取构造措施，在防护板破坏后，也能将防护岩棉绝缘材料保持在应有位置。楼盖结构的一个示例是，将木板条固定到搁栅上，以形成支承绝缘材料的支架，见图 6.5.1。

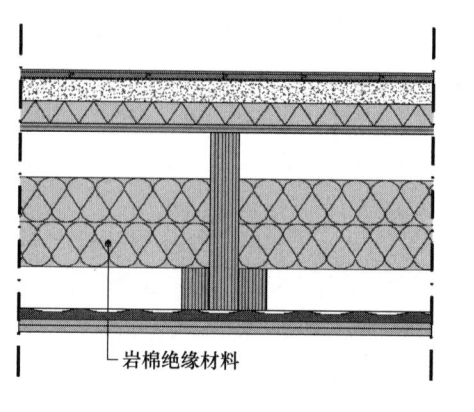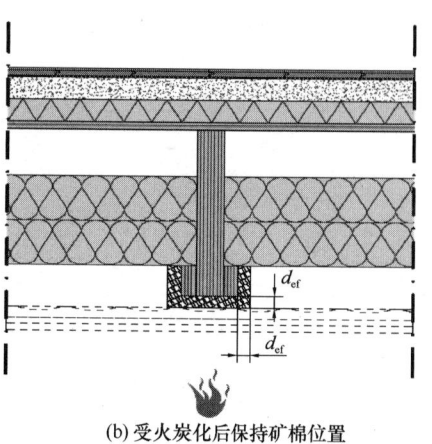

岩棉绝缘材料

(a) 固定在搁栅上的木板条

d_{ef}

d_{ef}

(b) 受火炭化后保持矿棉位置

图 6.5.1　采用岩棉填充空腔的 LVL 搁栅楼盖结构

（3）计算墙骨柱或搁栅的残余截面时，假设墙骨柱或搁栅仅从火灾暴露侧的边缘开始炭化。名义炭化速率是通过调整系数来计算的，调整系数取决于炭化阶段和搁栅或墙骨柱的厚度。

（4）用强度设计值 $f_{d,fi}$ 计算残余截面的抗力，见本指南式（7.4.2）。折减系数 $k_{mod,fi}$ 的值在附录 C 的 C.3 节中给出。折减取决于构件的截面高度和名义炭化深度，且 $k_{mod,fi}$ 对抗火的影响很大。在墙体抗火设计中，墙骨柱的宽度和厚度方向可采用相同的 $k_{mod,fi}$ 值。

在空腔无填充的情况下，根据 EN1995-1-2 附录 D 的要求，设计应按下列步骤进行：

（1）根据附录 D 中的计算式和 LVL 板供应商的技术说明，对 LVL 板进行评估，评估 LVL 板开始炭化的防护时间 t_{ch} 和板破坏时间 t_f。

（2）计算墙骨柱或搁栅的残余截面时，假设墙骨柱或搁栅仅从火灾暴露侧的边缘开始炭化。名义炭化速率是通过调整系数来计算的，调整系数取决于炭化所处阶段，类似于 EN1995-1-2 第 3.4.3.2 节中采用防火防护层的梁和柱。

（3）根据 EN1995-1-2 的第 4.2.2 节，用强度设计值 $f_{d,fi}$ 计算有效截面的抗力，见本指南式（7.4.2）。

LVL 搁栅楼盖的抗火性能主要取决于防护板的性能。由于 LVL 搁栅的宽度通常为 45mm～57mm，因此，当其侧面受火时，其抗力会迅速降低。

肋板和箱形板的抗火能力可以根据以上相同的原则进行验算，但是，尚应遵循制造厂家针对欧洲技术评估（ETA）的专门设计要求，例如在使用胶连接的情况。

第7章 耐久性

图 7.0.1　步行木桥

（Matinpuron，Espoo，芬兰）

7.1 木结构建筑和 LVL 结构的设计工作年限

建筑的设计工作年限通常为 50 年。当结构用旋切板胶合木（LVL）根据其产品统一标准 EN14374 进行生产和测试时，胶粘剂的胶合强度和力学性能的耐久性应满足设计工作年限的要求。但是，建筑物的结构保护应进行设计、实施以及维护，以使建筑物处于使用环境等级 1 或 2 的条件下。

标志性建筑的设计工作年限为 100 年。这可以通过与通常 50 年设计工作年限相同的方法来实现，但是，在结构设计中，应采用更高的荷载分项系数用于最可能的气候荷载（风和雪荷载）的设计值。分项系数在国家附件中规定。例如，在芬兰，当预期工作年限超过 100 年时，最可能的气候荷载的设计值必须采用增大系数 1.2。

在《使用环境 1 级和 2 级情况下，木材的 100 年设计工作年限—干燥和中等潮湿条件》的报告（Viitanen，VTT-R-04689-14）中总结了：要达到 100 年设计工作年限，应确保以下几个方面：

（1）使用干燥并且带 CE 标识的木材；

（2）对工程构件应采用正确的胶种和等级；

（3）合理的构造和结构设计；

（4）考虑到自然荷载的影响，良好的耐候防护及实施措施；

（5）适当妥善的维护，并为用户提供维护手册；

（6）确保建筑材料在整个使用寿命中处于合适的使用条件中。

7.2 结构 LVL 产品的耐久性分级

7.2.1 结构 LVL 胶合强度的耐久性

根据"欧洲规范 5"，结构用旋切板胶合木（LVL）的胶粘剂和胶合性能应适用于使用环境 1 级、2 级和 3 级。这需通过欧洲标准 EN 14374：2004 附录 B 中规定的胶缝剪切试验进行验证。LVL 试件的测试过程应按下列步骤进行：

（1）在沸水中浸泡至少 4h；

（2）在通风的干燥箱中，于 60℃条件以下干燥至少 16h；

（3）再次在沸水中浸泡至少 4h；

（4）在室温条件下的水中冷却至少 2h；

（5）经过上述沸腾和干燥循环后，试件至少在靠近厚度中间位置的一个胶层处进行剪切，然后根据欧洲标准 EN 314-1 确定剪切面的表观木破率；

（6）对于每个经测试的胶层，表观木破率不应低于 70%。

对于由结构用 LVL 构件制成的结构胶合产品，应采用符合欧洲标准 EN 301 或 EN 15425（聚氨酯胶粘剂）规定的Ⅰ型胶粘剂（完全暴露在室外空气中）。

7.2.2 针叶材 LVL 的生物耐久性

LVL 总是含有一些边材单板。根据欧洲标准 EN 350，除非由测试的数据另加证明，否则认为边材是不耐久的。因此，根据该分级，针叶材 LVL 的生物耐久性等级为 DC 5，即不耐久。

7.2.3 结构 LVL 对不同使用类别和使用环境等级的适用性

结构用 LVL 可在"欧洲规范 5"规定的使用环境 1 级和 2 级条件下使用，这与欧洲标准 EN 335 中规定的使用类别 1 类和 2 类相对应。未采取防护处理的结构用 LVL，不应在使用环境 3 级中使用。由 LVL 构件组成的结构胶合产品也不适合在使用环境 3 级中使用。

7.2.4 关于耐久性等级的讨论

欧洲标准 EN 350 的生物耐久性分类法很难适用于 LVL 或其他工程木制品。LVL 和其他人造板（无涂层或贴面）的生物耐久性取决于最终的使用条件，在这方面标准 EN 335 的使用分类能提供有效指导。

EN 350 耐久性等级是针对使用类别为 4 类的树种木材的心材确定的。然而，并未说明用于不同最终用途的不同的自然耐久性等级的适用性。CEN/TS 1099 也只是提供了胶合板的使用指南。

LVL 和其他木基板一样也含有边材。边材总是被认为不耐久，这与欧洲标准 EN 350

的分类法是矛盾的，因为，以此为基础，LVL 和所有木基板均将全部归类为"不耐久"（第 5 类）。

EN350 规定，划分耐久性等级是为了表明，与地面接触使用的木材的预期性能水平（EN335 中关于使用类别 4 类的条件），而在其他使用环境的条件下，木材的性能则与耐久性分类所表述的性能有所不同。基于此，标准 EN 350 可能不宜直接适用于第 3、第 2 和第 1 类的条件，因此，不应用作生物耐久性的标准。LVL 的天然耐久性与其使用的树种木材可能不同。LVL 的耐久性还受其他因素影响，包括单板厚度、LVL 板的构造以及胶粘剂的性能和用量。

总之，在使用类别 1 类和 2 类（或欧洲规范中的条件使用环境 1 级和 2 级）条件下，建议声明该 LVL 是耐久的。

7.3 结构木材防护

保证 LVL 及所有其他木结构耐久性的最佳方法是构造防护措施。也就是，采用足够长的挑檐和较高的基础高度，以及基础与地梁板之间设置防潮，挑檐和高基础是结构木材保护的实用方法。构造保护使木结构能够维持在使用环境 2 级（使用类别 2 类）或更干燥的条件下，木制品也就能很好地抗腐蚀。

7.3.1 结构 LVL 产品的临时防潮性能

应避免雨淋、溅水以及从其他结构传递来的积水。设计师必须注意构造细节，以确保不会形成积水。在安装过程中，产品可能会短时暴露在露天环境中。在建筑物的建造过程中，结构用 LVL 及构件对于临时水浸具有良好的抗力，而不会损坏或腐朽（图 7.3.1）。但是，这需要确保在围护结构封闭之前，产品能够干燥至预期的含水率。在结构的整个使用年限中，在指定的使用环境等级条件下，胶缝应保持其完整性。

LVL 湿胀干缩。膨胀变形中的一部分是永久性的，这种尺寸变化的程度取决于木纹方向。受潮湿会发生永久变形，并影响表面单板的外观。例如，由于水渍引起的变色，受潮湿后由于木材干缩引起的表面裂缝和木节脱落。

图 7.3.1 LVL 梁的防潮处理

由于湿胀与干缩的循环，采用金属连接件（如螺栓连接）的连接可能会变松。严重潮湿后的干燥收缩可能会导致开裂，这会降低销类连接、有缺口梁和带孔洞梁的承载力。

7.3.2 抗紫外线辐射性能

像所有木制品一样，由于来自太阳的紫外线辐射作用，未经处理的 LVL 表面将缓慢褪色为灰色，这种变灰不会影响 LVL 的强度。

如果不希望出现这种自然变的灰色，则必须采用适当的着色涂料或含特殊添加剂的涂料。颜料色素的比例越高，保护效果越好。涂层必须有足够的厚度，以满足整个表面的最低保护要求。涂料制造商的技术数据表中提供了更多的信息。

7.3.3 化学耐久性

木材的主要成分：纤维素、木质素对酸和碱的反应相反。纤维素对强酸的耐受性不是很强，但是对碱的耐受性却很强。另外，木质素很容易溶于碱，而对大多数强酸具有耐受性。由于这些原因，木材对中等程度的化学作用具有很强的耐受性。

LVL 对弱酸和酸性盐溶液具有良好的耐受性，然而，碱会使木材变软，应避免 LVL 与氧化剂如氯、次氯酸盐和硝酸盐直接接触。

木材通常对有机物具有很强的耐受性。然而，有机溶剂如丙酮、苯、醇等会溶解树脂、油脂和蜡，产生与水相似的效果，即产生膨胀并略微降低强度。石油产品对木材强度没有影响，但会导致变色。

使用各种类型的涂层可以提高 LVL 的化学耐久性。

7.4 木材化学保护

7.4.1 表面处理

LVL 可以通过表面处理抵御临时性暴露于大气中的影响，这样能排除雨水，从而减少产品的吸湿量，但允许水蒸气产品内外部迁移。这提高了尺寸稳定性，并减少了经过处理的 LVL 产品在施工期间的湿胀。

在相对湿度较高的条件下应用，可能会导致结构 LVL 产品表面发霉。如果产品暴露在室外大气的湿度条件下（例如在不采暖的室内），或者在运输和施工期间受潮，则应在 LVL 构件的表面进行涂刷或喷涂处理，以降低霉菌滋生的风险。在某些情况下，LVL 构件在工厂进行处理，但通常的做法是在木构件的工厂生产过程中或在施工现场进行处理。如果 LVL 产品的表面有霉菌生长，则必须将霉菌去除，例如在结构封闭之前进行砂光。

表面处理不会影响产品的强度，但其与油漆等最终饰面的相容性应另行验证。

7.4.2 压力浸渍

如果量身定制浸渍工艺，对针叶材云杉制作的 LVL 进行压力浸渍是可能的。为达到所需的水基浸渍剂的载药量，会引起含水量变化，进而引起尺寸改变，故建议仅对 LVL-C 进行浸渍处理。对于最大宽度为 600mm 的用于梁构件的 LVL-C 产品，可以达到类似于北欧国家采用的 AB 等级的载药量。尽管在核心区域的载药量较低，但也可对用于板的 LVL-C 产品采用压力浸渍。

压力浸渍处理的 LVL-C 可用于露台和阳台结构、栏杆、楼梯和墩台等（图 7.4.1），这些场合中 LVL 不直接接触地面（为使用类别 3.1 级的条件）。

AB 类浸渍剂具有极强的腐蚀性，因此，经浸渍的 LVL 结构中只能采用不锈钢连接件。

图 7.4.1　压力浸渍的 LVL-C 梁

经压力浸渍处理的 LVL 表面比常规 LVL 粗糙。浸渍和干燥过程会引起膨胀和收缩，导致表面单板产生一些剥落裂纹。表面单板的木节周围可能会发生局部开裂，或单板搭接缝处发生微小分离。

LVL 产品在浸渍的过程中膨胀，其平衡含水率和相对密度比未经处理的产品会高出几个百分点。应考虑增加的重量，除此之外，应按产品的名义尺寸进行结构设计，并采用与"欧洲规范 5"的使用环境等级 3 相对应的强度和刚度折减系数。在某些国家，尚应考虑其国家要求所规定的其他折减系数。

第8章 物理性能

与其他所有木材与工程木制品类似，旋切板胶合木（LVL）梁、墙骨柱和面板也可用在结构中。墙体和屋顶的建筑物理分析并不需要任何特殊方法，其热阻计算和露点分析也仅需常规设计工具。由于 LVL 具有较低的导热系数，因此 LVL 梁或墙骨柱的冷桥效应极小。在特殊情况下，LVL-C 面板可单独用作水蒸气屏障而无须设置单独的塑料薄膜。LVL 受太阳辐射后，与木材一样会加快老化变色，设计时增加挑檐可以保护 LVL 建筑免受天气和太阳辐射影响（图 8.0.1）。

图 8.0.1　挑檐保护建筑免受天气和太阳辐射影响
（Kindergarten Vekara，Pukkila，芬兰）

8.1　LVL 和湿度

LVL 是一种类似于其他木制品的吸湿材料。因此，LVL 产品的含水率取决于相对湿度（RH%），更具体地说，取决于含水率变化的趋势（干燥或湿润）。LVL 产品随含水率的增加而膨胀，随含水率的减少而收缩。部分膨胀是永久性的，这些尺寸变化的程度取决于木纹方向。湿润会导致永久变形，并损坏表面单板的目测外观，例如由于水渍引起的颜色变化，受潮后干燥收缩引起的表面裂缝和木节脱落。

LVL 的吸湿表面也具有优势，如表面未经处理或表面处理未在表面上成膜，则 LVL 可以具有湿度缓冲功能。当相对湿度高时可从空气吸收湿气，而当相对湿度低时可释放湿气。这个过程保持了动态平衡，并有助于创造宜人的室内空气条件。在未加热的存储空间中，吸湿性可防止水凝结在冷表面上，因此，从屋盖结构上滴水的风险要小于从钢结构滴水的风险。

8.1.1 LVL 的含水率

出厂时，LVL 产品的含水率 ω 为 8％～10％。由于环境温度和相对湿度的变化，产品的含水率将不断变化。在使用环境 1 级中，含水率通常在 6％～10％之间，而在使用环境 2 级中，含水率通常在 10％～16％。因此，LVL 产品应以接近最终使用条件的含水率从工厂交付使用。

产品的含水率 ω 定义如下：

$$\omega = \frac{m_\omega - m_0}{m_0} \tag{8.1.1}$$

式中：m_ω——含水率为 ω 时的产品质量；

m_0——产品全干质量。

LVL 产品在不同相对湿度条件下的平均平衡含水率可通过吸附等温线图（图 8.1.2）

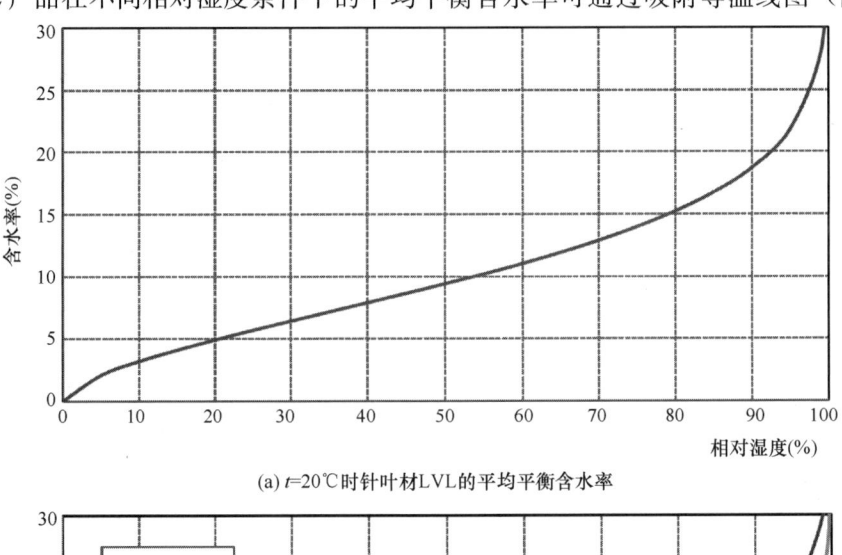

(a) t=20℃时针叶材LVL的平均平衡含水率

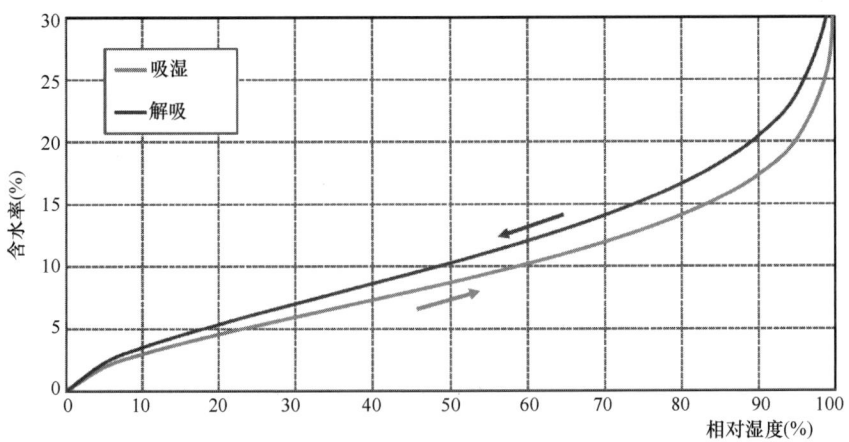

(b) 基于天气循环试验的t=20℃时针叶材LVL的吸湿解吸等温线
（相对湿度65%→92%→40%）

图 8.1.2 针叶材 LVL 的吸湿解吸等温线

来估算。在相同的相对湿度下，当木材干燥（解吸）时的平衡含水率比其湿润（吸湿）时的平衡含水率更高，这种现象称为滞后现象。

8.1.2 含水率测量

由于 LVL 产品的胶层，基于电阻的水分测定仪测得的 LVL 含水率结果偏高。为了准确测定 LVL 样品中的含水率，可以根据欧洲标准 EN 322 进行烘箱干燥测试。

建议使用表面水分测定仪（非侵入式）测量 LVL 产品的含水率，测量应在表面单板未损坏处垂直于木纹方向进行。例如，通过表面单板砂光处理的区域无法可靠测量。为了获得最可靠的结果，应使用已知含水率的样品（例如通过烘箱干燥）对湿度计进行校准。

【注】测量云杉 LVL 含水率的合适水分测定仪如 Delta 2000H（设置：H3 云杉）和 Doser Messgerät HD5（设置：材料组 3）。

8.1.3 湿度引起的尺寸变化

LVL 产品出厂时的含水率接近使用环境 1 级的最终用途的含水率。这具有一个优势，只要构件在运输、存储和施工过程中受到保护，免受环境影响，就可以显著减少由湿度引起的尺寸变化。

当含水率增加时，LVL 产品膨胀，而当含水率降低时则收缩。这些尺寸变化的程度取决于木纹的方向。由于采用热压生产工艺，产品第一次湿润时，在厚度方向上产生的一部分膨胀是永久性的。但是，尽管由于湿度而引起尺寸变化，在 LVL 构件的结构承载力设计中应采用产品的公称厚度。

湿度改变引起的尺寸变化 ΔL 可按下式计算：

$$\Delta L = \Delta\omega \cdot \alpha_{\mathrm{H}}/100 \cdot L \qquad (8.1.2)$$

式中：$\Delta\omega$ ——产品含水率的变化（%）；

α_{H} ——产品的尺寸变化系数，按表 8.1.1 取值，有关方向见图 8.1.3；

L ——相应方向上的产品尺寸。

低于纤维饱和点的含水率变化 1% 时 LVL 产品的膨胀与收缩系数 α_{H} 表 8.1.1

尺寸	LVL-P	LVL-C
厚度 t	0.32	0.32
高度（或面板宽度）h	0.32	0.03
长度 l	0.01	0.01

注：由于 LVL-C 采用了横向单板，在宽度方向的尺寸变化远小于 LVL-P（FprEN 14374：2018）。

值得注意的是，由于 LVL-C 的横向单板，其在构件宽度方向上的 α_{H} 系数非常低，仅为 LVL-P 产品规定值的 10%。该优势可用于对湿度引起的尺寸变化敏感的结构中。

如果两侧相对的表面含水率不相等，例如，一个表面暴露在相对湿度比另一侧面的相对湿度要高时，则 LVL 产品会产生翘曲。LVL-P 产品对这种翘曲比 LVL-C 更敏感，尤其是当产品的高度超过厚度的 8 倍（$h > 8t$）时。因此，通常建议将 LVL-P 梁的长细比限制在该比例以内。如果可以确保在整个物流过程和施工过程中对 LVL-P 组件和结构进行认真的湿度控制，在工厂生产构件时，可以考虑最大的 h/t 约为 12。

如果相对湿度从 50% 变化到 85% 时，则 LVL 梁的含水率将增加约 7%，这将对梁的

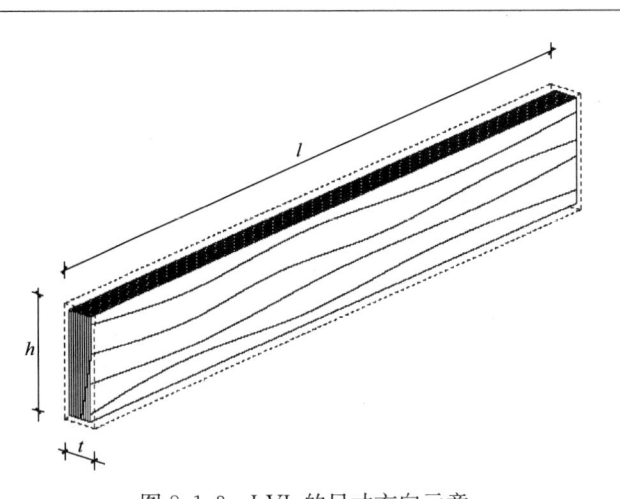

图 8.1.3 LVL 的尺寸方向示意

尺寸产生影响。湿度引起的尺寸变化结果见表 8.1.2。

湿度引起的尺寸变化结果 表 8.1.2

产品	方向	初始尺寸（mm）	含水率增加+7%后的尺寸（mm）	差值（mm）
LVL-P 或 LVL-C	长度 l	4200	4200+（7×0.01/100×4200）=4203	+3.0
LVL-P 或 LVL-C	厚度 t	57	57+（7×0.032/100×57）=58.3	+1.3
LVL-P	高度 h	260	260+（7×0.32/100×260）=266	+6.0
LVL-C	高度 h	260	260+（7×0.03/100×260）=260.6	+0.6

8.1.4 水蒸气阻力性

欧洲标准 EN ISO 10456 中定义的空气中水蒸气阻力系数 μ 和水蒸气扩散系数 δ_p 可用于 LVL 产品的厚度方向，见表 8.1.3。

厚度方向值通常是建筑物理分析的基本值。但是，在特殊情况下，可以使用其他方向的下列估计值：

（1）由于木材细胞结构，长度方向的水蒸气阻力性仅为厚度方向的 5%；

（2）对于 LVL-P，其厚度和高度方向的值均相似；

（3）对于 LVL-C，由于有横向单板的影响，高度方向的水蒸气阻力性约为厚度方向的 15%。

【注】单板之间的胶层对 LVL 的水蒸气阻力性没有显著影响，LVL 的水蒸气阻力性与云杉或松木实木锯材相似。

针叶材 LVL 的水蒸气阻力系数 μ 和空气中的水蒸气扩散系数 δ_p 表 8.1.3

密度 ρ_{mean}（kg/m³）	水蒸气阻力系数 μ		空气中的水蒸气扩散系数 δ_p [kg/(Pa·s·m)]	
	干杯法	湿杯法	干杯法	湿杯法
440	180	65	$0.73×10^{-12}$	$2.3×10^{-12}$
510	200	70	$0.96×10^{-12}$	$2.7×10^{-12}$

注：1. 干杯值在 23℃、相对湿度 0～50% 下测试，并在材料的平均相对湿度小于 70% 时应用；

2. 湿杯值在 23℃、相对湿度 50%～93% 下测试，并在材料的平均相对湿度大于或等于 70% 时应用。

8.2 LVL 的热工性能

8.2.1 温度对 LVL 力学性能的影响

LVL 产品规定的力学性能特征值适用于长期不高于 50℃ 的温度环境，而无须进行任何修正。LVL 可以在低于 100℃ 的温度下持续使用，最高的短期暴露温度为 120℃。木制品的耐寒性胜于耐热，LVL 的最低适用温度为 −200℃。但是，在结构防火设计中，必须考虑到高温导致 LVL 产品强度和刚度特性的下降，这与其他类型的针叶材木构件相似。LVL 产品温度的折减系数可以通过本指南图 6.1.3 进行确定。

8.2.2 LVL 产品的导热系数

根据 EN ISO 10456 中产品密度为 500kg/m³ 的数据，LVL 产品的设计导热系数 λ 为 0.13 W/（m·K），建议将其用于热工计算。列表值是在 20℃、相对湿度 65% 条件下定义的。密度越低，导热系数越低。含水率越高，导热系数越高。在密度和含水率的实际范围内，其对导热系数 λ 的影响可能为 ±0.02W/（m·K）。

8.2.3 温度变形

由于 LVL 产品的尺寸在常温变化条件下保持稳定，因此通常不需要考虑温度变化对结构设计的影响，这与湿度引起的膨胀和收缩不同。木纤维方向上的热膨胀系数在 $3.5×10^{-6}$/K 至 $5.0×10^{-6}$/K。

例如：如果温度从 5℃ 到 30℃ 变化，则 10000mm 长的 LVL 梁的长度变化为：由 10000mm 增加为 10000mm+（25℃×$4.0×10^{-6}$/℃×10000mm）=10001mm。

在正常的环境温度下，LVL 产品的性能不受温度变化的影响。

8.2.4 燃烧热和比热容

LVL 产品的燃烧热为 17MJ/kg。根据 EN ISO 10456，比热容 c_p 为 1600 J/（kg·K）。

8.2.5 LVL 的着火温度

与所有木制品一样，LVL 被归为可燃材料。当暴露于火焰中时，LVL 的着火温度约为 270℃。在温度低于 400℃ 时不会发生自燃。木材的着火温度还取决于曝火面暴露在高温下的持续时间。着火温度随着暴露时间的延长而降低。木制品通常在 120℃～150℃ 以上的温度下，经过 20 多个小时的暴露后，会有着火的危险。

8.3 气密性

LVL-C 板的气密性超出了可测范围。在结构的建筑物理设计中，必须注意面板与其他结构之间的接缝和密封，以确保整个建筑围护结构的气密性。例如，通过仔细安装足够耐久的密封胶带就可以做到这点，以达到建筑的设计使用年限。

LVL-C 板作为产品的中间层已用于 3 层 CLT 墙面板中，以使其保持气密性。

第9章 LVL 结构的计算示例

图 9.0.1 多层木结构建筑

（灯塔，Joensuu，芬兰）

本章 LVL 结构计算示例是基于欧洲规范（EN1990、EN1991 和 EN1995）以及本指南第 4 章、第 5 章中给出的附加说明。如果需要国家附件中的信息，则采用芬兰附件或"欧洲规范 5"的默认值。选择的示例用于说明计算方法。因此，一些部件的尺寸可能不一定适合实际情况，这些情况在每个示例的末尾都有可能更好的合适尺寸的注释。

9.1 LVL 48P 搁栅楼盖

住宅楼盖：跨度 $L=4500\mathrm{mm}$；宽度 $b=5000\mathrm{mm}$；$45\mathrm{mm}\times240\mathrm{mm}$ 的 LVL 48P 搁栅，间距 $s=400\mathrm{mm}$；22mm 厚定向木片板覆面板（OSB）。支承长度为 45mm。活荷载 $q_{\mathrm{k}}=2.0\mathrm{kN/m^2}$；隔墙荷载 $g_{2,\mathrm{k}}=0.3\mathrm{kN/m^2}$，自重 $g_{1,\mathrm{k}}=0.6\mathrm{kN/m^2}$。使用环境 SC1。结构计算

简图见图 9.1.1。

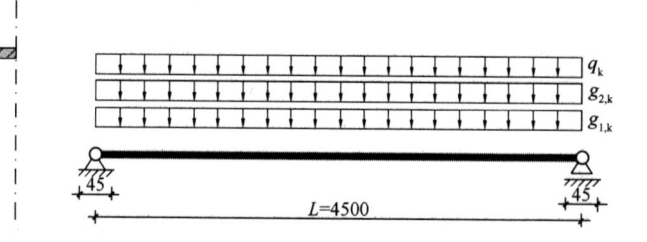

图 9.1.1　结构计算简图

1. 搁栅特性

窄面抗弯强度：$f_{m,0,edge,k}=48N/mm^2$

窄侧面抗剪强度：$f_{v,0,edge,k}=4.2N/mm^2$

窄面横纹抗压强度：$f_{c,90,edge,k}=6N/mm^2$

弹性模量：$E_{0,mean}=13800N/mm^2$

剪切模量：$G_{0,edge,mean}=600N/mm^2$

横截面面积：$A=b\cdot h=10800mm^2$

截面模量：$W=b\cdot h^2/6=4.32\times10^5mm^3$

惯性矩：$I=b\cdot h^3/12=5.18\times10^7mm^4$

搁栅抗弯刚度：$EI=13800N/mm^2\times5.18\times10^7mm^4=7.15\times10^{11}N\cdot mm^2$

搁栅抗剪刚度：$GA=600N/mm^2\times10800mm^2=6.48\times10^6N$

SC1、中期修正系数：$k_{mod}=0.8$

SC1 修正系数：$k_{def}=0.6$

材料安全系数（EC5 中默认值）：$\gamma_M=1.2$

尺寸效应系数：$k_h=(300/240)^{0.15}=1.034$

2. 荷载组合

最关键的承载力极限状态（ULS）荷载组合：

$$\begin{aligned}E_{d,ULS}&=\gamma_G\cdot(g_{1,k}+g_{2,k})+\gamma_Q\cdot q_k\\&=1.5\times(0.6kN/m^2+0.3kN/m^2)+1.5\times2.0kN/m^2\\&=4.03kN/m^2\end{aligned}$$

【注】安全系数 γ_G 和 γ_Q 根据 Eurocode 0 的芬兰国家附件采用。

最关键的正常使用极限状态（SLS）荷载组合：

$$\begin{aligned}E_{d,SLS}&=\gamma_G\cdot(g_{1,k}+g_{2,k})+\gamma_G\cdot q_k\\&=1.0\times(0.6kN/m^2+0.3kN/m^2)+1.0\times2.0kN/m^2\\&=2.9kN/m^2\end{aligned}$$

3. ULS 设计

（1）抗弯

$$M_d=E_{d,ULS}\cdot s\cdot L^2/8=4.03kN/m^2\times0.4m\times(4.5m)^2/8=4.1kN\cdot m$$

$$\sigma_{m,d}=\frac{M_d}{W}=\frac{4.1kN\cdot m}{4.32\times10^5mm^3}=9.5N/mm^2$$

$$f_{m,0,edge,d} = \frac{k_{mod}}{\gamma_M} \cdot k_h \cdot f_{m,0,edge,k}$$

$$f_{m,0,edge,d} = \frac{0.8}{1.2} \times 1.034 \times 44N/mm^2 = 30.3N/mm^2$$

$$\sigma_{m,d} \leqslant f_{m,0,edge,d} \rightarrow 满足$$

覆面板的固定可防止侧向扭转屈曲。

（2）抗剪

$$V_d = E_{d,ULS} \cdot s \cdot L/2 = 4.03kN/m^2 \times 0.4m \times 4.5m/2 = 3.6kN$$

$$\tau_{v,d} = \frac{3 \cdot V_d}{2 \cdot A} = \frac{3 \times 3.6kN}{2 \times 10800mm^2} = 0.5N/mm^2$$

$$f_{v,0,edge,d} = \frac{k_{mod}}{\gamma_M} \cdot f_{v,0,edge,k} = \frac{0.8}{1.2} \times 4.2N/mm^2 = 2.8N/mm^2$$

$$\tau_{m,d} \leqslant f_{v,0,edge,d} \rightarrow 满足$$

（3）横纹抗压

$$F_{c,90,d} = V_d = 3.6kN$$

$$\sigma_{c,90,d} = \frac{F_{c,90,d}}{A_{ef}} = \frac{F_{c,90,d}}{b \cdot (l_{支承} + 15mm)}$$

$$= \frac{3.6kN}{45mm \times (45mm + 15mm)} = 1.35N/mm^2$$

$$k_{c,90} \cdot f_{c,90,edge,d} = k_{c,90} \cdot \frac{k_{mod}}{\gamma_M} \cdot f_{c,90,edge,k}$$

$$= 1.0 \times \frac{0.8}{1.2} \times 6N/mm^2 = 4N/mm^2 \qquad (K_{c,90}查表 4.3.1)$$

$$\sigma_{c,90,d} \leqslant k_{c,90} \cdot k_{m,0,edge,d} \rightarrow 满足$$

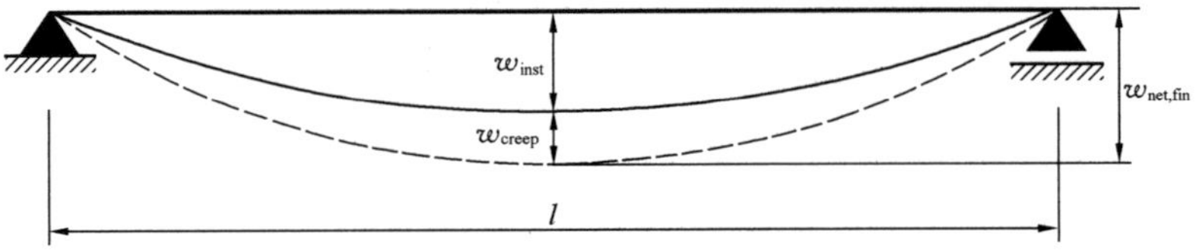

图 9.1.2　变形计算简图

4. SLS 设计

（1）瞬时挠度

$$w_{inst} = w_{inst,g} + w_{inst,q}$$

$$w_{inst,g} = \frac{5 \cdot g_{d,LSL} \cdot s \cdot L^4}{384 \cdot E_{mean} \cdot I} + \frac{6/5 \cdot g_{d,LSL} \cdot s \cdot L^2}{8 \cdot G_{mean} \cdot A} = 2.69mm + 0.17mm = 2.86mm$$

$$w_{inst,q} = \frac{5 \cdot q_{d,LSL} \cdot s \cdot L^4}{384 \cdot E_{mean} \cdot I} + \frac{6/5 \cdot q_{d,LSL} \cdot s \cdot L^2}{8 \cdot G_{mean} \cdot A} = 5.97mm + 0.38mm = 6.35mm$$

$$w_{inst} = 2.86mm + 6.35mm = 9.2mm$$

要求：$w_{inst} \leqslant \dfrac{L}{400}, \dfrac{4500mm}{400} = 11.3mm \rightarrow$ 满足

（2）最终挠度

$$w_{\mathrm{net,fin}} = (1 + k_{\mathrm{def}}) \cdot w_{\mathrm{inst,g}} + (1 + \psi_2 \cdot k_{\mathrm{def}}) \cdot w_{\mathrm{inst,q}}$$

对于荷载类型 A：$\psi_2 = 0.3$。

$$w_{\mathrm{net,fin}} = (1 + 0.6) \times 2.86\mathrm{mm} + (1 + 0.3 \times 0.6) \times 6.35\mathrm{mm} = 12.1\mathrm{mm}$$

要求：

$$w_{\mathrm{net,fin}} \leqslant \frac{L}{300}, \frac{4500\mathrm{mm}}{300} = 15\mathrm{mm} \rightarrow 满足$$

（3）振动设计

最低固有频率 f_1：

$$f_1 = \frac{\pi}{2l^2} \sqrt{\frac{(EI)_1}{m}}$$

$$m = g_1 + g_2 + 30\mathrm{kg/m^2} = 60\mathrm{kg/m^2} + 30\mathrm{kg/m^2} + 30\mathrm{kg/m^2} = 120\mathrm{kg/m^2}$$

【注】在芬兰 NA 中，频率计算中活荷载 q_k 为 $30\mathrm{kg/m^2}$。

$$(EI)_1 = EI \cdot (1000/s) = 7.15 \times 10^{11}\mathrm{N \cdot mm^2}(1000/400\mathrm{mm})$$

$$= 1.79 \times 10^6\mathrm{N \cdot m^2/m}$$

$$f_1 = \frac{\pi}{2 \times (4.5\mathrm{m})^2} \sqrt{\frac{1.79 \times 10^6\mathrm{N \cdot m^2/m}}{120\mathrm{kg/m^2}}} = 9.5\mathrm{Hz} > 8\mathrm{Hz} \rightarrow 满足$$

→楼盖可作为高频楼盖分析。

基于 22mm 刨花板覆面板的垂直于跨度方向的楼盖刚度：

$$(EI)/m = 3500\mathrm{N/mm^2} \times 1000\mathrm{mm} \times (22\mathrm{mm})^3/12 = 3.11 \times 10^3\mathrm{N \cdot m^2/m}$$

对于整体尺寸为 $b \times l$ 的矩形楼盖，仅沿所有四个边缘进行简单支承，可以将脉冲速度响应 ν（$\mathrm{m/Ns^2}$）值近似地取为：

$$\nu = \frac{4 \times (0.4 + 0.6n_{40})}{mbl + 200}$$

$$n_{40} = \left\{ \left[\left(\frac{40}{f_1} \right)^2 - 1 \right] \left(\frac{b}{l} \right)^4 \frac{(EI)_1}{(EI)_b} \right\}^{0.25}$$

$$= \left\{ \left[\left(\frac{40}{9.5\mathrm{Hz}} \right)^2 - 1 \right] \times \left(\frac{5\mathrm{mm}}{4.5\mathrm{mm}} \right)^4 \times \frac{1.79 \times 10^6\mathrm{N \cdot m^2/m}}{3.11 \times 10^3\mathrm{N \cdot m^2/m}} \right\}^{0.25} = 11$$

$$\nu = \frac{4 \times (0.4 + 0.6n_{40})}{mbl + 200} = \frac{4 \times (0.4 + 0.6 \times 11)}{120 \times 5 \times 4.5 + 200} = 0.010$$

当从本指南图 4.3.26 中选择较大值 $b = 150$，并采用保守的阻尼值 $\xi = 0.01$ 时，对 v 的要求为：

$$v \leqslant 150^{(f_1 \xi - 1)} = 0.011 \rightarrow 满足$$

$F = 1\mathrm{kN}$ 集中荷载下的挠度：

$$w = \min \begin{cases} \dfrac{F \cdot l^2}{42 \cdot k_\delta \cdot (EI)_1} \\ \dfrac{F \cdot l^3}{48 \cdot s \cdot (EI)_1} \end{cases}$$

$$k_\delta = \sqrt[4]{\frac{(EI)_b}{(EI)_1}} = \sqrt[4]{\frac{3.11 \times 10^3}{1.79 \times 10^6}} = 0.2$$

$$w = \min \begin{cases} \dfrac{1\text{kN} \times (4.5\text{m})^2}{42 \times 0.2 \times 1.79 \times 10^6 \text{N} \cdot \text{m}^2/\text{m}} \\ \dfrac{1\text{kN} \times (4.5\text{m})^3}{48 \times 0.4 \times 1.79 \times 10^6 \text{N} \cdot \text{m}^2/\text{m}} \end{cases} = \min \begin{cases} 1.3\text{mm} \\ 2.7\text{mm} \end{cases} = 1.3\text{mm}$$

根据"欧洲规范 5"的芬兰国家附件,对于跨度 $L = 4500\text{mm}$,要求为 $w \leqslant 0.6\text{mm}$;根据奥地利国家附件 $w \leqslant 0.5\text{mm}$,该结构都不满足要求。

设置横向支撑可以提高性能,通过在跨度中心附近设置 2 条带抗拉木板的搁栅横撑(图 9.1.3),以及在楼盖下方设置尺寸为 45mm×45mm、间距为 400mm 的横向木条。

2 条搁栅横撑线的刚度(EI)可根据欧洲标准 EN1995-1-1 附录 B 机械连接梁进行估算。为了简化,将搁栅横撑上的面板看作为上翼缘,尺寸按 22mm×100mm 的 C14 木板条,并将 2 条搁栅横撑线的刚度按整个楼盖跨度长度进行划分。

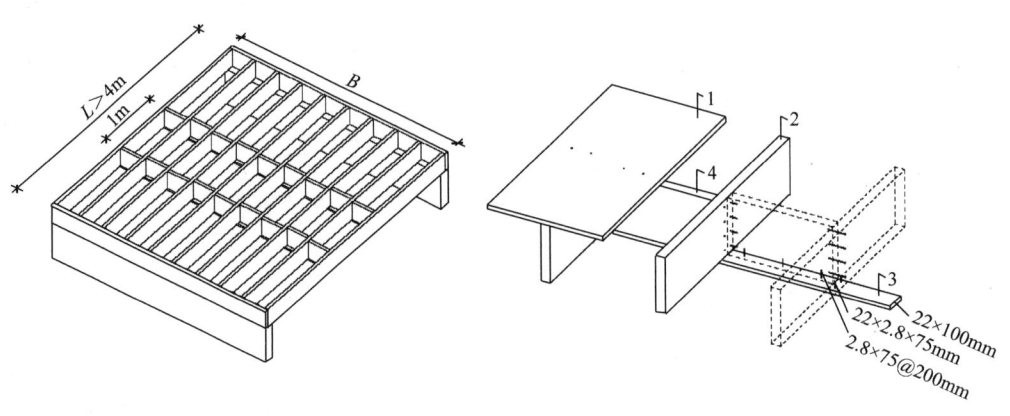

图 9.1.3　楼盖横向支撑示意
1—楼面板；2—搁栅；3—抗拉木板；4—搁栅横撑

$$(EI)_{支撑} = n \cdot 2 \cdot E_{0,\text{mean}} \cdot \frac{\left(b_0 \cdot \dfrac{h_0^3}{12} + \gamma \cdot b_0 \cdot h_0 \cdot (h/2 + h_0/2)^2 \right)}{l_0}$$

式中:n——跨中搁栅横撑线的数量;取 2;

　$E_{0,\text{mean}}$——C14 翼缘的平均弹性模量,为 7000N/mm^2;

　　b_0——受拉或受压翼缘的宽度,为 100mm;

　　h_0——受拉或受压翼缘的厚度,为 22mm;

　　h——搁栅高度,为 240mm;

　　s_0——搁栅横撑与翼缘连接的钉的间距,为 200mm;

　　l_0——搁栅横撑线的跨度,即楼盖宽度,为 5 m;

　　ρ_k——特征密度(C14:350kg/m^3);

　　d——钉直径,为 2.8mm,钉长为 75mm。

$$K_{\text{ser}} = \rho_k^{1.5} \cdot \frac{d^{0.8}}{30} = 454\text{N/mm}$$

$$\gamma = \frac{1}{1 + \dfrac{\pi^2 \cdot E_0 \cdot h_0 \cdot b_0 \cdot s_0}{K_{\text{ser}} \cdot L_0^2}} = \frac{1}{1 + \dfrac{\pi^2 \times 7000\text{N/mm}^2 \times 22\text{mm} \times 100\text{mm} \times 200\text{mm}}{454\text{N/mm} \times (5000\text{mm})^2}}$$

$$\gamma = 0.27$$

$$(EI)_{支撑} = 2 \times 2 \times 7000 \text{N/mm}^2$$

$$\times \frac{100\text{mm} \times \dfrac{(22\text{mm})^3}{12} + 0.27 \times 100\text{mm} \times 22\text{mm} \times \left(\dfrac{240\text{mm}}{2} + \dfrac{22\text{mm}}{2}\right)^2}{4.5\text{m}}$$

$$= 6.44 \times 10^4 \text{N} \cdot \text{m}^2/\text{m}$$

楼盖下方 45mm×45mm C14 实木横向板条的刚度：

$$(EI)_{横向板条} = 7000\text{N/mm}^2 \times \frac{1000\text{mm}}{400} \times \frac{45\text{mm} \times (45\text{mm})^2}{12} = 5.98 \times 10^3 \text{N} \cdot \text{m}^2/\text{m}$$

$$(EI)_b = (EI)_{覆面板} + (EI)_{支撑} + (EI)_{横向板条}$$

$$= 3.11 \times 10^3 \text{N} \cdot \text{m}^2/\text{m} + 6.44 \times 10^4 \text{N} \cdot \text{m}^2/\text{m} + 5.98 \times 10^3 \text{N} \cdot \text{m}^2/\text{m}$$

$$= 7.35 \times 10^4 \text{N} \cdot \text{m}^2/\text{m}$$

$$k_{\delta,2} = \sqrt[4]{\frac{(EI)_b}{(EI)_l}} = \sqrt[4]{\frac{6.44 \times 10^4}{1.79 \times 10^6}} = 0.45$$

$$w_2 = \min \begin{cases} \dfrac{1\text{kN} \times (4.5\text{m})^2}{42 \times 0.45 \times 1.79 \times 10^6 \text{N} \cdot \text{m}^2/\text{m}} \\ \dfrac{1\text{kN} \times (4.5\text{m})^3}{48 \times 0.4 \times 1.79 \times 10^6 \text{N} \cdot \text{m}^2/\text{m}} \end{cases} = \min \begin{cases} 0.6\text{mm} \\ 2.7\text{mm} \end{cases} = 0.6\text{mm} \rightarrow 满足$$

在 1kN 点荷载作用下，搁栅下方的搁栅横撑和横向木条可显著提高楼盖刚度，并满足振动设计要求。通过将覆面板胶合到搁栅上，挠度将至少减小约 0.2mm。

9.2　窗口过梁

在一个家庭住宅的窗户开口上的单跨过梁是 45mm×300mm LVL 48P 梁（图 9.2.1）。跨度为 $L=2300$mm，过梁承受来自 5000mm 宽的屋顶区域荷载。支承长度为 150mm。雪

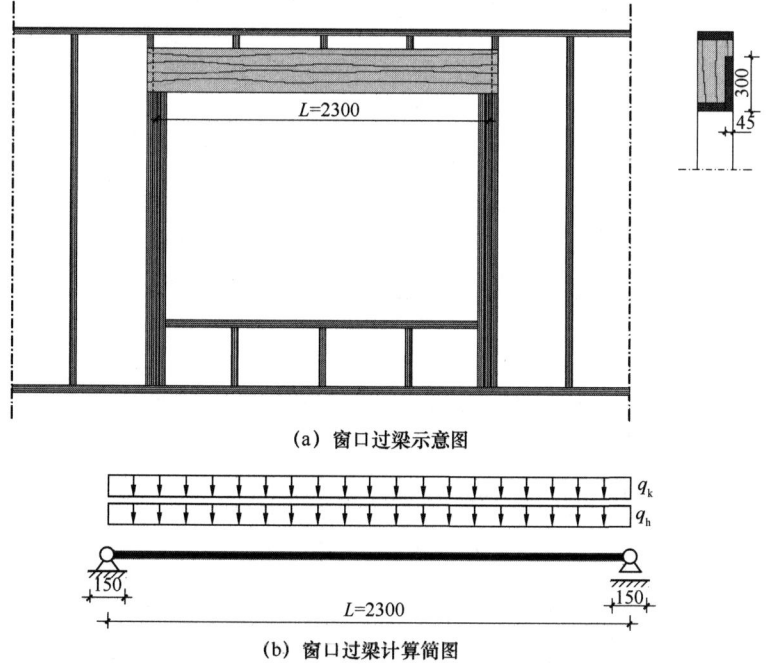

(a) 窗口过梁示意图

(b) 窗口过梁计算简图

图 9.2.1　窗口过梁

荷载 s_k 为 2.75 kN/m^2，结构自重为 1.0 kN/m^2。使用环境等级 SC1。

1. 梁性能

窄面抗弯强度：$f_{m,0,edge,k} = 44$N/mm^2

窄面抗剪强度：$f_{v,0,edge,k} = 4.2$N/mm^2

窄面横纹抗压强度：$f_{c,90,edge,k} = 6$N/mm^2

弹性模量标准值：$E_{0,k} = 11600$N/mm^2

弹性模量：$E_{0,mean} = 13800$N/mm^2

剪切模量标准值：$G_{0,edge,k} = 600$N/mm^2

剪切模量：$G_{0,edge,mean} = 400$N/mm^2

横截面面积：$A = b \cdot h = 13500$mm^2

截面模量：$W_y = b \cdot h^2/6 = 6.75 \times 10^5$mm^3

惯性矩：$I_y = b \cdot h^3/12 = 1.01 \times 10^8$mm^4

惯性矩：$I_z = h \cdot b^3/12 = 2.28 \times 10^6$mm^4

转动惯量：$I_{tor} = 0.3 \times h \cdot b^3 = 8.20 \times 10^6$mm^4

搁栅抗弯刚度：$EI_y = 13800$N/mm$^2 \times 1.01 \times 10^8mm^4 = 1.40 \times 10^{12}$ N $\cdot$ mm^2

搁栅抗剪刚度：$GA = 600$N/mm$^2 \times 13500$mm$^2 = 8.10 \times 10^6$N

SC1 中期修正系数：$k_{mod} = 0.8$

SC1 修正系数：$k_{def} = 0.6$

材料安全系数（EC5 中默认值）：$\gamma_M = 1.2$

尺寸效应系数：$k_h = (300/300)^{0.15} = 1.00$

2. 荷载组合

屋面雪荷载：　　　　$q_k = \mu_1 \cdot C_e \cdot s_k$

当屋顶角度小于 30°且在正常情况下 $C_e = 1.0$，形状因子 $\mu_1 = 0.8$。

$$q_k = 0.8 \times 1.0 \times 2.75\text{kN/m}^2 = 2.2\text{kN/m}^2$$

最关键的承载力极限状态（ULS）荷载组合：

$$E_{d,ULS} = \gamma_G \cdot g_k + \gamma_Q \cdot q_k$$
$$= 1.15 \times (5\text{m} \times 1.0\text{kN/m}^2) + 1.5 \times 5\text{m} \times 2.2\text{kN/m}^2 = 22.3\text{kN/m}$$

【注】安全系数 γ_G 和 γ_Q 是根据 Eurocode 0 的芬兰国家附件采用。

最关键的正常使用极限状态（SLS）荷载组合：

$$E_{d,SLS} = \gamma_G \cdot g_k + \gamma_Q \cdot q_k$$
$$= 1.0 \times (5\text{m} \times 1.0\text{kN/m}^2 + 1.0 \times 5\text{m} \times 2.2\text{kN/m}^2) = 16.0\text{kN/m}$$

3. ULS 设计

（1）抗弯

$$M_d = E_{d,ULS} \cdot s \cdot L^2/8 = 22.3\text{kN/m} \times (2.3\text{m})^2/8 = 14.7\text{kN} \cdot \text{m}$$

$$\sigma_{m,d} = \frac{M_d}{W} = \frac{14.7\text{kN} \cdot \text{m}}{6.75 \times 10^6\text{mm}^3} = 21.8\text{N/mm}^2$$

$$f_{m,0,edge,d} = \frac{k_{mod}}{\gamma_M} \cdot k_h \cdot f_{m,0,edge,k} = \frac{0.8}{1.2} \times 1.00 \times 44\text{N/mm}^2 = 29.3\text{N/mm}^2$$

$$\sigma_{m,d} \leqslant f_{m,0,edge,d} \rightarrow 满足$$

（2）侧向扭转屈曲

过梁以 600mm 间距侧向支承在墙骨柱上，并通过墙骨柱施加荷载。因此，有效长度 $L_{ef}=600$mm（见本指南表 4.3.5）。

$$\sigma_{m,crit} = \frac{M_{y,crit}}{W_y} = \frac{\pi\sqrt{E_{0.05}I_zG_{0.05}I_{tor}}}{l_{ef}W_y}$$

$$= \frac{\pi\sqrt{10600\text{N/mm}^2 \times 2.28 \times 10^6\text{mm}^4 \times 400\text{N/mm}^2 \times 8.20 \times 10^6\text{mm}^4}}{600\text{mm} \times 6.75 \times 10^5\text{mm}^3}$$

$$= 72.2\text{N/mm}^2$$

$$\lambda_{rel} = \sqrt{\frac{f_{m,k}}{\sigma_{m,crit}}} = \sqrt{\frac{44\text{N/mm}^2}{72.2\text{N/mm}^2}} = 0.78$$

当 $0.75 < \lambda_{rel,m} \leqslant 1.4$：$k_{crit} = 1.56 - 0.75\lambda_{rel,m} = 1.56 - 0.75 \times 0.78 = 0.97$

$$k_{crit} \cdot f_{m,d} = 0.97 \times 29.3\text{N/mm}^2 = 28.6\text{N/mm}^2$$

$$\sigma_{m,d} = 21.8\text{N/mm}^2 \leqslant k_{crit} \cdot f_{m,d} \rightarrow 满足$$

$$V_d = E_{d,ULS} \cdot s \cdot L/2 = 22.3\text{kN/m} \times 2.3\text{m}/2 = 25.6\text{kN}$$

$$\tau_{v,d} = \frac{3V_d}{2A} = \frac{3 \times 25.6\text{kN}}{2 \times 13500\text{mm}^2} = 2.84\text{N/mm}^2$$

$$f_{v,0,edge,d} = \frac{k_{mod}}{\gamma_M} \cdot f_{v,0,edge,k} = \frac{0.8}{1.2} \times 4.2\text{N/mm}^2 = 2.8\text{N/mm}^2$$

$\tau_{m,d} > f_{v,0,edge,d} \rightarrow$ 不满足

设计剪力可以通过扣除距离支承边缘为 h（h 梁高度）的荷载来减小（图 9.2.2）：

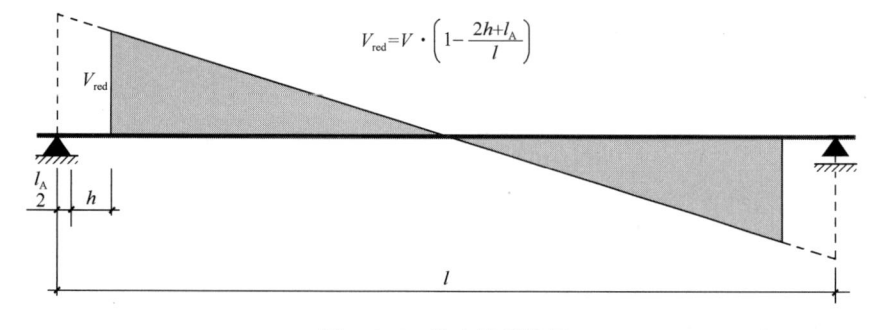

图 9.2.2　剪力计算简图

$$V_{red,d} = V_d \cdot \left(1 - \frac{2h + l_{支承}}{l}\right) = 25.6\text{kN} \times \left(1 - \frac{2 \times 300\text{mm} + 150\text{mm}}{2300\text{mm}}\right)$$

$$V_{red,d} = 17.2\text{kN}$$

$$\tau_{v,d} = \frac{3V_d}{2A} = \frac{3 \times 17.2\text{kN}}{2 \times 13500\text{mm}^2} = 1.92\text{N/mm}^2$$

$$\tau_{m,d} < f_{v,0,edge,d} \rightarrow 满足$$

（3）横纹抗压

$$F_{c,90,d} = V_d = 25.6 \text{kN}$$

$$\sigma_{c,90,d} = \frac{F_{c,90,d}}{A_{ef}} = \frac{F_{c,90,d}}{b \cdot (l_{支承} + 15\text{mm})}$$

$$= \frac{25.6 \text{kN}}{45\text{mm} \times (150\text{mm} + 15\text{mm})} = 3.4 \text{N/mm}^2$$

$$k_{c,90} \cdot f_{c,90,edge,d} = k_{c,90} \cdot \frac{k_{mod}}{\gamma_M} \cdot f_{c,90,edge,k} = 1.0 \times \frac{0.8}{1.2} \times 6\text{N/mm}^2 = 4\text{N/mm}^2$$

$$\sigma_{c,90,d} \leqslant k_{c,90} \cdot k_{m,0,edge,d} \rightarrow 满足$$

4. SLS 设计

变形计算简图见图 9.2.3。

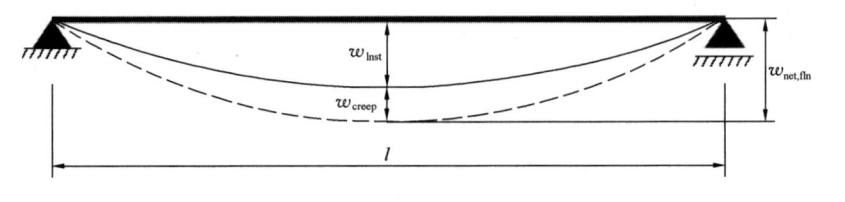

图 9.2.3　变形计算简图

（1）瞬时挠度

$$w_{inst} = w_{inst,g} + w_{inst,q}$$

$$w_{inst,g} = \frac{5 \cdot g_{d,LSL} \cdot s \cdot L^4}{384 \cdot E_{mean} \cdot I} + \frac{6/5 \cdot g_{d,LSL} \cdot s \cdot L^2}{8 \cdot G_{mean} \cdot A} = 1.30\text{mm} + 0.49\text{mm} = 1.79\text{mm}$$

$$= \frac{5 \cdot q_{d,LSL} \cdot s \cdot L^4}{384 \cdot E_{mean} \cdot I} + \frac{6/5 \cdot q_{d,LSL} \cdot s \cdot L^2}{8 \cdot G_{mean} \cdot A} = 2.87\text{mm} + 1.08\text{mm} = 3.95\text{mm}$$

$$w_{inst} = 1.79\text{mm} + 3.95\text{mm} = 5.5\text{mm}$$

（2）最终挠度

$$w_{net,fin} = (1 + k_{def}) \cdot w_{inst,g} + (1 + \psi_2 \cdot k_{def}) \cdot w_{inst,q}$$

【注】根据芬兰国家附件中的雪荷载，$\psi_2 = 0.2$。

$$w_{net,fin} = (1 + 0.6) \times 1.79\text{mm} + (1 + 0.2 \times 0.6) \times 3.95\text{mm} = 7.3\text{mm}$$

当要求：$w_{net,fin} \leqslant \dfrac{L}{300}, \dfrac{2300\text{mm}}{300} = 7.7\text{mm} \rightarrow$ 满足

过梁满足设计要求。但是，实际上所需的支承长度相当长，对于窗户，可能需要更严格的极限挠度。因此，LVL 36C 的 $2 \times 45\text{mm} \times 260\text{mm}$ 双过梁或 $69\text{mm} \times 300\text{mm}$ 过梁可能是更合适的选择。

9.3　双 LVL 48P 屋脊梁

一个家庭住宅中屋盖的单跨屋脊梁为 LVL 48P 双梁 $2 \times 51\text{mm} \times 400\text{mm}$（图 9.3.1）。跨度为 $L = 4000\text{mm}$，承载区域的宽度为 6000mm，并且屋盖椽条以间距 $s = 1200\text{mm}$ 连接到梁的侧面，支承长度为 120mm。雪荷载 s_k 为 2.5kN/m^2，屋顶结构自重为 1.0kN/m^2，梁自重为 0.2kN/m。使用环境为 SC1 级。

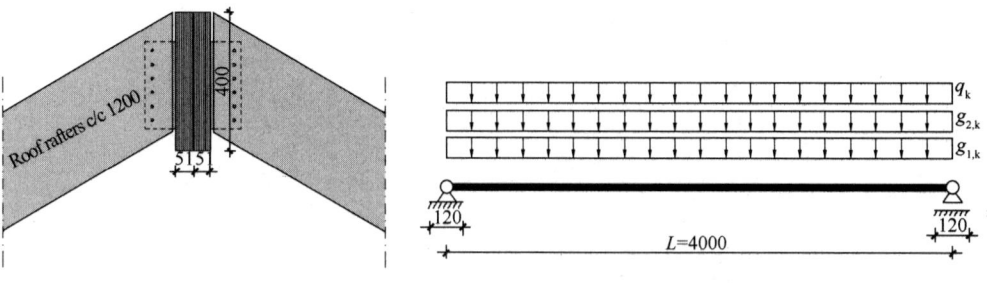

图 9.3.1 屋脊梁计算简图

1. 梁性能

窄面抗弯强度：$f_{m,0,edge,k} = 44N/mm^2$

窄面抗剪强度：$f_{v,0,edge,k} = 4.2N/mm^2$

窄面横纹抗压强度：$f_{c,90,edge,k} = 6N/mm^2$

弹性模量标准值：$E_{0,k} = 11600N/mm^2$

弹性模量：$E_{0,mean} = 13800N/mm^2$

剪切模量标准值：$G_{0,edge,k} = 600N/mm^2$

剪切模量：$G_{0,edge,mean} = 400N/mm^2$

横截面面积：$A = 2 \times b \cdot h = 40800mm^2$

截面模量：$W_y = 2 \times b \cdot h^2/6 = 2.72 \times 10^6 mm^3$

惯性矩：$I_y = 2 \times b \cdot h^3/12 = 5.44 \times 10^8 mm^4$

惯性矩：$I_z = 2 \times h \cdot b^3/12 = 8.84 \times 10^6 mm^4$

转动惯量：$I_{tor} = 2 \times 0.3 \times h \cdot b^3 = 3.18 \times 10^7 mm^4$

搁栅抗弯刚度：$EI_y = 13800N/mm^2 \times 5.44 \times 10^8 mm^4 = 7.51 \times 10^{12} N \cdot mm^2$

搁栅抗剪刚度：$GA = 600N/mm^2 \times 40800mm^2 = 2.45 \times 10^7 N$

SC1、中期修正系数：$k_{mod} = 0.8$

SC1 修正系数：$k_{def} = 0.6$

材料安全系数（EC5 中默认值）：$\gamma_M = 1.2$

尺寸效应系数：$k_h = (300/400)^{0.15} = 0.96$

2. 荷载组合

屋面雪荷载：$q_k = \mu_1 \cdot C_e \cdot s_k$

当屋顶角度小于 30° 且在正常情况下 $C_e = 1.0$，形状因子 $\mu_1 = 0.8$。

$$q_k = 0.8 \times 1.0 \times 2.5kN/m^2 = 2.0kN/m^2$$

最关键的承载力极限状态（ULS）荷载组合：

$$E_{d,ULS} = \gamma_G \cdot (g_{1,k} + g_{2,k}) + \gamma_Q \cdot q_k$$

$$= 1.15 \times (6m \times 1.0kN/m^2 + 0.2kN/m) + 1.5 \times 6m \times 2.0kN/m^2$$

$$= 25.1kN/m$$

【注】安全系数 γ_G 和 γ_Q 是根据 Eurocode 0 的芬兰国家附件采用。

最关键的正常使用极限状态（SLS）荷载组合：

$$E_{d,SLS} = \gamma_G \cdot (g_{1,k} + g_{2,k}) + \gamma_Q \cdot q_k$$
$$= 1.0 \times (6m \times 1.0kN/m^2 + 0.2kN/m) + 6.0 \times 1.0 \times 2.0kN/m^2$$
$$= 18.2kN/m$$

3. ULS 设计

（1）抗弯

$$M_d = E_{d,ULS} \cdot s \cdot L^2/8 = 25.1kN/m \times (4m)^2/8 = 50.3kN \cdot m$$

$$\sigma_{m,d} = \frac{M_d}{W} = \frac{50.3kN \cdot m}{2.27 \times 10^6 mm^3} = 18.5N/mm^2$$

$$f_{m,0,edge,d} = \frac{k_{mod}}{\gamma_M} \cdot k_h \cdot f_{m,0,edge,k} = \frac{0.8}{1.2} \times 0.96 \times 44N/mm^2 = 28.1N/mm^2$$

$$\sigma_{m,d} \leqslant f_{m,0,edge,d} \rightarrow 满足$$

（2）侧向扭转屈曲

屋脊梁通过连接在梁侧面的间距为 1200mm 的屋盖橡条传递荷载，并且屋盖橡条作为抵抗侧向扭转屈曲的支撑。因此，有效长度 $L_{ef} = 1200mm$。

$$\sigma_{m,crit} = \frac{M_{y,crit}}{W_y} = \frac{\pi \sqrt{E_{0.05} I_z G_{0.05} I_{tor}}}{l_{ef} W_y}$$

$$= \frac{\pi \sqrt{10600N/mm^2 \times 8.84 \times 10^6 mm^4 \times 400N/mm^2 \times 3.18 \times 10^7 mm^4}}{1200mm \times 2.72 \times 10^6 mm^3}$$

$$= 34.8N/mm^2$$

$$\lambda_{rel} = \sqrt{\frac{f_{m,k}}{\sigma_{m,crit}}} = \sqrt{\frac{44N/mm^2}{34.8N/mm^2}} = 1.12$$

当 $0.75 < \lambda_{rel,m} \leqslant 1.4$，$k_{crit} = 1.56 - 0.75\lambda_{rel,m} = 1.56 - 0.75 \times 1.12 = 0.72$

$$k_{crit} \cdot f_{m,d} = 0.72 \times 28.1N/mm^2 = 20.1N/mm^2$$

$$\sigma_{m,d} \leqslant k_{crit} \cdot f_{m,d} \rightarrow 满足$$

（3）抗剪

$$V_d = E_{d,ULS} \cdot s \cdot L/2 = 25.1kN/m \times 4.0m/2 = 50.3kN$$

$$\tau_{v,d} = \frac{3 \cdot V_d}{2 \cdot A} = \frac{3 \times 50.3kN}{2 \times 40800mm^2} = 1.9N/mm^2$$

$$f_{v,0,edge,d} = \frac{k_{mod}}{\gamma_M} \cdot f_{v,0,edge,k} = \frac{0.8}{1.2} \times 4.2N/mm^2 = 2.8N/mm^2$$

$$\tau_{m,d} \leqslant f_{v,0,edge,d} \rightarrow 满足$$

（4）横纹抗压

$$F_{c,90,d} = V_d = 50.3kN$$

$$\sigma_{c,90,d} = \frac{F_{c,90,d}}{A_{ef}} = \frac{F_{c,90,d}}{b \cdot (l_{支承} + 15mm)}$$

$$= \frac{50.3kN}{2 \times 51mm \times (120mm + 15mm)} = 3.7N/mm^2$$

$$k_{c,90} \cdot f_{c,90,edge,d} = k_{c,90} \cdot \frac{k_{mod}}{\gamma_M} \cdot f_{c,90,edge,k} = 1.0 \times \frac{0.8}{1.2} \times 6N/mm^2 = 4N/mm^2$$

$$\sigma_{c,90,d} \leqslant k_{c,90} \cdot k_{m,0,edge,d} \rightarrow 满足$$

4. SLS 设计

变形计算简图见图 9.3.2。

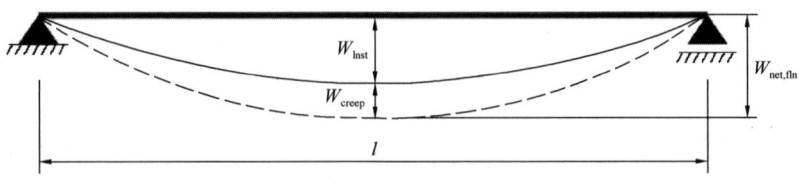

图 9.3.2　变形计算简图

（1）瞬时挠度

$$w_{\mathrm{inst}} = w_{\mathrm{inst,g}} + w_{\mathrm{inst,q}}$$

$$w_{\mathrm{inst,g}} = \frac{5 \cdot g_{\mathrm{d,LSL}} \cdot s \cdot L^4}{384 \cdot E_{\mathrm{mean}} \cdot I} + \frac{6/5 \cdot g_{\mathrm{d,LSL}} \cdot s \cdot L^2}{8 \cdot G_{\mathrm{mean}} \cdot A} = 2.76\mathrm{mm} + 0.61\mathrm{mm} = 3.36\mathrm{mm}$$

$$= \frac{5 \cdot q_{\mathrm{d,LSL}} \cdot s \cdot L^4}{384 \cdot E_{\mathrm{mean}} \cdot I} + \frac{6/5 \cdot q_{\mathrm{d,LSL}} \cdot s \cdot L^2}{8 \cdot G_{\mathrm{mean}} \cdot A} = 5.33\mathrm{mm} + 1.18\mathrm{mm} = 6.51\mathrm{mm}$$

$$w_{\mathrm{inst}} = 3.36\mathrm{mm} + 6.51\mathrm{mm} = 9.9\mathrm{mm}$$

（2）最终挠度

$$w_{\mathrm{net,fin}} = (1 + k_{\mathrm{def}}) \cdot w_{\mathrm{inst,g}} + (1 + \psi_2 \cdot k_{\mathrm{def}}) \cdot w_{\mathrm{inst,q}}$$

【注】对于芬兰国家附件中的雪荷载，$\psi_2 = 0.2$。

$$w_{\mathrm{net,fin}} = (1 + 0.6) \times 3.36\mathrm{mm} + (1 + 0.2 \times 0.6) \times 6.51\mathrm{mm} = 12.7\mathrm{mm}$$

当要求：$w_{\mathrm{net,fin}} \leqslant \dfrac{L}{300}$，$\dfrac{4000\mathrm{mm}}{300} = 13.3\mathrm{mm} \rightarrow$ 满足

9.4　屋盖檩条

无加热（使用环境等级 2）门式框架大厅的屋盖单跨檩条是 45mm×240mm LVL 48P 梁（图 9.4.1）。屋顶坡度为 15°，跨度为 $L = 4000\mathrm{mm}$，间距 $s = 900\mathrm{mm}$，檩条垂直于屋顶

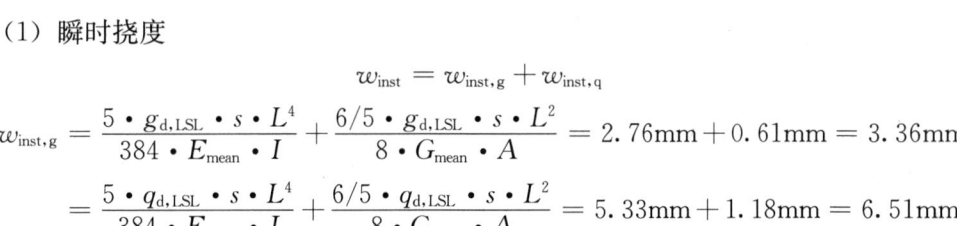

图 9.4.1　屋盖檩条结构计算简图

平面,在跨度中间具有侧向支撑。支承长度为 45mm。雪荷载 s_k 为 $2.5kN/m^2$,屋顶结构自重为 $0.30kN/m^2$。为简化,本例中没有风荷载。檩条连接到门式框架梁的侧面,同时起到侧向扭转屈曲支撑的作用。因此,檩条的轴向荷载 $N_k=3kN$ 主要来自雪荷载。使用环境等级 SC2。

1. 梁性能

窄面抗弯强度:$f_{m,0,edge,k}=44N/mm^2$

宽面抗弯强度:$f_{m,0,flat,k}=48N/mm^2$

窄面抗剪强度:$f_{v,0,edge,k}=4.2N/mm^2$

顺纹抗压强度:$f_{c,0,SC2,k}=29N/mm^2$

窄面横纹抗压强度:$f_{c,90,edge,k}=6N/mm^2$

弹性模量标准值:$E_{0,k}=11600N/mm^2$

弹性模量:$E_{0,mean}=13800N/mm^2$

剪切模量标准值:$G_{0,edge,k}=600N/mm^2$

剪切模量:$G_{0,edge,mean}=400N/mm^2$

横截面面积:$A=b \cdot h=10800mm^2$

截面模量:$W_y=b \cdot h^2/6=4.32 \times 10^5 mm^3$

截面模量:$W_z=h \cdot b^2/6=8.10 \times 10^4 mm^3$

惯性矩:$I_y=b \cdot h^3/12=5.18 \times 10^7 mm^4$

惯性矩:$I_z=h \cdot b^3/12=1.82 \times 10^6 mm^4$

转动惯量:$I_{tor}=0.3 \times h \cdot b^3=6.56 \times 10^6 mm^4$

搁栅抗弯刚度:$EI_y=13800N/mm^2 \times 6.56 \times 10^6 mm^4=7.15 \times 10^{11} N \cdot mm^2$

搁栅抗剪刚度:$GA=600N/mm^2 \times 40800mm^2=6.48 \times 10^6 N$

SC2、中期修正系数:$k_{mod}=0.8$

SC2 修正系数:$k_{def}=0.8$

材料安全系数(EC5 中默认值):$\gamma_M=1.2$

尺寸效应系数:$k_h=(300/240)^{0.15}=1.034$

2. 荷载组合

z 方向自重 $g_{k,z}$:$\cos 15° \times 0.9m \times 0.3kN/m^2=0.26kN/m$

y 方向自重 $g_{k,y}$:$\sin 15° \times 0.9m \times 0.4kN/m^2=0.07kN/m$

屋面雪荷载 $q_k=\mu_1 \cdot C_e \cdot s_k$

当屋顶角度小于 30° 且在正常情况下 $C_e=1.0$,形状因子 $\mu_1=0.8$。

$$q_k = 0.8 \times 1.0 \times 2.5kN/m^2 = 2kN/m^2 \text{(水平投影)}$$

$$q_{k,z} = \cos 15° \times \cos 15° \times 2kN/m = 1.68kN/m$$

$$q_{k,y} = \cos 15° \times \sin 15° \times 2kN/m = 0.45kN/m$$

最关键的承载力极限状态(ULS)荷载组合:

$$E_{d,z,ULS} = \gamma_G \cdot g_{k,z} + \gamma_Q \cdot q_{k,z}$$

$$= 1.15 \times 0.26kN/m^2 + 1.5 \times 1.68kN/m^2 = 2.82kN/m$$

$$E_{d,y,ULS} = \gamma_G \cdot g_{k,y} + \gamma_Q \cdot q_{k,y}$$

$$= 1.15 \times 0.07 \text{kN/m}^2 + 1.5 \times 0.45 \text{kN/m}^2 = 0.76 \text{kN/m}$$

轴向受压 $\qquad N_{c,d} = \gamma_Q \cdot N_{c,k} = 1.5 \times 3 \text{kN/m}^2 = 4.5 \text{kN}$

【注】安全系数 γ_G 和 γ_Q 是根据 Eurocode 0 的芬兰国家附件采用。

最关键的正常使用极限状态（SLS）荷载组合：

$$E_{d,z,SLS} = \gamma_G \cdot g_{k,z} + \gamma_Q \cdot q_{k,z}$$
$$= 1.0 \times 0.26 \text{kN/m}^2 + 1.0 \times 1.68 \text{kN/m}^2 = 1.94 \text{kN/m}$$

3. ULS 设计

（1）y 方向抗弯

$$M_{d,z} = E_{d,ULS} \cdot L^2/8 = 2.82 \text{kN/m} \times (4\text{m})^2/8 = 5.64 \text{kN} \cdot \text{m}$$

$$\sigma_{m,y,d} = \frac{M_{d,z}}{W_y} = \frac{5.64 \text{kN} \cdot \text{m}}{4.32 \times 10^5 \text{mm}^3} = 13.1 \text{N/mm}^2$$

$$f_{m,0,edge,d} = \frac{k_{mod}}{\gamma_M} \cdot k_h \cdot f_{m,0,edge,k} = \frac{0.8}{1.2} \times 1.034 \times 44 \text{N/mm}^2 = 30.3 \text{N/mm}^2$$

（2）双跨梁中心支承在 z 方向抗弯

$$M_{d,y} = E_{d,y,ULS} \cdot (L/2)^2/8 = 0.76 \text{kN/m} \times (4\text{m}/2)^2/8 = 0.38 \text{kN} \cdot \text{m}$$

$$\sigma_{m,z,d} = \frac{M_{z,d}}{W_z} = \frac{0.38 \text{kN} \cdot \text{m}}{8.10 \times 10^4 \text{mm}^3} = 4.7 \text{N/mm}^2$$

$$f_{m,0,flat,z,d} = \frac{k_{mod}}{\gamma_M} \cdot f_{m,0,flat,z,k} = \frac{0.8}{1.2} \times 48 \text{N/mm}^2 = 32.0 \text{N/mm}^2$$

在跨中设置防侧向扭转屈曲（LTB）。

檩条从受压侧加载，并在主支承处和跨中支撑以防扭转。根据 EN1995-1-1 的表 6.1，对于均布荷载，有效长度为 $L_{ef} = 2000 \text{mm} + 2 \times 240 \text{mm} = 2480 \text{mm}$。

$$\sigma_{m,y,crit} = \frac{M_{z,crit}}{W_y} = \frac{\pi \sqrt{E_{0.05} I_z G_{0.05} I_{tor}}}{l_{ef} W_y}$$

$$= \frac{\pi \sqrt{10600 \text{N/mm}^2 \times 1.82 \times 10^6 \text{mm}^4 \times 400 \text{N/mm}^2 \times 6.56 \times 10^6 \text{mm}^4}}{2480 \text{mm} \times 4.32 \times 10^5 \text{mm}^3}$$

$$\sigma_{m,y,crit} = 21.6 \text{N/mm}^2$$

$$\lambda_{rel} = \sqrt{\frac{k_h \cdot f_{m,k}}{\sigma_{m,y,crit}}} = \sqrt{\frac{1.03 \times 44 \text{N/mm}^2}{21.6 \text{N/mm}^2}} = 1.45$$

当 $1.4 < \lambda_{rel,m}$，$k_{crit} = \dfrac{1}{\lambda_{rel,m}^2} = \dfrac{1}{1.45^2} = 0.48$

$$k_{crit} \cdot f_{m,y,d} = 0.48 \times 30.3 \text{N/mm}^2 = 14.4 \text{N/mm}^2$$

$$\sigma_{m,y,d} \leqslant k_{crit} \cdot f_{m,y,d} \rightarrow 满足$$

（3）轴向受压

$$\frac{N_{c,d}}{A} = \frac{4.5 \text{kN}}{10800 \text{mm}^2} = 0.42 \text{N/mm}^2$$

$$f_{c,0,d} = \frac{k_{mod}}{\gamma_M} \cdot f_{c,0,SC2,k} = \frac{0.8}{1.2} \times 29 \text{N/mm}^2 = 19.3 \text{N/mm}^2$$

（4）屈曲

z 方向屈曲长度 $l_c = 2000 \text{mm}$，y 方向屈曲长度 $l_c = 4000 \text{mm}$。

$$\lambda_z = \sqrt{12}\left(\frac{l_c}{b}\right) = 3.46 \times \frac{2000\text{mm}}{45\text{mm}} = 154$$

$$\lambda_y = \sqrt{12}\left(\frac{l_c}{h}\right) = 3.46 \times \frac{4000\text{mm}}{240\text{mm}} = 58$$

$$\lambda_{\text{rel},z} = \frac{\lambda_z}{\pi}\sqrt{\frac{f_{c,o,k}}{E_{0.05}}} = \frac{154}{3.14}\sqrt{\frac{29\text{N/mm}^2}{11600\text{N/mm}^2}} = 2.45$$

$$\lambda_{\text{rel},y} = \frac{\lambda_y}{\pi}\sqrt{\frac{f_{c,o,k}}{E_{0.05}}} = \frac{58}{3.14}\sqrt{\frac{29\text{N/mm}^2}{11600\text{N/mm}^2}} = 0.92$$

$$k_z = 0.5 \times [1 + 0.1 \times (2.45 - 0.3) + 2.45^2] = 3.61$$

$$k_y = 0.5 \times [1 + \beta_c(\lambda_{\text{rel},y} - 0.3) + \lambda_{\text{rel},y}^2]$$

$$= 0.5 \times [1 + 0.1 \times (0.92 - 0.3) + 0.92^2] = 0.95$$

$$k_{c,z} = \frac{1}{k_z + \sqrt{k_z^2 - \lambda_{\text{rel},z}^2}} = \frac{1}{3.61 + \sqrt{3.61^2 - 2.45^2}} = 0.16$$

$$k_{c,y} = \frac{1}{k_y + \sqrt{k_y^2 - \lambda_{\text{rel},y}^2}} = \frac{1}{0.95 + \sqrt{0.95^2 - 0.92^2}} = 0.83$$

对于矩形横截面 $k_m = 0.7$，应满足以下表达式：

$$\frac{\sigma_{c,0,d}}{k_{c,z} \cdot f_{c,0,d}} + k_m \cdot \frac{\sigma_{m,y,d}}{f_{m,y,d}} + \frac{\sigma_{m,z,d}}{f_{m,z,d}} \leqslant 1$$

$$\frac{0.42\text{N/mm}^2}{0.16 \times 19.3\text{N/mm}^2} + 0.7 \times \frac{13.1\text{N/mm}^2}{30.3\text{N/mm}^2} + \frac{4.7\text{N/mm}^2}{32.0\text{N/mm}^2} = 0.14 + 0.30 + 0.15 = 0.59$$

→ 满足

$$\frac{\sigma_{c,0,d}}{k_{c,y} \cdot f_{c,0,d}} + \frac{\sigma_{m,y,d}}{f_{m,y,d}} + k_m \cdot \frac{\sigma_{m,z,d}}{f_{m,z,d}} \leqslant 1$$

$$\frac{0.42\text{N/mm}^2}{0.83 \times 19.3\text{N/mm}^2} + \frac{13.1\text{N/mm}^2}{30.3\text{N/mm}^2} + 0.7 \times \frac{4.7\text{N/mm}^2}{32.0\text{N/mm}^2} = 0.03 + 0.43 + 0.10 = 0.56$$

→ 满足

$$\left(\frac{\sigma_{m,y,d}}{k_{\text{crit}} \cdot f_{m,0,\text{edge}}}\right)^2 + \frac{\sigma_{c,0,d}}{k_{c,z} \cdot f_{c,0,d}} \leqslant 1$$

$$\left(\frac{13.1\text{N/mm}^2}{0.48 \times 30.3\text{N/mm}^2}\right)^2 + \frac{0.42\text{N/mm}^2}{0.16 \times 19.3\text{N/mm}^2} = 0.82 + 0.14 = 0.96 \to 满足$$

（5）抗剪

$$V_{d,y} = E_{d,\text{ULS}} \cdot s \cdot L/2 = 2.92\text{kN/m} \times 4\text{m}/2 = 6.2\text{kN}$$

$$\tau_{v,d} = \frac{3 \cdot V_{d,y}}{2 \cdot A} = \frac{3 \times 6.2\text{kN}}{2 \times 10800\text{mm}^2} = 0.9\text{N/mm}^2$$

$$f_{v,0,\text{edge},d} = \frac{k_{\text{mod}}}{\gamma_M} \cdot f_{v,0,\text{edge},k} = \frac{0.8}{1.2} \times 4.2\text{N/mm}^2 = 2.8\text{N/mm}^2$$

$$\tau_{m,d} \leqslant f_{v,0,\text{edge},d} \to 满足$$

（6）横纹抗压

$$F_{c,90,d} = V_{d,y} = 6.2\text{kN}$$

$$\sigma_{c,90,d} = \frac{F_{c,90,d}}{A_{\text{ef}}} = \frac{6.2\text{kN}}{45\text{mm} \times (15\text{mm} + 45\text{mm})} = 1.2\text{N/mm}^2$$

$$k_{c,90} \cdot f_{c,90,\text{edge,d}} = k_{c,90} \cdot \frac{k_{\text{mod}}}{\gamma_M} \cdot f_{c,90,\text{edge,k}} = 1.0 \times \frac{0.8}{1.2} \times 6.0 \text{N/mm}^2 = 4 \text{N/mm}^2$$

$$\sigma_{c,90,d} \leqslant k_{c,90} \cdot k_{m,0,\text{edge,d}} \rightarrow 满足$$

4. LSL 设计

（1）瞬时挠度

$$w_{\text{inst}} = w_{\text{inst,g}} + w_{\text{inst,q}}$$

$$w_{\text{inst,g}} = \frac{5 \cdot g_{d,z,\text{LSL}} \cdot s \cdot L^4}{384 \cdot E_{\text{mean}} \cdot I} + \frac{6/5 \cdot g_{d,z,\text{LSL}} \cdot s \cdot L^2}{8 \cdot G_{\text{mean}} \cdot A} = 1.62\text{mm} + 0.13\text{mm} = 1.75\text{mm}$$

$$w_{\text{inst}} = 1.75\text{mm} + 8.45\text{mm} = 10.2\text{mm}$$

（2）最终挠度

$$w_{\text{net,fin}} = (1 + k_{\text{def}}) \cdot w_{\text{inst,g}} + (1 + \psi_2 \cdot k_{\text{def}}) \cdot w_{\text{inst,q}}$$

【注】对于芬兰国家附件中的雪荷载，$\psi_2 = 0.2$。

$$w_{\text{net,fin}} = (1 + 0.6) \times 1.75\text{mm} + (1 + 0.2 \times 0.6) \times 8.45\text{mm} = 12.9\text{mm}$$

要求：$w_{\text{net,fin}} \leqslant \dfrac{L}{250}$，$\dfrac{4000\text{mm}}{250} = 16\text{mm} \rightarrow$ 满足

9.5 墙骨柱

承重内墙是一栋两层住宅中间楼盖的中心支承。45mm×120mm LVL 32P 墙骨柱（图 9.5.1）长度 L 2700mm，间距 $s = 600$mm。每个墙骨柱结构自重 g_k 为 5kN，施加荷载 q_k 为 11kN。假定荷载的偏心距 e_z 是墙骨柱宽度的 1/4，即 120mm/4＝30mm。墙板在较弱的方向上可防止屈曲。使用环境等级 SC1。

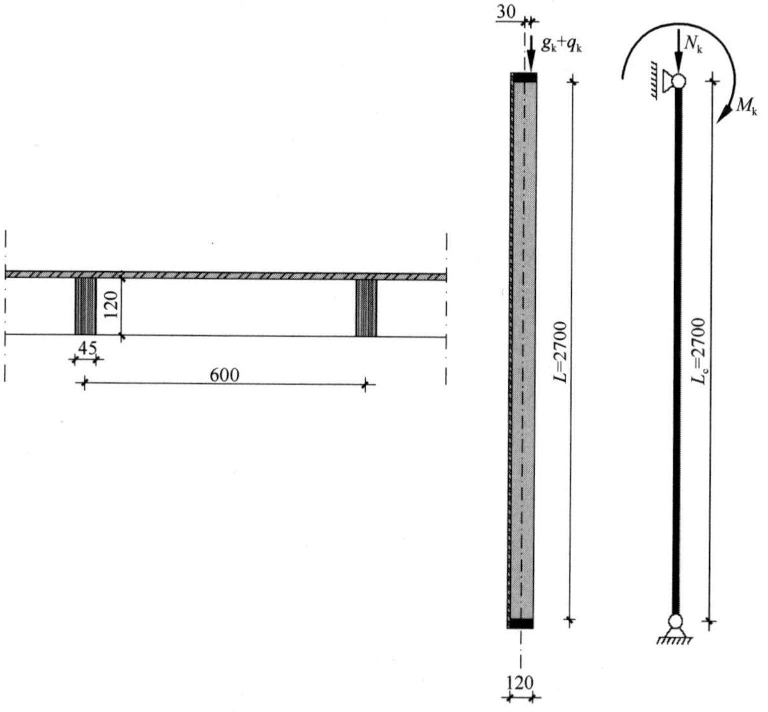

图 9.5.1 墙骨柱结构计算简图

1. 墙骨柱性能

窄面抗弯强度：$f_{m,0,edge,k} = 27N/mm^2$

窄面抗剪强度：$f_{v,0,edge,k} = 4N/mm^2$

顺纹抗压强度：$f_{c,0,k} = 26N/mm^2$

弹性模量标准值：$E_{0,k} = 9600N/mm^2$

弹性模量：$E_{0,mean} = 8000N/mm^2$

剪切模量标准值：$G_{0,edge,k} = 600N/mm^2$

剪切模量：$G_{0,edge,mean} = 400N/mm^2$

横截面面积：$A = b \cdot h = 5400mm^2$

截面模量：$W_y = b \cdot h^2/6 = 1.08 \times 10^5 mm^3$

惯性矩：$I_y = b \cdot h^3/12 = 6.48 \times 10^6 mm^4$

搁栅抗弯刚度：$EI_y = 13800N/mm^2 \times 1.08 \times 10^5 mm^4 = 8.94 \times 10^{10}$ N·mm^2

搁栅抗剪刚度：$GA = 600N/mm^2 \times 5400mm^2 = 3.24 \times 10^6$ N

SC1、中期修正系数：$k_{mod} = 0.8$

SC1 修正系数：$k_{def} = 0.6$

材料安全系数（EC5 中默认值）：$\gamma_M = 1.2$

尺寸效应系数：$k_h = (300/120)^{0.15} = 1.15$

2. 荷载组合

最关键的承载力极限状态（ULS）荷载组合：

$$E_{d,ULS} = \gamma_G \cdot g_k + \gamma_Q \cdot q_k = 1.15 \times 5.0kN + 1.5 \times 11kN = 22.3kN$$

【注】安全系数 γ_G 和 γ_Q 是根据 Eurocode 0 的芬兰国家附件采用。

3. ULS 设计

（1）轴向受压

$$\frac{N_{c,d}}{A} = \frac{E_{d,ULS}}{A} = \frac{22.3kN}{5400mm^2} = 4.1N/mm^2$$

$$f_{c,0,d} = \frac{k_{mod}}{\gamma_M} \cdot f_{c,0,SC1,k} = \frac{0.8}{1.2} \times 26N/mm^2 = 17.3N/mm^2$$

（2）屈曲

z 方向屈曲长度 $l_c = 2700mm$。

$$\lambda_y = \sqrt{12}\left(\frac{l_c}{h}\right) = 3.46 \times \frac{2700mm}{120mm} = 78$$

$$\lambda_{rel,y} = \frac{\lambda_y}{\pi}\sqrt{\frac{f_{c,0,k}}{E_{0.05}}} = \frac{78}{3.14}\sqrt{\frac{26N/mm^2}{8000N/mm^2}} = 1.41$$

$$k_y = 0.5 \times [1 + \beta_c(\lambda_{rel,y} - 0.3) + \lambda_{rel,y}^2] = 0.5 \times [1 + 0.1 \times (1.412 - 0.3) + 1.41^2]$$
$$= 1.56$$

$$k_{c,y} = \frac{1}{k_y + \sqrt{k_y^2 - \lambda_{rel,y}^2}} = \frac{1}{1.56 + \sqrt{1.56^2 - 1.41^2}} = 0.45$$

$$\frac{\sigma_{c,0,d}}{k_{c,z} \cdot f_{c,0,d}} = \frac{4.1N/mm^2}{0.45 \times 17.3N/mm^2} = 0.52 \leqslant 1.0 \rightarrow 满足$$

（3）抗弯

$$M_d = E_{d,ULS} \cdot e_z = 22.3kN \times 0.03m = 0.67kN \cdot m$$

$$\sigma_{m,d} = \frac{M_d}{W} = \frac{0.67kN \cdot m}{1.08 \times 10^5 mm^3} = 6.2N/mm^2$$

$$f_{m,0,edge,d} = \frac{k_{mod}}{\gamma_M} \cdot k_h \cdot f_{m,0,edge,k} = \frac{0.8}{1.2} \times 1.15 \times 27N/mm^2 = 20.7N/mm^2$$

$$\sigma_{m,d} \leqslant f_{m,0,edge,d} \rightarrow 满足$$

对于矩形横截面 $k_m = 0.7$，应满足以下公式：

$$\frac{\sigma_{c,0,d}}{k_{c,z} \cdot f_{c,0,d}} + k_m \cdot \frac{\sigma_{m,y,d}}{f_{m,y,d}} \leqslant 1$$

$$\frac{4.1N/mm^2}{0.45 \times 17.3N/mm^2} + 0.7 \times \frac{6.2N/mm^2}{20.7N/mm^2} = 0.52 + 0.7 \times 0.3 = 0.73 \rightarrow 满足$$

墙骨柱安装在 120mm 宽的 LVL 48P 底板上，该地梁板侧面横纹抗压强度 $f_{c,90,flat,k} = 2.2N/mm^2$。阻力是：

$$F_{c,90,d} = N_d = 22.3kN$$

$$\sigma_{c,90,d} = \frac{F_{c,90,d}}{A_{ef}} = \frac{22.3kN}{b \cdot (l_{支承} + 2 \times 30mm)} = \frac{22.3kN}{120mm \times (45mm + 2 \times 30mm)} = 1.77N/mm^2$$

$$k_{c,90} \cdot f_{c,90,flat,d} = k_{c,90} \cdot \frac{k_{mod}}{\gamma_M} \cdot f_{c,90,flat,k}$$

$$k_{c,90} \cdot f_{c,90,flat,d} = 1.4 \times \frac{0.8}{1.2} \times 2.2N/mm^2 = 2.05N/mm^2$$

$$(k_{c,90} 见本指南表 4.3.1)$$

$$\sigma_{c,90,d} \leqslant k_{c,90} \cdot f_{m,0,flat,d} \rightarrow 满足$$

9.6 窄面的轴向加载螺钉连接

屋盖顶棚板表面安装通风管道，采用的螺栓连接示意图见图 9.6.1。自重为 50 kg/m。与屋盖构件悬挂连接的节点的横向间距为 2.5m，并连接到 45mm 厚的 LVL 48P 梁的窄面（图 9.6.1）。使用环境等级 SC1。

1. 荷载组合

最关键的承载力极限状态（ULS）荷载组合：

$$E_{d,ULS} = s(\gamma_G \cdot g_k) = 2.5m \times (1.35 \times 0.5kN/m) = 1.7kN$$

【注】仅永久荷载的安全系数 γ_G 是根据 Eurocode 0 的芬兰国家附件采用。

2. 螺钉性能

尺寸 $5.0 \times 60mm$ 螺钉，2 个螺钉/连接件。

螺纹长度：$l_g = 50mm$

钉帽直径：$d_h = 10mm$（钢-木连接中钉帽拉穿强度不受控制）

抗拉强度：$t_{tens,k} = 7kN$，根据 EN 14592 确定，$t_{tens,k} > E_{d,ULS}$ 满足

抗拔强度：$f_{ax,k} = 10N/mm^2$，在 LVL 48P 窄面，根据 EN 14592 确定

SC1，永久荷载修正系数：$k_{mod} = 0.6$

连接材料安全系数（EC5 中默认值）：$\gamma_M = 1.3$

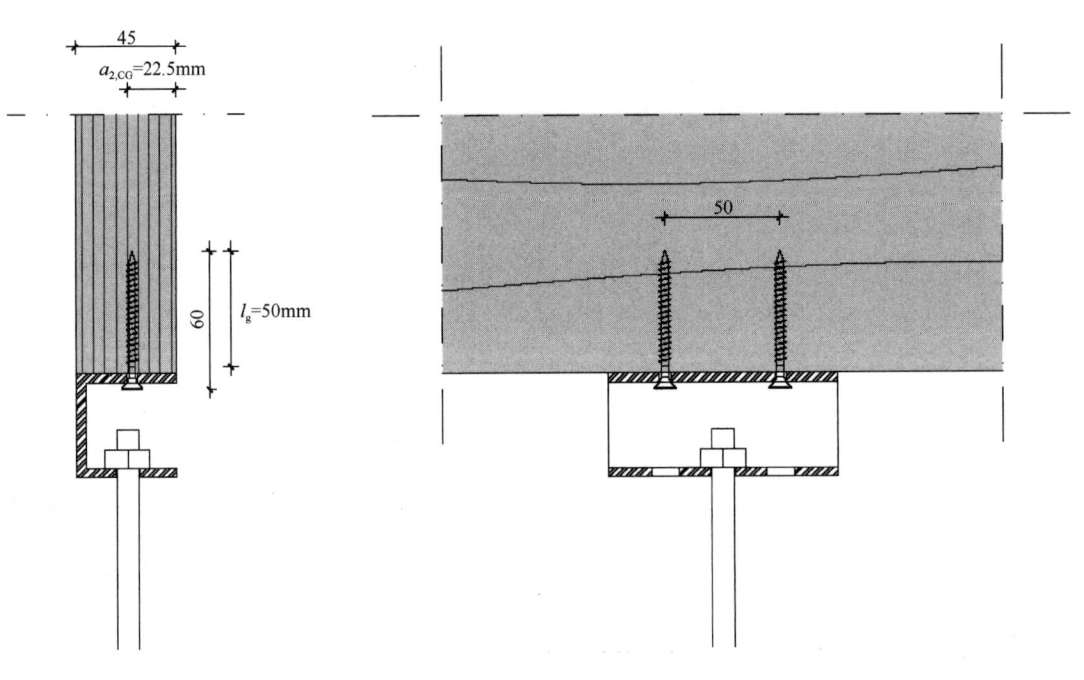

图 9.6.1　螺钉连接示意

3. 几何条件

LVL 边缘最小边距 $a_{CG,2} \geqslant 4d = 4 \times 5.0\text{mm} = 20\text{mm}$。梁厚度 45mm/2＝22.5mm→螺钉尺寸 5.0×50mm 可用于梁。

最小螺钉间距：$a_1 \geqslant 10d = 50\text{mm}$

梁中最小端距：$a_{1,CG} \geqslant 12d = 60\text{mm}$

螺纹部分最小钉尖穿透长度：$l_g \geqslant 6d = 30\text{mm}$，是允许的

4. 连接的抗拉强度

$$R_k = n^{0.9} R_{T,k}$$

$$R_{T,k} = f_{ax,k} \cdot d \cdot l_{ef}$$

$$l_{ef} = l_g - d = 50\text{mm} - 5\text{mm} = 45\text{mm}$$

$$R_{T,k} = 10\text{N/mm}^2 \times 5.0\text{mm} \times 45\text{mm} = 2.25\text{kN}$$

$$R_d = \frac{k_{mod}}{\gamma_M} \cdot n^{0.9} \cdot R_{T,K} = \frac{0.6}{1.3} \times 2^{0.9} \times 2.25\text{kN} = 1.9\text{kN}$$

$$E_{d,ULS} \leqslant R_d \rightarrow \text{满足}$$

轴向加载的螺钉连接可以用两个 5.0×50mm 尺寸的螺钉/连接件，以 50mm 螺钉间距布置在梁侧面中部。螺钉与梁端的距离不小于 60mm。

9.7　斜螺钉连接

一个家庭住宅的入口上方的雨棚采用一根 51mm×200mm 的 LVL 48P 横梁支承到外墙（图 9.7.1）。横梁用 45°角的斜螺钉连接到间距为 600mm、厚度为 51mm 的 LVL 32P 墙骨柱窄边上。自重线荷载 g_k 为 0.3kN/m，雪荷载 q_k 为 3.5kN/m。使用环境等级 SC2。

1. 荷载组合

梁和墙骨柱之间每个连接的最关键的承载力极限状态（ULS）荷载组合：

$$E_{d,ULS} = s \cdot (\gamma_G \cdot g_k + \gamma_Q \cdot q_k)$$

$$E_{d,ULS} = 0.6m \times (1.15 \times 0.3kN/m + 1.5 \times 3.5kN/m) = 3.4kN$$

【注】安全系数 γ_G 和 γ_Q 是根据 Eurocode 0 的芬兰国家附件采用。

2. 螺钉性能

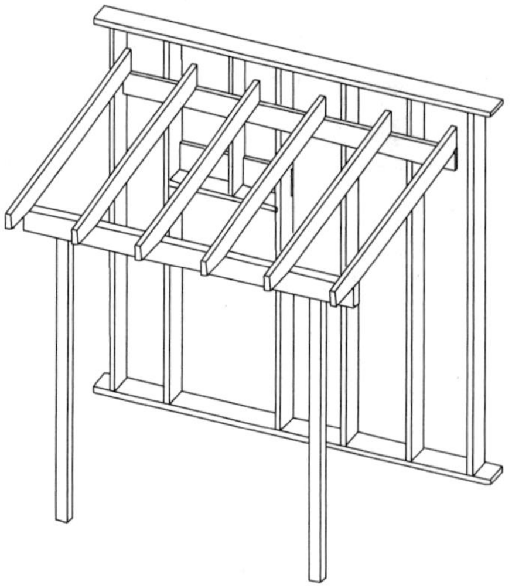

尺寸 $6.0 \times 140mm$ 全螺纹螺钉。

螺纹长度：$l_g = 123mm$

无螺纹长度：$l_u = 17mm$

钉帽直径：$d_h = 12mm$

抗拉强度：$t_{tens,k} = 10kN$，根据 EN 14592 确定

钉帽拉穿强度：$f_{head,k} = 13N/mm^2$，$\rho_a = 350kg/m^3$

SC2、中期荷载修正系数：$k_{mod} = 0.8$

连接材料安全系数（EC5 中默认值）：$\gamma_M = 1.3$

3. 几何条件

墙骨柱最小边距：$a_{CG} \geqslant 4d = 4 \times 6.0mm = 24mm$

图 9.7.1 雨棚连接示意

墙骨柱厚度：$51mm/2 = 25.5mm \rightarrow$ 螺钉尺寸 $6.0 \times 140mm$ 可用于墙骨柱

墙骨柱中最小螺钉间距：$a_1 \geqslant 10d = 60mm$

梁中最小螺钉间距：$a_2 \geqslant 5d = 30mm$

墙骨柱中 a_1 更关键

梁中最小边距：$a_{2,CG} \geqslant 4d = 24mm$。

当螺钉角度为 45°时，梁厚度 $t_1/2 = 25.5mm$ 给出了最小距离。

连接中最大螺钉数量：

$$1 + \frac{(h_{beam} - 2 \cdot \min a_{2,CG})}{\min a_{1,stud}/\sin 45°} = 1 + \frac{149mm}{89mm} = 2.79$$

选择 2 个螺钉进行连接，因此螺钉的钉帽距梁的底部窄面为 20mm 和 110mm（图 9.7.2）。

梁中最小端距：$a_{1,CG} \geqslant 10d = 60mm$

因此，梁端应超过墙骨柱边缘。

横梁有效穿透长度 $l_{ef,1}$ 为：

$$l_{ef,1} = l_{g,1} = \frac{t_1}{\sin 45°} - l_u = \frac{51mm}{\sin 45°} - 17mm = 55mm$$

墙骨柱中穿透长度：$l_{ef,2} = l - \frac{t_1}{\sin 45°} = 140mm - \frac{51mm}{\sin 45°} = 68mm$

对于横梁，连接角度为：$\alpha = 45°$、$\beta = 45°$ 和 $\varepsilon = 90°$；对于墙骨柱，连接角度为：$\alpha = 45°$、$\beta = 0°$ 和 $\varepsilon = 45°$。

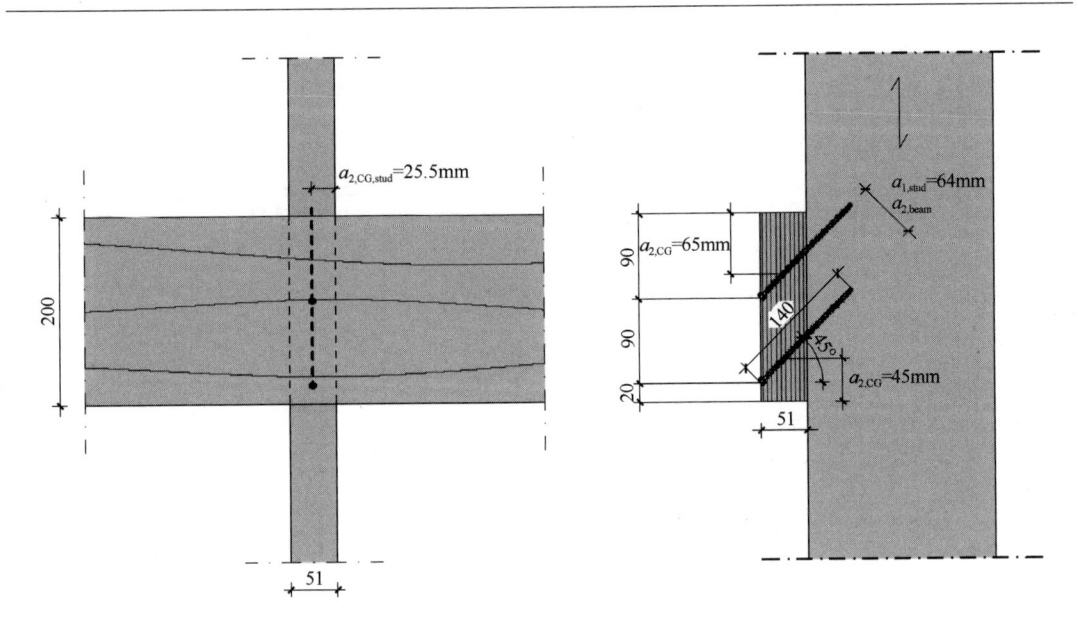

图 9.7.2　横梁与墙骨柱螺钉连接示意

4. 连接性能

受拉螺钉连接的承载力特征值（见本指南图 5.5.1 (b)）由以下公式计算：

$$R_k = n^{0.9} R_{T,k} (\cos\alpha + \mu\sin\alpha) \tag{5.5.16}$$

由于横梁中的螺钉方向 ε 与横梁木纹方向成 90°，因此不允许将钉帽的抗拉力叠加到梁上螺纹部分的抗拔力上。因此，螺钉的抗拉拔承载力特征值 $R_{T,k}$ 由以下公式计算：

$$R_{T,k} = \min \begin{cases} \max\left(f_{ax,90,1,k} dl_{g,1} ; f_{head,k} d_h^2 \left(\dfrac{\rho_k}{\rho_a}\right)^{0.8} \right) \\ f_{ax,\varepsilon,2,k} dl_{g,2} \\ f_{tens,k} \end{cases} \tag{5.5.14}$$

抗拔强度 $f_{ax,\varepsilon,k}$ 根据 EN 14592 和 EN 1382 测试确定，或者与木纹成角度 ε 进行如下计算确定：

$$f_{ax,\varepsilon,k} = \frac{k_{ax} \cdot f_{ax,90,k}}{1.5\cos^2\beta + \sin^2\beta} \left(\frac{\rho_k}{\rho_a}\right)^{0.8} \tag{5.5.15}$$

LVL 48P 的密度标准值 ρ_k 为 480 kg/m³，LVL 32P 的密度标准值 ρ_k 为 410 kg/m³。

$f_{ax,90,k}$ 是螺钉的横纹抗拔强度标准值（N/mm²）。对于 LVL 中的螺钉，当针叶材 LVL/GLVL 的 $\rho_a = 500$kg/m³，采用 6mm $\leq d \leq$ 12mm 的螺钉时，抗拔强度特征值可以假定为 $f_{ax,90,k} = 15$N/mm²。

$$f_{ax,90,1,k} = 15\text{N/mm}^2 \times \left(\frac{480\text{kg/m}^3}{500\text{kg/m}^3}\right)^{0.8} = 14.5\text{N/mm}^2$$

当 ε=45°，$k_{ax}=1$ 和当 β=0°时：

$$f_{ax,45,2,k} = \frac{1 \times 15\text{N/mm}^2}{1.5\cos^2 0° + \sin^2 0°} \times \left(\frac{410\text{kg/m}^3}{500\text{kg/m}^3}\right)^{0.8} = 8.5\text{N/mm}^2$$

本指南公式（5.5.14）的不同条件给出了承载力特征值 $R_{T,k}$：

① $f_{ax,90,1,k} \cdot d \cdot l_{g,1} = 14.5\text{N/mm}^2 \times 6.0\text{mm} \times 55\text{mm} = 4.8\text{kN}$

② $f_{head,k} \cdot d_h^2 \cdot \left(\dfrac{\rho_k}{\rho_a} \right)^{0.8} = 13.0 \text{N/mm}^2 \times (12\text{mm})^2 \times \left(\dfrac{480\text{kg/m}^3}{350\text{kg/m}^3} \right)^{0.8} = 2.4\text{kN}$

③ $f_{ax,45°,2,k} \cdot d \cdot l_{g,2} = 8.5 \text{N/mm}^2 \times 6.0\text{mm} \times 68\text{mm} = 3.5\text{kN}$

④ $f_{tens,k} = 10\text{kN}$

$$R_{T,k} = \min \begin{cases} \max(4.8\text{kN}; 2.4\text{kN}) \\ 3.5\text{kN} \qquad = 3.5\text{kN} \\ 10\text{kN} \end{cases}$$

连接的设计抗力：

$$R_d = \frac{k_{mod}}{\gamma_M} \cdot n^{0.9} \cdot R_{T,k}(\cos\alpha + \mu\sin\alpha)$$

$$= \frac{0.8}{1.3} \times 2^{0.9} \times 3.5\text{kN} \times (\cos 45° + 0.26 \times \sin 45°) = 3.6\text{kN}$$

$$E_{d,ULS} \leqslant R_d \rightarrow 满足$$

雨棚可以支承在 51mm×200mm 的 LVL 48P 横梁上，该横梁通过 2 个 φ6×140mm 全螺纹斜螺钉连接到 51mm 宽的 LVL 32P 墙骨柱上。在端部，横梁应超出墙骨柱边缘至少为 60mm−25.5mm=34.5mm。

9.8　侧向加载钉连接

一栋家庭住宅入口上方的雨棚通过 51mm×300mm 的 LVL 48P 横梁支承到外墙。该横梁通过钉固定在间距 $s = 600$mm、厚度为 45mm 的 LVL 32P 墙骨柱侧面。自重线荷载 g_k 为 0.3kN/m，雪荷载 q_k 为 3kN/m。使用环境等级 SC2。雨棚连接示意见图 9.7.1。横梁与墙骨柱钉连接示意见图 9.8.1。

1. 荷载组合

最关键的承载力极限状态（ULS）荷载组合：

$$E_{d,ULS} = s \cdot (\gamma_G \cdot g_k + \gamma_Q \cdot q_k)$$

$$E_{d,ULS} = 0.6\text{m} \times (1.15 \times 0.3\text{kN/m} + 1.5 \times 3\text{kN/m}) = 2.91\text{kN}$$

【注】安全系数 γ_G 和 γ_Q 是根据 Eurocode 0 的芬兰国家附件采用。

2. 钉性能

尺寸：3.1×90mm 圆钉

抗拉强度：$f_u = 600 \text{N/mm}^2$

SC2、中期修正系数：$k_{mod} = 0.8$

连接材料安全系数（EC5 中默认值）：$\gamma_M = 1.3$

3. 几何条件

具体要求见本指南第 5 章，表 5.2.1，图 5.2.1 和图 5.2.2。

横梁厚度 $t_1 = 51\text{mm} = 16.4d > 7d$，因此无须预钻孔。

钉尖穿透长度 $t_2 = 90\text{mm} - 51\text{mm} = 39\text{mm} = 12.6d$，满足要求。

【注】通常建议穿透长度 $t_2 \geqslant 12d$。

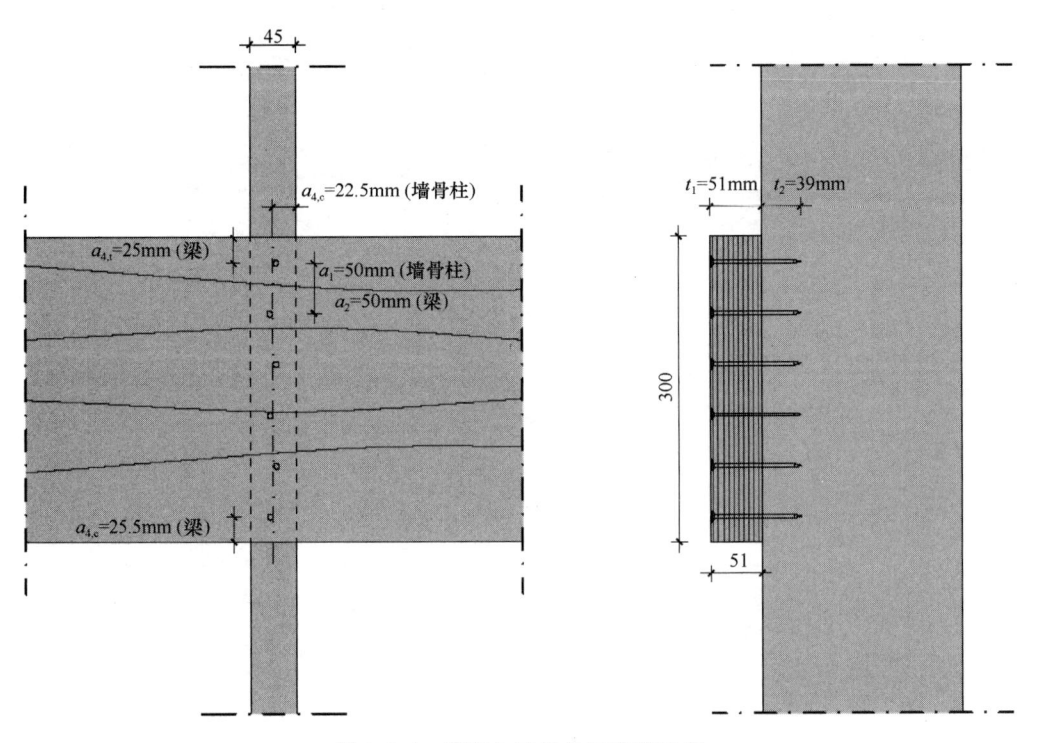

图 9.8.1　横梁与墙骨柱钉连接示意

墙骨柱中距空载边缘最小距离 $a_{4,c} \geqslant 7d = 7 \times 3.1\text{mm} = 21.7\text{mm}$。

墙骨柱厚度 $45\text{mm}/2 = 22.5\text{mm} \rightarrow$ 钉尺寸 $3.1 \times 90\text{mm}$ 满足墙骨柱要求。

墙骨柱中最小钉间距 $a_1 \geqslant (7 + 8\cos\alpha) \times d = 15d = 46.5\text{mm}$

梁中距空载边缘最小距离 $a_{4,c} \geqslant 5d = 15.5\text{mm}$

梁中距加载边缘最小距离 $a_{4,t} \geqslant (5 + 2\sin\alpha) \times d = 7d = 21.7\text{mm}$

连接中最少钉数量:

$$1 + \frac{(h - \min a_{4,c} - \min a_{4,t})}{\min a_1} = 1 + \frac{(300\text{mm} - 15.5\text{mm} - 21.7\text{mm})}{46.5\text{mm}} = 6.65$$

选择 6 个钉进行固定连接,因此梁上的边距 $a_{4,c}$ 和 $a_{4,t}$ 为 25mm,墙骨柱上钉间距 a_1(梁上为 a_2)为 50mm。

4. 连接性能

LVL 48P 和 LVL 32P 中 $3.1 \times 90\text{mm}$ 圆钉的销槽承压强度

$$f_{h,\text{LVL48P},k} = 0.082 \cdot \rho_k \cdot d - 0.3 = 0.082 \times 480 \times 2.5 - 0.3 = 28.0\text{N/mm}^2$$

$$f_{h,\text{LVL32P},k} = 0.082 \cdot \rho_k \cdot d - 0.3 = 0.082 \times 410 \times 2.5 - 0.3 = 23.9\text{N/mm}^2$$

梁的角度 $\beta = 0°$,墙骨柱的角度 $\beta = 90°$,因此可以采用销槽承压强度简化公式。当生产的钉抗拉强度 $f_u = 600\text{N/mm}^2$ 时,圆钉的屈服弯矩特征值 $M_{y,k}$ 为:

$$M_{y,k} = 0.3 \cdot f_u \cdot d^{2.6} = 0.3 \times 600 \times (2.5)^{2.6} = 3410\text{N} \cdot \text{mm}$$

【注】应从钉供应商的 DoP 检查 $M_{y,k}$ 值。

推绳效应对圆钉轴向抗拉拔承载力 $F_{ax,k}$ 的影响可忽略不计。具有这些特性,$F_{V,\text{nail,Rk}}$ 是 EN 1995-1-1 中公式(8.6)失效模式(a)~(f)的最小值。

$$F_{V,\text{nail},Rk} = \min \begin{cases} 4.43(a) \\ 2.89(b) \\ 1.55(c) \\ 1.58(d) \\ 1.13(e) \\ 0.85(f) \end{cases} = 0.85\text{kN}$$

连接设计阻力：

$$R_d = \frac{k_{\text{mod}}}{\gamma_M} \cdot n_{\text{ef}} \cdot F_{V,\text{nail},Rk}$$

$$n_{\text{ef}} = n^{\text{kef}}$$

当一列钉横纹错开至少 $1d$ 时，$k_{\text{ef}} = 1$。在 LVL 侧面不错开排列：

$$k_{\text{ef}} = \min \begin{cases} 1 \\ 1 - 0.03(20 - a_1/d) \end{cases} = 1 - 0.03 \times \left(20 - \frac{50\text{mm}}{3.1\text{mm}}\right) = 0.88$$

不错开钉连接：

$$R_d = \frac{k_{\text{mod}}}{\gamma_M} \cdot n_{\text{ef}} \cdot F_{V,\text{nail},Rk} = \frac{0.8}{1.3} \times 6^{0.88} \times 0.85\text{kN} = 0.62 \times 4.84 \times 0.85\text{kN} = 2.55\text{kN}$$

$E_{d,\text{ULS}} > R_d \rightarrow$ 不满足

错开钉连接：

$$R_d = \frac{k_{\text{mod}}}{\gamma_M} \cdot n_{\text{ef}} \cdot F_{V,\text{nail},Rk} = \frac{0.8}{1.3} \times 6 \times 0.85\text{kN} = 3.1\text{kN}$$

$$E_{d,\text{ULS}} \leqslant R_d \rightarrow \text{满足，需要错开钉连接}$$

雨棚可以支承在 51mm×300mmLVL 48P 横梁上，当一列钉横纹错开 $1d$ 时，该梁通过 6 个 $\phi3.1 \times 90$mm 圆钉连接到 45mmLVL 32P 墙骨柱上。

5. 讨论

斜螺钉连接的承载力比第 9.6 节中示例的侧向加载钉连接的承载力高 16%，并且横梁的高度要小 100mm。但是，因螺钉的边距要求 $a_{2,\text{CG}} \geqslant 4d$，LVL 32P 墙骨柱需要更大的厚度。由于无法满足 LVL 窄面的边距 $a_{4,c} \geqslant 7d$ 的要求，当采用侧向加载螺钉进行连接时，对于螺钉尺寸与 LVL 梁柱厚度的组合是不可能实现的。

9.9 LVL 梁上的孔洞

本指南第 9.1 节示例的住宅楼盖搁栅需要设置一个 60mm×140mm 的矩形孔洞用于检修安装，该孔洞位于距支承边缘 300mm 的搁栅横截面的中心线处。孔洞的倒圆角为 $r = 20$mm（图 9.9.1）。

1. 几何要求

具体几何尺寸的要求见表 9.9.1。表中符号见图 9.9.2 梁上开口构造示意。

倒圆角 $r = 20$mm > 15mm，满足要求。

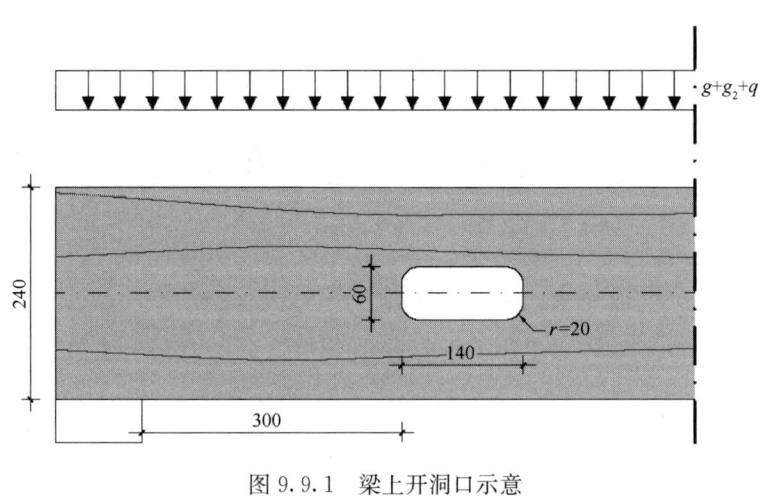

图 9.9.1　梁上开洞口示意

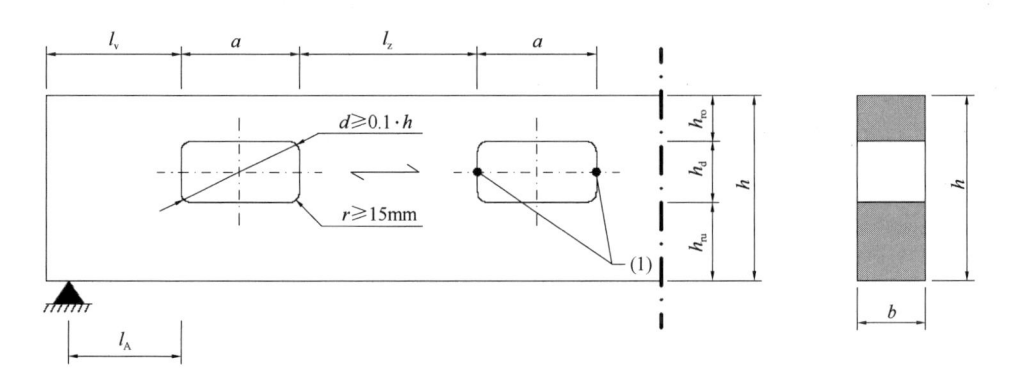

图 9.9.2　梁上开口构造示意

几何尺寸的要求　　　　　　　　　　　　　　　表 9.9.1

产品类型	l_v	l_A	h_{ro}、h_{ru}	a	h_d
LVL-P	300mm+45mm≥h 满足	300mm+45mm/2 ≥0.5h 满足	(240mm−60mm)/2 ≥0.35h 满足	140mm≤2.5h_d 满足	60mm>0.15h 不满足
LVL-C	300mm+45mm≥h 满足	300mm+45mm/2 ≥0.5h 满足	(240mm−60mm)/2 ≥0.25h 满足	140mm≤2.5h_d 满足	60mm≤0.4h 满足

由表 9.9-1 可知，LVL-P 类型搁栅最大孔洞深度 h_d 不满足要求。

2. LVL 36C 搁栅性能

窄面抗弯强度：$f_{m,0,edge,k} = 32N/mm^2$

窄面横纹抗拉强度：$f_{t,90,edge,k} = 5N/mm^2$

窄面抗剪强度：$f_{v,0,edge,k} = 4.5N/mm^2$

SC1、中期修正系数：$k_{mod} = 0.8$

材料安全系数（EC5 中默认值）：$\gamma_M = 1.2$

尺寸效应系数：$k_h = (300/240)^{0.15} = 1.03$

梁上开口边缘横纹拉应力（图 9.9.3）通过下列公式验算：

$$\sigma_{t,90,d} = \frac{F_{t,90,d}}{0.5 \cdot l_{t,90} \cdot b \cdot k_{t,90}} \leqslant f_{t,90,d}$$

$$k_{t,90} = \min \begin{cases} 1 \\ \left(\dfrac{450}{h}\right)^{0.5} = 1.0 \end{cases}$$

式中：$\sigma_{t,90,d}$——横纹拉应力设计值（N/mm²）；

$F_{t,90,d}$——横纹拉力设计值（N）。

$$l_{t,90} = 0.5 \cdot (h_d + h) = 0.5 \times (60mm + 240mm) = 150mm$$

$$f_{t,90,d} = \frac{k_{mod}}{\gamma_M} \cdot f_{t,90,edge,k} = \frac{0.8}{1.2} \times 5N/mm^2 = 3.3N/mm^2$$

横纹拉力 $F_{t,90,d}$ 取决于孔洞边缘的剪力 V_d 和弯矩 M_d：

$$F_{t,90,d} = \frac{V_d \cdot h_d}{4 \cdot h} \cdot \left[3 - \left(\frac{h_d}{h}\right)^2\right] + 0.008 \cdot \frac{M_d}{h_r}$$

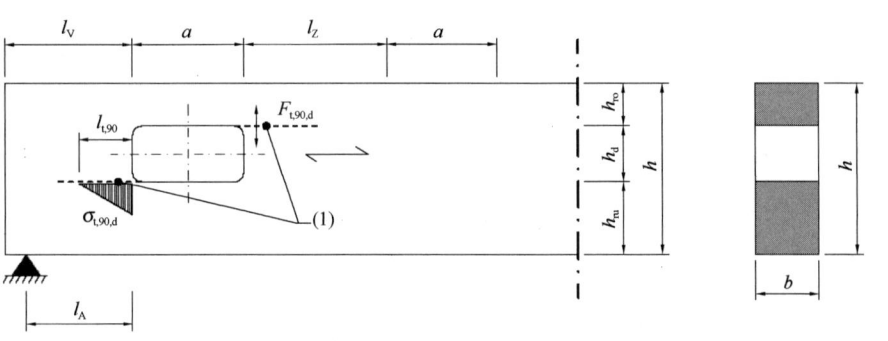

图 9.9.3 梁上开口边缘横纹拉应力示意

$$h_r = 90mm$$

$$V_{d,(x=323mm)} = 0.4m \times 4.03kN/m^2 \cdot \left(1 - \frac{0.3m + \dfrac{0.045m}{2}}{4.5m}\right) = 3.13kN$$

$$M_{d,(x=323mm)} = \frac{0.4m \times 4.03kN/m^2 \times \left(0.3m + \dfrac{0.045m}{2}\right)}{2} \times \left[4.5m - \left(0.3m + \frac{0.045m}{2}\right)\right]$$

$$= 1.1kN \cdot m$$

$$F_{t,90,d} = \frac{3.13kN \times 0.06m}{4 \times 0.24m} \times \left[3 - \left(\frac{0.06m}{0.24m}\right)^2\right] + 0.008 \times \frac{1.1kN \cdot m}{0.09m} = 0.57kN + 0.10kN$$

$$= 0.67kN$$

$$\sigma_{t,90,d} = \frac{F_{t,90,d}}{0.5 \cdot l_{t,90} \cdot b \cdot k_{t,90}} = \frac{0.67kN}{0.5 \times 0.15m \times 0.045m \times 1.0}$$

$$= 0.2N/mm^2 \leqslant f_{t,90,d} \rightarrow 满足$$

孔洞边缘剪应力集中验算应满足：

$$\tau_d = k_\tau \cdot \frac{1.5 \cdot V_d}{b(h - h_d)} \leqslant f_{v,d}$$

$$k_\tau = 1.85 \cdot \left(1 + \frac{a}{h}\right) \cdot \left(\frac{h_d}{h}\right)^{0.2} = 1.85 \times \left(1 + \frac{0.14m}{0.24m}\right) \times \left(\frac{0.06m}{0.24m}\right)^{0.2} = 2.22$$

$$\tau_d = k_\tau \cdot \frac{1.5 \cdot V_d}{b(h - h_d)} = 2.22 \times \frac{1.5 \times 3.13kN}{45mm \times (240mm - 60mm)} = 1.3N/mm^2$$

$$f_{v,0,edge,d} = \frac{k_{mod}}{\gamma_M} \cdot f_{v,0,edge,k} = \frac{0.8}{1.2} \times 4.5N/mm^2 = 3.0N/mm^2$$

$$\tau_d \leqslant f_{v,0,edge,d} \rightarrow 满足$$

矩形孔洞处的弯曲应力通过以下公式验算：

$$\frac{\dfrac{M_d}{W_n} + \dfrac{M_{o,d}}{W_o}}{f_{m,d}} \leqslant 1 \ 和 \ \frac{\dfrac{M_d}{W_n} + \dfrac{M_{u,d}}{W_u}}{f_{m,d}} \leqslant 1$$

$$W_n = \frac{b \cdot (h^2 - h_d^2)}{6} = \frac{45mm \times \left[(240mm)^2 - (60mm)^2\right]}{6} = 4.05 \times 10^5 mm^3$$

$$M_{o,d} = \frac{A_o}{A_u + A_o} \cdot V_d \cdot \frac{a}{2} = \frac{b \cdot h_{ro}}{b \cdot h_{ro} + b \cdot h_{ru}} \cdot V_d \cdot \frac{a}{2}$$

$$M_{o,d} = \frac{45mm \times 90mm}{45mm \times 90mm + 45mm \times 90mm} \times 3.13kN \times \frac{140mm}{2} = 0.11kN \cdot m$$

$$W_o = \frac{b \cdot h_{ro}^2}{6} = \frac{45mm \times (90mm)^2}{6} = 60750mm^3$$

$$f_{m,0,d} = \frac{k_{mod}}{\gamma_M} \cdot k_h \cdot f_{m,0,k} = \frac{0.8}{1.2} \times 1.03 \times 32N/mm^2 = 22.1N/mm^2$$

$$\frac{\dfrac{M_d}{W_n} + \dfrac{M_{o,d}}{W_o}}{f_{m,d}} = \frac{\dfrac{1.1kN \cdot m}{4.05 \times 10^5 mm^3} + \dfrac{0.11k \cdot Nm}{60750mm^3}}{22.1N/mm^2} = \frac{4.5N/mm^2}{22.1N/mm^2} = 0.20 \leqslant 1 \rightarrow 满足$$

由于孔洞位于横截面的中心线上，因此仅需要根据本指南公式（4.3.51）或公式（4.3.52）两者之间的一个进行弯曲应力的验算。距支承边缘 300mm 的 140×60mm 孔洞满足 LVL 36C 搁栅的要求。

9.10　构架墙的支撑

当将 27mm×1200mm×2500mm 的 LVL 36C 面板作为隔墙面板时，由瞬时风荷载决定水平力的最大值 $F_{V,Ed}$。面板通过 $\phi 2.5 \times 60mm$ 的圆钉固定在 LVL 48P 墙骨柱、地梁板和顶梁板上（图 9.10.1）。墙骨柱为 51mm×150mm，间距 $b_{net} = 600mm$。墙板周边钉间距为 100mm，中间墙骨柱上钉间距为 200mm。使用环境等级 SC1。

由风荷载产生的、位于悬臂墙板顶部的水平力 $F_{V,Ed}$ 的作用情况下，可以采用"欧洲标准 5"（Eurocode 5）第 9.2.4.2 节中规定的简化方法 A 来确定防止墙板抬起的设计承载力 $F_{V,Rd}$（设计抗侧力）。

$$F_{V,Rd} = \frac{F_{f,Rd} \cdot b \cdot c}{s}$$

式中：b ——面板宽度，为 1200mm；

　　　s ——钉的间距；

　　$F_{f,Rd}$ ——单个紧固件的侧向受力承载力设计值；由 $F_{V,nail,Rd}$ 乘以 1.2（"欧洲规范 5"第

9.2.4.2（5）条）确定，$F_{V,nail,Rd}$ 是根据"欧洲规范 5"第 8.2.2 节公式 (8.6) 规定的破坏模式 (a)～(f) 计算得到的最小值。

$$c = \begin{cases} 1, \text{当 } b \geq h/2 \\ \dfrac{b}{h/2}, \text{当 } b < h/2 \end{cases} \rightarrow c = \frac{1200\text{mm}}{1250\text{mm}} = 0.96$$

钉连接几何要求：

（1）钉尖穿透长度 t_2 至少应为 $8d = 8 \times 2.5\text{mm} = 20\text{mm}$，而钉的长度为：

$l = 60 - 27$（面板厚度）$= 33\text{mm} > 20\text{mm} \rightarrow$ 满足要求。

（2）LVL-C 面板厚度中穿透长度 t_1 至少应为 $4d = 4 \times 2.5\text{mm} = 10\text{mm}$，板厚 $\rightarrow$ 满足要求。

（3）LVL-C 面板的宽面空载边距 $a_{4,c}$ 至少应为 $3d = 3 \times 2.5\text{mm} = 8\text{mm}$，LVL-P 窄面的空载边距 $a_{4,c}$ 至少应为 $7d = 7 \times 2.5\text{mm} = 18\text{mm}$。对于周边墙骨柱，最小墙骨柱厚度为 $2 \times 7d = 36\text{mm}$，当面板连接处位于墙骨柱位置时，最小墙骨柱厚度为 $2 \times (7d + 3d) + 1\text{mm} = 51\text{mm}$，见本指南表 5.7.1 的面板连接。

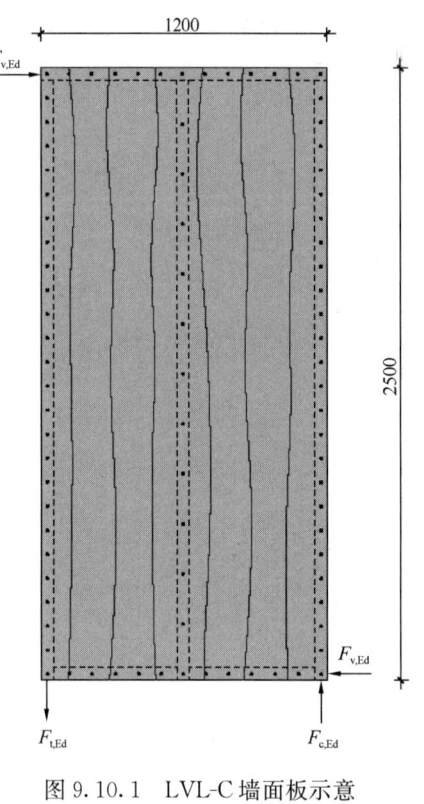

图 9.10.1　LVL-C 墙面板示意

LVL 36C 和 LVL 48P 中的 $\phi 2.5 \times 60\text{mm}$ 圆钉的销槽承压强度：

$$f_{h,k} = 0.082 \cdot \rho_k \cdot d - 0.3 = 0.082 \times 480 \times 2.5 - 0.3 = 29.9\text{N/mm}^2$$

当生产的钉抗拉强度 $f_u = 600\text{N/mm}^2$ 时，圆钉的屈服弯矩特征值 $M_{y,k}$ 为：

$$M_{y,k} = 0.3 \cdot f_u \cdot d^{2.6} - 0.3 \times 600 \times (2.5)^{2.6} = 1949\text{N} \cdot \text{mm}$$

基于推绳效应对圆钉轴向抗拉拔承载力 $F_{ax,k}$ 的影响可忽略不计。具有这些特性，$F_{V,nail,Rk}$ 是失效模式（a）～（f）中的最小值。

$$F_{V,nail,Rk} = \min \begin{cases} 2.02\,(a) \\ 2.47\,(b) \\ 0.94\,(c) \\ 0.78\,(d) \\ 0.92\,(e) \\ 0.62\,(f) \end{cases} = 0.62\text{kN}$$

$$F_{f,Rd} = \frac{k_{mod}}{\gamma_M} \cdot 1.2 \cdot F_{V,nail,Rk} = \frac{1.1}{1.3} \times 1.2 \times 0.62\text{kN} = 0.63\text{kN}$$

其中，$k_{mod} = 1.1$，用于服务等级 1 中瞬时荷载（风荷载）；$\gamma_M = 1.3$，用于连接（EC5 中默认值）。

$$F_{V,Rd} = \frac{F_{f,Rd} \cdot b \cdot c}{s} = \frac{0.63\text{kN} \times 1200\text{mm} \times 0.96}{100\text{mm}} - 7.3\text{kN}$$

当墙骨柱间距 $b_{net}/t \leq 100$ 时，可以忽略面板的剪切屈曲。

$$\frac{b_{\text{net}}}{t} = \frac{600\text{mm}}{27\text{mm}} = 22 \leqslant 100 \rightarrow \text{满足}$$

为了承受水平力 $F_{\text{V,Ed}} = 7.3\text{kN}$，隔板应在底角处锚固以承受外力。

$$F_{\text{t,Ed}} = F_{\text{c,Ed}} = \frac{F_{\text{V,Rd}} \cdot h}{b} = \frac{7.3\text{kN} \times 2500\text{mm} \times 0.96}{1200\text{mm}} = 15.2\text{kN}$$

周边墙骨柱和水平地梁板端部之间的接触区域应进行横纹抗压验证。

$$\sigma_{\text{c,90,d}} \leqslant k_{\text{c,90}} \cdot f_{\text{c,90,d}}$$

$$= \frac{F_{\text{c,90,d}}}{A_{\text{ef}}} = \frac{F_{\text{c,90,d}}}{l \cdot (b + 30\text{mm})} = \frac{15.2\text{kN}}{150\text{mm} \times (51\text{mm} + 30\text{mm})} = 1.3\text{N/mm}^2$$

$k_{\text{c,90}}$ 对于 LVL-P 宽面取 1.4，$f_{\text{c,90,k}}$ 为 2.2N/mm^2。

$\gamma_{\text{M}} = 1.2$（EC5 中默认值），则：

$$k_{\text{c,90}} \cdot \frac{k_{\text{mod}}}{\gamma_{\text{M}}} \cdot f_{\text{c,90,flat,k}} = 1.4 \times \frac{1.1}{1.2} \times 2.2\text{N/mm}^2 = 2.8\text{N/mm}^2 > \sigma_{\text{c,90,d}} \rightarrow \text{满足}$$

锚固可以通过如 Rothoblaas WHT340 托架抗拉和 Titan TFC200 托架抗剪实现。

9.11　屋顶结构主梁受火 30min

平屋顶结构的单跨主梁为 133mm×400mm GLVL 48P 梁（图 9.11.1）。跨度为 $L = 4000\text{mm}$，加载区域的宽度为 8000mm，屋盖檩条位于梁的顶部。支承长度为 100mm，雪荷载 s_{k} 为 2.5kN/m^2，屋顶结构自重为 1.0kN/m^2，梁自重为 0.2kN/m。该结构在常温下满足 ULS 和 SLS 要求，其中 $w_{\text{net,fi}} \leqslant L/300$ 是最关键的要求。梁的耐火性 R30 需要进行四个面的耐火验算。

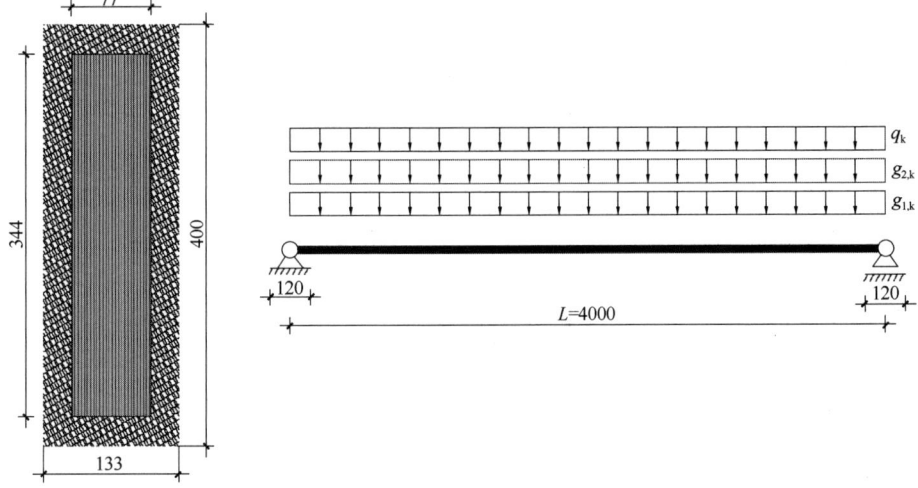

图 9.11.1　GLVL 梁的防火验算示意

所有面受火 30min 后的有效横截面尺寸：

$$d_{\text{ef}} = \beta_{\text{n}} \cdot t + k_0 \cdot d_0 = 0.70\text{mm/min} \times 30\text{min} + 1.0 \times 7\text{mm} = 28\text{mm}$$

宽度 b：133mm − 2×28mm = 77mm

高度 h：400mm$-$2$\times$28mm$=$344mm

1. 受火 30min 后的有效横截面梁性能

窄面抗弯强度：$f_{m,0,edge,k}=44N/mm^2$

窄面抗剪强度：$f_{v,0,edge,k}=4.2N/mm^2$

窄面横纹抗压强度：$f_{c,90,edge,k}=6N/mm^2$

弹性模量标准值：$E_{0,k}=11600N/mm^2$

剪切模量：$G_{0,edge,mean}=400N/mm^2$

横截面面积：$A=b\cdot h=26488mm^2$

截面模量：$W_y=b\cdot h^2/6=1.52\times10^6mm^3$

惯性矩：$I_y=b\cdot h^3/12=2.61\times10^7mm^4$

惯性矩：$I_z=h\cdot b^3/12=1.31\times10^7mm^4$

转动惯量：$I_{tor}=0.3\times h\cdot b^3=4.71\times10^7mm^4$

修正系数：$k_{mod,fi}=1.0$

修正系数：$k_{fi}=1.1$

材料安全系数（EC5 中默认值）：$\gamma_{M,fi}=1.0$

尺寸效应系数：$k_h=(300/344)^{0.15}=0.98$

2. 荷载组合

屋面雪荷载 $q_k=\mu_1\cdot C_e\cdot s_k$。当屋顶角度小于 30° 且在正常情况下 $C_e=1.0$，形状因子 $\mu_1=0.8$。

$$\rightarrow q_k=0.8\times1.0\times2.5kN/m^2=2.0kN/m^2$$

承载力极限状态（ULS）中火灾偶然荷载组合：

$$E_{d,ULS,fi}=\gamma_G\cdot(g_{1,k}+g_{2,k})+\psi_1\cdot\gamma_Q\cdot q_k$$
$$=1.0\times(8m\times1.0kN/m^2+0.2kN/m)+0.4\times1.0\times8m\times2.0kN/m^2$$
$$=14.6kN/m$$

注：安全系数 γ_G、ψ_1 和 γ_Q 是根据 Eurocode 0 的芬兰国家附件采用。

3. ULS 设计

（1）抗弯

$$M_d=E_{d,ULS,fi}\cdot s\cdot L^2/8=14.6kN/m\times(4m)^2/8=29.2kN\cdot m$$

$$\sigma_{m,d}=\frac{M_d}{W}=\frac{29.2kN\cdot m}{1.52\times10^6mm^3}=19.2N/mm^2$$

$$f_{m,d,fi}=\frac{k_{mod,fi}\cdot k_{fi}\cdot k_h}{\gamma_{M,fi}}\cdot f_{m,edge,k}$$

$$f_{m,d,fi}=\frac{1.0\times1.1\times\left(\frac{300mm}{344mm}\right)^{0.15}}{1.0}\times44N/mm^2=47.4N/mm^2$$

$$\sigma_{m,d}\leqslant f_{m,d,fi}\rightarrow 满足$$

（2）侧向扭转屈曲

梁顶部加载，檩条在受火 30min 过程中不会起到抗侧向扭转屈曲的支撑作用。因此，根据本指南表 4.3.5 和 EN 1995-1-2 中 4.3.2（1），梁的有效长度 L_{ef} 为：

$$L_{ef} = 0.9 \cdot L + 2 \cdot h = 0.9 \times 4000\text{mm} + 2 \times 344\text{mm} = 4288\text{mm}$$

$$\sigma_{m,crit} = \frac{M_{y,crit}}{W_y} = \frac{\pi \sqrt{E_{0.05} I_z G_{0.05} I_{tor}}}{l_{ef} W_y}$$

$$= \frac{\pi \sqrt{10600\text{N/mm}^2 \times 1.31 \times 10^7 \text{mm}^4 \times 400\text{N/mm}^2 \times 4.71 \times 10^7 \text{mm}^4}}{4288\text{mm} \times 1.52 \times 10^6 \text{mm}^3}$$

$$= 25.8\text{N/mm}^2$$

$$\lambda_{rel} = \sqrt{\frac{f_{m,k}}{\sigma_{m,crit}}} = \sqrt{\frac{44\text{N/mm}^2}{25.8\text{N/mm}^2}} = 1.36$$

当 $0.75 < \lambda_{rel,m} \leqslant 1.4$，$k_{crit} = 1.56 - 0.75 \cdot \lambda_{rel,m} = 1.56 - 0.75 \times 1.36 = 0.58$

$$k_{crit} \cdot f_{m,d,fi} = 0.58 \times 47.4\text{N/mm}^2 = 27.5\text{N/mm}^2$$

$$\sigma_{m,d} = 19.2\text{N/mm}^2 \leqslant k_{crit} \cdot f_{m,d} \rightarrow 满足$$

（3）抗剪

$$V_d = E_{d,ULS,fi} \cdot L/2 = 14.6\text{kN/m} \times 4.0\text{m}/2 = 29.2\text{kN}$$

$$\tau_{v,d} = \frac{3 \cdot V_d}{2 \cdot A} = \frac{3 \times 29.2\text{kN}}{2 \times 26488\text{mm}^2} = 1.7\text{N/mm}^2$$

$$f_{v,d,fi} = \frac{k_{mod,fi} \cdot k_{fi}}{\gamma_{M,fi}} \cdot f_{v,0,edge,k} = \frac{1.0 \times 1.1}{1.0} \times 4.2\text{N/mm}^2 = 4.6\text{N/mm}^2$$

$$\tau_{m,d} \leqslant f_{v,d,fi} \rightarrow 满足$$

（4）横纹抗压

当主梁支承在名义炭化速率 $\beta_n = 0.70\text{mm/min}$ 的木柱上时，支承长度变为：

$$\sigma_{c,90,d} = \frac{29.2\text{kN}}{77\text{mm} \times (72\text{mm} + 15\text{mm})} = 4.4\text{N/mm}^2$$

$$k_{c,90} \cdot f_{c,90,d,fi} = \frac{k_{c,90} \cdot k_{mod,fi} \cdot k_{fi}}{\gamma_{M,fi}} \cdot f_{c,90,edge,k}$$

$$= \frac{1.0 \times 1.0 \times 1.1}{1.0} \times 6\text{N/mm}^2 = 6.6\text{N/mm}^2$$

$$\sigma_{c,90,d} \leqslant k_{c,90} \cdot k_{m,0,d,fi} \rightarrow 满足$$

$$l_{support,fi} = 100\text{mm} - 0.70\text{mm/min} \times 30\text{min} + 1.0 \times 7\text{mm} = 72\text{mm}$$

$$F_{c,90,d} = V_d = 29.2\text{kN}$$

$$\sigma_{c,90,d} = \frac{F_{c,90,d}}{A_{ef}} = \frac{F_{c,90,d}}{b \cdot (l_{支承,fi} + 15\text{mm})}$$

4. 讨论

根据欧洲标准 EN1995-1-2：2004 第 4.3.1 节，在结构防火设计中不必验算梁的横纹抗压强度和抗剪强度。在本示例中，其并不是很关键，但在详细设计中，当由于支座炭化而导致支承长度变小时，应验证横纹抗压强度和抗剪强度以确保梁仍具有安全支承。

符号

大写拉丁字母

A	构件横截面面积
A_{ef}	横纹受压的有效接触面积
A_i	第 i 部分的截面面积
D	预留孔洞直径
$E_{0,05}$	顺纹弹性模量标准值
E_d	弹性模量设计值
E_i	第 i 部分的弹性模量
$E_{0,mean}$	顺纹弹性模量
$E_{m,90,mean}$	横纹弹性模量
$F_{90,Rd}$	抗开裂承载力设计值
$F_{90,Rk}$	抗开裂承载力标准值
$F_{ax,\varepsilon,Rk}$	与木纹成角度 ε 连接的抗拔承载力标准值
$F_{c,0,d}$	构件压力设计值
$F_{c,90,d}$	横纹压力设计值
$F_{d,i,SLS}$	正常使用极限状态下集中荷载的设计值
$F_{t,0,d}$	构件拉力设计值
$F_{t,90,d}$	横纹拉力设计值
$F_{v,Ed,1}$	横纹连接力产生的分量 1 的剪力设计值
$F_{v,Ed,2}$	横纹连接力产生的分量 2 的剪力设计值
$G_{0,05}$	顺纹剪切模量 0.05 分位值
$G_{k,j}$	永久作用 j 的标准值
$G_{0,edge,mean}$	窄面剪切模量
$G_{0,edge,k}$	窄面剪切模量标准值
$G_{0,flat,mean}$	宽面剪切模量
$G_{0,flat,k}$	宽面剪切模量标准值
I	横截面的惯性矩
I_i	第 i 部分的惯性矩
I_{tor}	扭转惯性矩
I_z	对弱轴的惯性矩
L	梁的跨度
M_d	构件验算位置处的弯矩设计值
$M_{y,k}$	紧固件的屈服弯矩标准值
$Q_{k,1}$	第 1 个可变作用的标准值
$Q_{k,i}$	第 i 个可变作用的标准值
R_d	承载力设计值
R_k	紧固件每一剪切面的承载力标准值
$R_{T,k}$	螺钉抗拔承载力标准值
S_d	作用效应设计值
$S_{(z)}$	坐标 z 处的静力矩
W_o	梁在孔洞上的有效截面模量
W_y	对 y 轴的抗弯截面模量
W_u	梁在孔洞下的有效截面模量
V	单位脉冲振动速度
V_d	构件验算位置处的剪力设计值

小写拉丁字母

a	矩形孔的长度
a_1	间距：行内连接件间的顺纹距离
$a_{1,CG}$	木螺钉最小端距
a_2	横纹间距：连接件间的横纹距离，紧固件的端距
$a_{2,CG}$	木螺钉最小边距
$a_{3,c}$	非受载侧端距：连接件到非受力端的距离
$a_{3,t}$	受载侧端距：连接件到受力端的距离

$a_{4,c}$	非受载侧边距：连接件到非受力边的距离		计值
		$f_{m,z,d}$	对主轴 z 的抗弯强度设计值
$a_{4,t}$	受载侧边距：连接件到受力边的距离	$f_{t,0,d}$	顺纹抗拉强度设计值
a_i	第 i 部分的重心与整个组合截面底部之间的距离	$f_{t,0,k}$	顺纹抗拉强度标准值
		$f_{t,90,d}$	横纹抗拉强度设计值
b	截面宽度，楼盖宽度	$f_{t,90,edge,k}$	窄面横纹抗拉强度标准值
$b_{(z)}$	坐标 z 处的截面宽度	$f_{tens,k}$	螺钉抗拉承载力标准值
d	直径；螺纹段的外径	$f_{v,0,k}$	木构件的抗剪强度标准值
d_1	螺纹段的内直径	$f_{v,d}$	抗剪强度设计值
$d_{char,0}$	一维炭化深度	$f_{v,edge,0,k}$	LVL 窄面顺纹抗剪强度标准值
$d_{char,n}$	名义设计炭化深度		
d_h	螺钉帽直径	$f_{v,flat,0,k}$	LVL 宽面顺纹抗剪强度标准值
e_i	第 i 部分的偏心距		
$e_{(z)_i}$	分析应力点 i 的 z 坐标	h	截面高度
f_{20}	常温下强度特性的 20% 分位值	h_d	矩形孔的高度
		h_e	受力边至最远的连接件中心的距离
$f_{ax,90,k}$	螺钉横纹抗拔强度标准值		
$f_{ax,k}$	钉的抗拔强度标准值	h_{ef}	截面有效高度
$f_{ax,\varepsilon,1,k}$	钉帽侧与木纹方向成角度 ε 的螺钉的抗拔强度标准值	h_{ro}	孔洞上缘至构件上缘的距离
$f_{ax,\varepsilon,2,k}$	钉尖侧与木纹方向成角度 ε 的螺钉的抗拔强度标准值	h_{ru}	孔洞下缘至构件下缘的距离
$f_{c,0,d}$	顺纹抗压强度设计值	i	切口斜边的坡度
$f_{c,0,k}$	顺纹抗压强度标准值	k_{90}	系数
$f_{c,90,d}$	横纹抗压强度设计值	k_{ax}	考虑螺钉轴线与木纹方向夹角 ε 和长期作用的影响系数
$f_{c,90,k}$	横纹抗压强度标准值		
$f_{c,90,edge,k}$	窄面横纹抗压强度标准值		
$f_{c,90,flat,k}$	LVL 宽面横纹抗压强度标准值（除松木材料外）	k_C	系数
		k_{crit}	受弯杆件侧向稳定系数
$f_{c,90,flat,k,pine}$	松木材料 LVL 宽面横纹抗压强度标准值	k_{def}	木材和木基材料的蠕变变形系数
$f_{d,fi}$	防火设计强度	k_m	受弯构件强度验算应力重分布调整系数
$f_{h,0,k}$	销槽承压强度标准值		
f_k	材料强度标准值	k_{mod}	荷载持续作用效应和使用环境修正系数
$f_{head,k}$	钉帽拉穿强度标准值		
$f_{m,0,k}$	抗弯强度标准值	$k_{mod,fi}$	防火修正系数
$f_{m,d}$	抗弯强度设计值	$k_{m,\alpha}$	锥形梁中组合应力系数和折减系数
$f_{m,y,d}$	对主轴 y 的抗弯强度设		

k_n	系数		变形
k_β	螺钉轴线与 LVL 宽面夹角 β 影响的系数	$u_{fin,Q,1}$	主要可变作用下的瞬时挠度或变形
k_τ	确定由应力集中产生的最大剪应力的系数	$u_{fin,Q,i}$	第 i 个可变作用下的瞬时挠度或变形
l	构件长度，楼盖跨度	u_{inst}	瞬时变形
l_c	弯曲长度	$u_{inst,G}$	永久荷载 G 产生的瞬时变形
l_{ef}	梁的有效计算长度；螺纹部分的穿透长度	$u_{inst,Q,1}$	第 1 个可变荷载 Q_1 产生的瞬时变形
l_g	螺纹钉螺纹部分的长度		
$l_{g,1}$	钉帽侧构件中螺纹部分穿透长度	$u_{inst,Q,i}$	第 i 个可变荷载 Q_i 产生的瞬时变形
$l_{g,2}$	钉尖侧构件中螺纹部分穿透长度	w	最大瞬时竖向挠度
l_p	螺纹钉钉尖部分的长度	x	支座支承点与缺口起点的距离
$l_{t,90}$	荷载分布长度	$\Delta\omega$	产品含水率的变化
m	单位面积上的质量		
m_ω	含水率为 ω 时产品质量	**小写希腊字母**	
m_0	产品全干质量		
n	连接中的螺钉数量	α	剪切面和螺钉轴线之间的夹角
n_1	顺纹一排中紧固件的数量	β	螺钉轴线与宽面之间的夹角
n_{40}	固有频率高达 40 Hz 的一阶模态		
n_{ef}	连接件有效数量	β_0	一维炭化速率
n_i	第 i 排的紧固件数量	β_n	名义炭化速率
n_p	钉连接中螺钉对的数量	ε	螺钉轴线与木纹方向之间的夹角
$q_{d,i,SLS}$	正常使用极限状态下均布荷载的设计值	$\gamma_{G,j}$	永久作用 j 的分项系数
s	尺寸影响参数，楼盖梁的间距	γ_M	材料分项系数
		$\gamma_{M,fi}$	火灾情况下木材的分项系数
t	厚度，曝火时间		
t_1	外部木构件的厚度	$\gamma_{Q,1}$	第 1 个可变作用的分项系数
t_2	外部木构件的厚度，或钉尖穿透长度	$\gamma_{Q,I}$	第 i 个可变作用的分项系数
t_s	双剪连接内部构件的厚度或多剪连接的内部构件的最小厚度	λ_y	对 y 轴的长细比
		λ_z	对 z 轴的长细比
		$\lambda_{rel,y}$	对 y 轴的相对长细比
		$\lambda_{rel,z}$	对 z 轴的相对长细比
u_{fin}	最终挠度	μ	构件之间的动摩擦系数
$u_{fin,G}$	永久作用下的瞬时挠度或	ν	单位脉冲速度响应

ρ_a	抗拔强度标准值的相关密度		$\psi_{2,1}$	主要可变作用的准永久值系数；
ρ_k	密度标准值		$\psi_{2,i}$	第 i 个可变作用的准永久值系数；
ρ_{mean}	密度平均值			
$\sigma_{c,0,d}$	顺纹压应力设计值		ζ	剪切变形系数，模态阻尼比
$\sigma_{c,90,d}$	横纹压应力设计值			
$\sigma_{i,d}$	截面坐标 z 处的正应力设计值			

CLT 专用术语

$\sigma_{m,crit}$	临界弯曲应力		$f_{m,0,edge,k}$	LVL 窄面抗弯强度标准值
$\sigma_{m,d}$	设计弯曲应力		$f_{m,0,flat,k}$	LVL 宽面抗弯强度标准值
$\sigma_{m,y,d}$	对主轴 y 的弯曲应力设计值		$f_{c,90,edge,k}$	LVL 窄面横纹抗压强度标准值
$\sigma_{m,z,d}$	对主轴 z 的弯曲应力设计值		$f_{m,90,flat,k}$	LVL 宽面横纹抗弯强度标准值
$\sigma_{m,\alpha,d}$	与木纹成角度 α 的斜纹弯曲应力设计值		E_{mean}	LVL 等级的弹性模量平均值
$\sigma_{t,0,d}$	顺纹拉应力设计值		$(EI)_b$	平行于梁轴方向的 1m 宽楼盖计算的等效平面抗弯刚度
$\sigma_{t,90,d}$	横纹拉应力设计值			
$\sigma_{t,\alpha,d}$	与木纹成角度 α 的斜纹拉应力设计值		$(EI)_l$	垂直于梁轴方向的 1m 宽楼盖计算的等效平面抗弯刚度
τ_d	剪应力设计值			
$\tau_{(z)d}$	截面坐标 z 处的剪应力设计值		EI_{eff}	组合截面的等效刚度
$\psi_{0,i}$	第 i 个可变作用的组合折减系数。		G_{mean}	LVL 等级的剪切模量平均值

附录 A 结构抗震设计

本附录简要介绍了目前正在修订中的欧洲标准 Eurocode 8，EN 1998-1：2004（以下简称"欧洲规范 8"）中规定的抗震设计的基本概念。在欧洲规范中，地震被视为特殊的设计情况，通过采用部分安全系数 $\gamma_G = 1.0$，如本指南公式（4.1.1），以允许较低的安全水平。关于承载力极限状态的要求也不同于正常的设计情况，因为结构可能会受到严重破坏，但在大震中不应倒塌。此外，如果必须避免（如对于具有超大可能性的频繁地震）或限制（如通过设置层间位移极限）结构破坏，则可能出现损伤极限状态。结构的重要性等级进一步反映了地震的特殊性质及其对社会的潜在破坏性影响，通过提高在震后仍须保持使用的医院或消防站等重要建筑的抗震作用体现。

A.1 一般设计原则

对于受地震荷载作用的任何其他建筑类型，必须提供足够的横向稳定性，因为旋切板胶合木（LVL）结构和建筑物在平面和立面的几何形状对抗震性能有严重的影响。平面和立面的规则性和对称性，以及适当的横隔特性和地基有利于可靠的抗震设计。如果建筑物的重心和刚度中心保持相互接近，则可以避免扭转效应。冗余是另一个重要的设计目标，允许在结构构件失效时应力再分布。非承重构件也会影响抗震性能，如可提供部分抗侧刚度和承载力的非承重立面构件。

结构简单、规则且对称的建筑最类似于单一自由度（SDOF）系统，具有一个主导的第一自振周期（基本周期）。将建筑物建模为 SDOF 系统，可直接推导出一个弹性反应谱，如图 A.1.1 所示。该图反映了地震对结构的影响，即地震对基本周期为 T_1 的 SDOF 系统的影响。反应谱描述了地震激发引起结构共振时的最不利影响。反应谱是地震设计中很重要的关键点，因为与静荷载作用相反，结构对动荷载的响应取决于结构自身动力特性，即结构的质量和刚度决定了结构的自振周期。利用每个地震区域的地面运动记录，可以推导

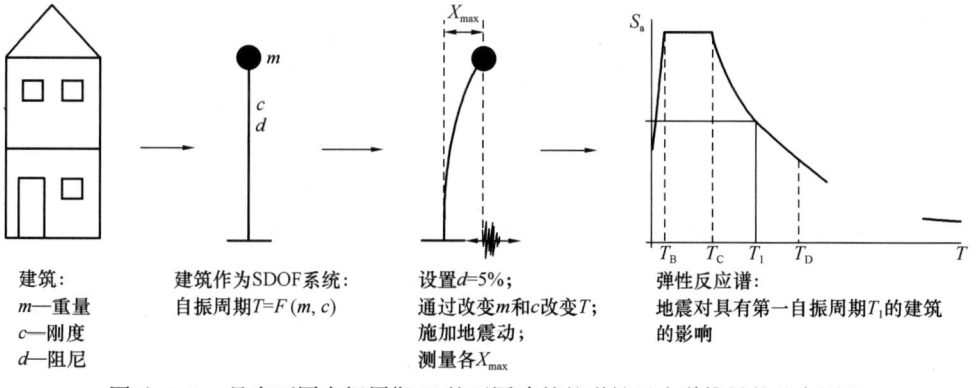

图 A.1.1 具有不同自振周期 T_i 的不同建筑的弹性反应谱推导的基本原理

出该地震区域的有效反应谱，并且用单一参数描述每个地震区域的地震危害性，即峰值地面加速度（PGA），其值为 a_g。PGA 值在每个国家提供的地震分区图中确定。除了结构的动力特性和以 a_g 表示的地震危害性之外，地震作用还取决于现场的土壤条件，例如，如果结构建在岩石上或沙土上。

根据基本力学概念，可以计算第一自振周期 T_1 为 $T_B \leqslant T_1 \leqslant T_C$（$T_B$、$T_C$ 见图 A.1.1）时的建筑的总地震荷载，即地震基底剪力 F_b 按下式计算：

当 $T_B \leqslant T_1 \leqslant T_C$ 时（图 A.1.1）：

$$F_b(T_1) = m \cdot (a_g \cdot S \cdot 2.5) \tag{A.1.1}$$

式中：m——建筑的总质量（kg）；

　　　a_g——以 m / s² 为单位的峰值地面加速度，即每个地震区域特定参数；

　　　S——由地面类型定义的土壤参数。

对于第一自振周期小于 T_B 或大于 T_C 的建筑，由"欧洲规范 8"给出了相应的其他计算式。公式（A.1.1）括号中的表达式给出了图 A.1.1 中反应谱的 T_B 和 T_C（平稳值）之间的纵坐标。

公式（A.1.1）假设建筑物需要承受全部地震基底剪力，而实际上，由于结构或结构构件的延性而产生的能量耗散，以及允许结构发生一定程度的破坏，这些都将导致 F_b 降低。因此，在"欧洲规范 8"中，采用作用折减系数来进一步降低公式（A.1.1）中给出的地震基底剪力 F_b。"欧洲规范 8"的地震作用折减系数被称为结构性能系数 q，按照"欧洲规范 8"的规定，这是"用于设计目的，以减少线性分析中得到的地震力，以便考虑与材料、结构系统和设计程序有关的结构非线性响应"。因此，将式（A.1.1）修改如下：

当 $T_B \leqslant T_1 \leqslant T_C$ 时（图 A.1.1）：

$$F_b(T_1) = m \cdot \left(a_g \cdot S \cdot \frac{2.5}{q}\right) \tag{A.1.2}$$

不同的结构性能系数 q 对设计反应谱纵坐标值的折减效果如图 A.1.2 所示。因此，选择合适的结构性能系数是成功进行抗震设计的关键。但是，为结构或结构构件选择合适的性能系数 q 并非易事。性能系数越高，结构或结构构件的延性越大，设计可接受的损伤程

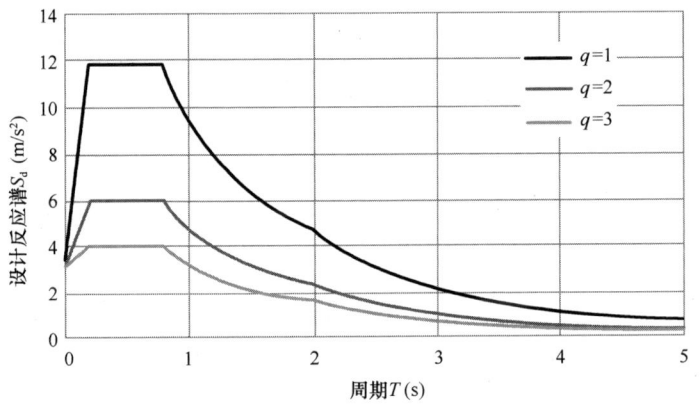

图 A.1.2 不同性能系数 q 对设计反应谱纵坐标值的折减效果
（用于 1 型地震 $M_s > 5.5$，D 型地面，阻尼比 5% 和 3.5m/s²）

度越大。因此，结构可分为不同延性等级，其中"低延性等级（DCL）"适用于无耗能能力的准弹性结构或构件，"高延性等级（DCH）"适用于高度延性的结构或构件。为简化，"欧洲规范 8"给出了一些结构性能系数示例，见表 A.1.1。当前版本的"欧洲规范 8"没有直接定义 LVL，但可以应用其第 8 章节中有关木结构建筑的特定规则。实际上，因为木材在拉伸和剪切作用下表现出脆性，木结构通常只能在连接节点处实现结构或结构构件的延性。显然，在木结构中，例如可以采用耗能件以提高耗能能力，但不一定要将耗能件设置在连接节点。

不同延性等级的设计原则、结构类型和性能系数的上限值　　　表 A.1.1

设计原则及延性等级	性能系数 q 上限值	结构示例
低耗能能力	1.5	悬臂梁、梁、具有 2 或 3 个铰接的拱、连接件连接的桁架
中耗能能力	2.0	用钉和螺栓连接的带胶合隔板的胶合墙面板；用销钉和螺栓连接的桁架；由木框架（抗水平力）和非承重填充结构组成的混合结构
中耗能能力	2.5	带销钉和螺栓连接的超静定门架
高耗能能力	3.0	用钉和螺栓连接的带胶合隔板的钉接墙面板；钉接桁架
高耗能能力	4.0	带销钉和螺栓连接的超静定门架
高耗能能力	5.0	用钉和螺栓连接的带钉接隔板的钉接墙面板

注：1. 本表引自欧洲规范 EN1998-1：2004 中表 8.1；

2. $q=1.5$ 反映了结构的超强度；

3. 拱采用裂环、剪板连接件，桁架采用齿板。

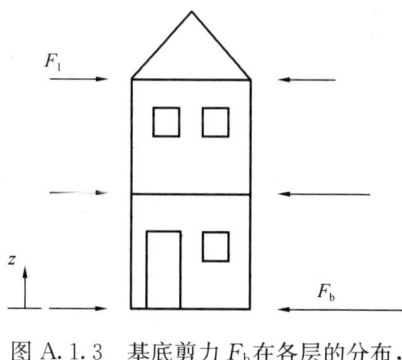

图 A.1.3　基底剪力 F_b 在各层的分布，作为静力水平力 F_i

如果要设计的结构简单、规则且对称，即最接近只受基本振型影响的 SDOF 系统（且如果第一自振周期 T_1 小于 2.0s 和 $4 \cdot T_C$），则可以应用简化的线弹性分析方法（即"侧向力分析法"）。如果除基本振型外的高阶振型对结构的动力特性有重要影响，则必须进行模态分析。这通常就是指结构竖向不规则这种情况。

当采用简化分析时，式（A.1.2）给出的地震基底剪力 F_b 可直接作为作用于基础上或刚性地下室的顶板层的等效水平静力荷载。F_b 必须沿高度分布在建筑物各层上，见图 A.1.3 和公式（A.1.3），根据"欧洲规范 5"进行结构设计。

$$F_i = F_b \cdot \frac{z_i \cdot m_i}{\sum z_i \cdot m_i} \qquad (A.1.3)$$

式中：m_i——i 层建筑的质量（kg）；

z_i——i 层质量 m_i 高于 F_b 作用点的水平高度。

最后，对于基于线弹性分析的简化的侧向力分析法和模态分析法均不适用的情况，非线性分析（静力推覆法或时程分析法）也是可行的。

A.2　与 LVL 结构相关的具体问题

LVL 结构重量轻，可减小抗震设计中的设计荷载。LVL-P 梁和柱的性能类似于胶合木和实木梁柱。LVL-C 面板尺寸较大，因此可用作坚固的横隔板以抵抗地震作用。特别是 LVL-C 构件对连接的开裂或脆性破坏不敏感，因此其可在结构的耗能区域屈服并吸收更多的能量。

到目前为止，根据"欧洲规范 8"进行抗震设计的介绍是通用的，并且适用于任何结构，因此也适用于 LVL 结构。如前所述，由于木材在拉伸和剪切作用下表现出脆性，因此木结构的延性和耗能只能在连接节点处实现，这尤其适用于 LVL-C 面板结构。LVL-C 面板通常比单个 LVL-C 面板或将其固定在楼板上的连接具有更高的刚度和承载力。图 A.2.1 对此进行了说明。标准木框架结构的变形性能是由许多沿覆板周长延伸的紧固件控制的，而因为 LVL-C 面板保持不变形，LVL-C 面板通常采用很少的、局部连接进行固定，以适应所有变形。

许多小直径的紧固件如钉或 U 形钉将覆板固定在木框架上，可以很容易地保证木框架结构的耗能能力。但是，与 LVL-C 大板相比，其抗侧刚度较小。因此，木框架结构通常被分类为 DCH，见表 A.1.1，而 LVL-C 大板结构的结构性能系数 q 推荐采用 1.5～2.5，除非进行了更具体的评估。较高的结构性能系数 q 和延性等级的应用，要求连接节点必须设计成延性破坏。这通常意味着采用多个小直径紧固件比采用较少的大直径紧固件更合适提高节点的延性。因为这种连接节点可发展成在每个剪切面上带有两个塑性铰的延性破坏模式（另见本指南的第 5 章和 EN 1995-1-1：2004，第 8.2 条）。要充分利用较高耗能等级的 LVL-C 特性，需要根据 EN 12512 对耗能连接区域的 LVL-C 面板和销钉连接的组合进行循环加载测试。

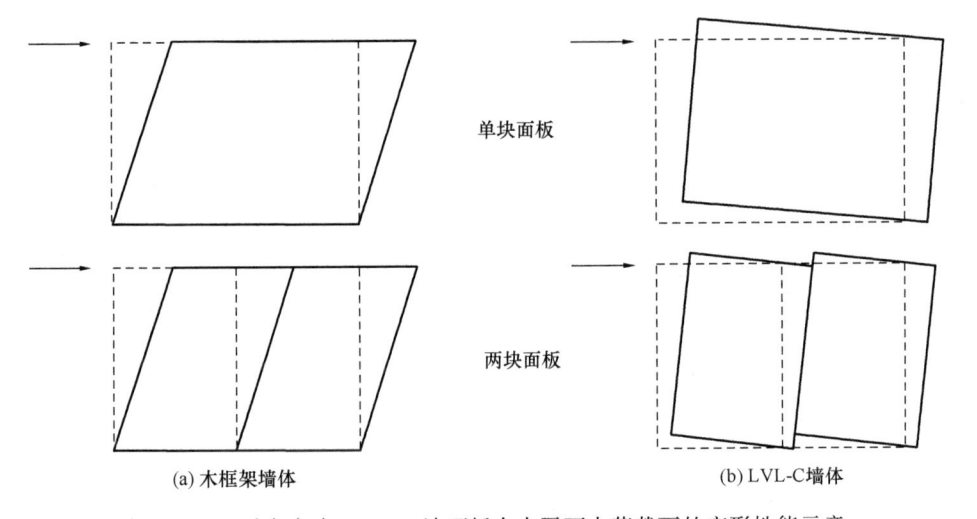

单块面板

两块面板

(a) 木框架墙体　　　　　　　　　　(b) LVL-C墙体

图 A.2.1　木框架与 LVL-C 墙面板在水平面内荷载下的变形性能示意

在 LVL 结构中，必须仔细进行连接节点设计，以确保假定的延性性能并实现耗能。由于将 LVL 结构与建筑固定在一起的连接节点的重要性，并非所有连接节点都应设计为耗能。例如，应该对提供楼板隔层性能的连接节点（即连接各个 LVL 楼板构件的连接节点）进行过度设计，以使楼板保持刚性。可以将耗能分配至连接平面内墙体构件的连接节点，见图 A.2.1（b）下图。

图 A.2.1 所示平面内 LVL-C 墙连接节点可以很直接地设计用于耗能，构成墙的 LVL-C 面板的数量以及平面内连接节点的数量会显著影响具有 LVL 结构的建筑的整体耗能性能。带有整体式墙的建筑［图 A.2.1（b）上图］的耗能比具有更多垂直平面内连接节点的建筑［图 A.2.1（b）下图］的耗能少。对于具有整体式 LCL-C 墙的建筑物，结构性能系数 q 取为 1.5～2 较合适，而在具有许多垂直平面内连接节点的 LVL-C 窄墙板的建筑物，采用较高的结构性能系数 q 是合理的。

参考文献

[1] EN 1998-1 (2010) Eurocode 8. Design of structures for earthquake resistance-Part 1: General rules, seismic actions and rules for buildings. Comité Européen de Normalisation (CEN), Brussels, Belgium.

[2] CLT Handbook, Annex 2, Seismic design of CLT structures, European Wood, manuscript 16. 5. 2018

[3] Kerto LVL3® S beam, Kerto LVL® Q Panel, Kerto LVL® T Stud and Kerto LVL® L Panel datasheets, Metsä Wood, available: https://www. metsawood. com/global/tools/ material archive

[4] LVL by Stora Enso Technical Brochure, Stora Enso Wood Product Oy, 3/2018, available: https://www. storaenso. com/en/products/wood-products/massive-woodconstruction/lvl

[5] Environmental Product Declaration Kerto® LVL Laminated veneer lumber, Metsä Wood, 5/2015, Section5. 4. , available: https://www. metsawood. com/global/Tools/MaterialArchive/MaterialArchive/Kerto-Environmentaldeclaration. pdf

[6] Wood-based panel industry, Finnish Woodworking Engineering Association, 2018, chapter 3 LVL, available: https://holvi. com/shop/puuteollisuuskirjat/product/3effe177d74fbae2fa3b7ed0d0166c46/

[7] Raute Oyj, Business intelligence 2019, not published

[8] EU Regulation No 995/2010 of the European Parliament and of the Council of 20 October 2010 laying down the obligations of operators who place timber and timber products on the market, available: https://eur-lex. europa. eu/legal-content/EN/TXT/? uri=CELEX%3A32010R0995

[9] Environmental product declaration of Steico LVL Furnierschichtholz, 2019, available: https://ibu-epd. com/ en/published-epds/

[10] Environmental product declaration for LVL by Stora Enso, Stora Enso, 2019, available: https://www. environdec. com/

[11] Ruuska, A. , Häkkinen, T. , Vares, S. (2012) Puurakenteiden ympäristövaikutukset. Laskentatuloksia valittujen rakenteiden osalta. Asiakasraportti (in Finnish)

[12] Vares, S. , Häkkinen, T. , Vainio, T. (2017) Rakentamisen hiilivarasto. Asiakasraportti: VTT-CR-04958-17/ 25. 9. 2017 (in Finnish)

[13] Kerto Manual, Visual Properties, Metsä Wood, February 2017, available: https://www. metsawood. com/global/ Tools/kerto-manual/Pages/Kerto-manual. aspx

[14] REGULATION (EU) No 305/2011 OF THE EUROPEAN PARLIAMENT AND OF THE COUNCIL of 9 March 2011 laying down harmonised conditions for the marketing of construction products and repealing Council Directive 89/106/EEC amended with Commission Delegated Regulation (EU) No 568/2014

[15] Open Source Wood Initiative, available: https:// opensourcewood. com/pages/default. aspx

[16] ProdLib Product libraries for architects and structural engineers, available: https://www. prodlib. com/ about? lang=en

[17] Laminated veneer lumber (LVL) bulletin, New European strength classes, Federation of the Finnish Woodworking Industries & Studiegemeinschaft für Holzleimbau e. V. , 2019

[18] Reliability analysis of timber structures, Ranta-Maunus et al., VTT Research notes 2103, VTT, Finland, 2001, ISBN 951-38-5908-8

[19] Metsä Wood structural spruce plywood, Declaration of performance MW/PW/421-001/CPR/ DOP, 11. 8. 2018

[20] Kerto Manual, Moisture Behavior, Metsä Wood, May 2015

[21] M1 classification criteria and the use of classified products, Finnish Building Information Foundation RTS, 2019, Available: https://m1.rts.fi/en/m1-criteria-and-theuse-of-classified-products-2d03887d-aa6a-4a66-ad3cce25a512cf38

[22] Candidate List of substances of very high concern for Authorisation, European chemical Agency, available: https://echa.europa.eu/candidate-list-table

[23] Kerto Manual, Surface treatment, Metsä Wood, June 2015

[24] ETA 07/0029 Metsä Wood Kerto Ripa Elements, 21. 8. 2017

[25] ETA 18/1132 LVL Rib Panels by Stora Enso, 18. 1. 2019

[26] Kerto Manual, Kerto-Q, Metsä Wood, June 2016

[27] Kerto Manual, Columns and studs (FI & Eng versions), Metsä Wood, September 2014

[28] City Above the City campaign, Metsä Wood, 2017, available: https://www.metsawood.com/ global/ Campaigns/planb/building-extensions/all-entries/Pages/ Tammelan-Kruunu.aspx

[29] Kerto Manual, Transport, Handling and Storage, Metsä Wood, February 2017

[30] VTT Certificate 184/03: Kerto-S and Kerto-Q Structural laminated veneer lumber, Chapters 7, 8, 9 and 11, 17. 5. 2016

[31] KL-Trähandbok, Chapter 3. 1, Svensk Trä, 2017, available: https://www.svenskttra.se/siteassets/6-om-oss/ publikationer/pdfer/svt-kl-trahandbok-2017.pdf

[32] Scandinavian Glulam Handbook Volume II, Chapters 2 and 7. 1, Arbio AB (Sveriges Skogsindustrier ja Svenskt Trä) Ruotsista, Norske Limtreprodusenters Forening Norjasta ja Puuinfo Oy (Puuinfo Oy ja Suomen Liimapuuyhdistys ry), 2015, Available: https://www.puuinfo.fi/suunnitteluohjeet/liimapuukasikirja

[33] RIL 205-1-2017 Design guide line of timber structure according to Eurocode 1995-1-1, Section 6. 1. 7, Finnish Association of Civil Engineers, 2017

[34] CEN/TC 250/SC 5/N 764, Design rules for LVL to Eurocode 5, Proposal for discussion in CEN/TC250/ SC5, Prof. Dr. -Ing. H. J. Blaß and Dr. - Ing. M. Flaig, Blaß & Eberhart GmbH, 30. 6. 2017

[35] Nationale Festlegungen zur Umsetzung der ÖNORM EN 1995-1-1, nationale Erläuterungen und nationale Ergänzungen, Chapter 7. 3 and Annex F, Austrian Standards Institute, 15. 6. 2015

[36] Kerto Manual, Screwed Connections, Metsä Wood, April 2013

[37] Kerto Manual, Nailed Connections, Metsä Wood, April 2013

[38] Puun hiiltymä (Charring of wood), Esko Mikkola, VTT Research report 689, 1990

[39] Commission Delegated Regulation (EU) 2017/2293 of 3 August 2017 on the conditions for classification, without testing, of cross laminated timber products covered by the harmonised standard EN 16351 and laminated veneer lumber products covered by the harmonised standard EN 14374 with regard to their reaction to fire

[40] COMMISSION DELEGATED REGULATION (EU) .../... on the conditions for classification, without testing, of cross laminated timber products covered by the harmonised standard EN 16351 and laminated veneer lumber products covered by the harmonised standard EN 14374 with regard to their fire protection ability, European Commission, EC Ref. Ares(2017)2463446 - 15/05/2017

[41] One-dimensional charring of solid timber, glued laminated timber, LVL and CLT, test report VTT-0474616, VTT Expert Services Ltd, Finland, 25. 11. 2016

[42] Fire safety in timber buildings, Technical guideline for Europe, SP Report 2010: 19, 2010, ISBN 978-91-8631960-1

[43] 100 years' service life of wood in service class 1 and 2-dry and moderately humid conditions, Hannu Viitanen, VTT, Research report VTT-R-04689-14, 2014

[44] Kerto Manual, Biological and Chemical Durability, Metsä Wood, June 2015

[45] Kerto Manual, Surface Treatment, Metsä Wood, June 2015

[46] Kerto Manual, Kerto-Q Kyllästetty (Pressure Treatment in Finnish), Metsä Wood, January 2014

[47] Equilibrium moisture content of wood-based panels (in Finnish Puulevyjen tasapainokosteus), Helsinki University of Technology (Aalto University), Laboratory of structural engineering and building physics, Report 60, Finland, 1997

[48] Kerto Manual, Thermal properties, Metsä Wood, June 2015

参考标准

1. EN 301：2017，Adhesives, phenolic and aminoplastic, for load-bearing timber structures-Classification and performance requirements

2. EN 322：1993，Wood-based panels-Determination of moisture content

3. EN 335：2013，Durability of wood and wood-based products-Use classes：definitions, application to solid wood and wood-based products

4. EN 338：2016，Structural timber. Strength classes

5. EN 350：2016，Durability of wood and wood-based products-Testing and classification of the durability to biological agents of wood and wood-based materials

6. EN 408：2012，Timber structures-Structural timber and glued laminated timber-Determination of some physical and mechanical properties

7. EN 717-1：2004，Wood-based panels. Determination of formaldehyde release. Part 1：Formaldehyde emission by the chamber method

8. EN 789：2004，Timber structures. Test methods. Determination of mechanical properties of wood based panels

9. EN 1990：2002＋A1：2005＋AC：2008，Eurocode 0. Basis of structural design

10. EN 1991，Eurocode 1. Actions on structures

11. EN 1993：2005，Eurocode 3. Design of steel structures

12. EN 1995-1-1：2004-A1：2008＋A2：2014＋AC：2006，Design of timber structures, part 1-1：General, Common rules and ruler for buildings

13. EN1995-1-2：2004＋AC：2009，Design of timber structures, part 1-2：General. Structural fire design

14. EN1998-1：2004 Eurocode 8，Design of structures for earthquake resistance. Part 1：General rules, seismic actions and rules for buildings

15. EN 12512：2001＋A1：2005，Timber structures. Test methods. Cyclic testing of joints made with mechanical fasteners

16. EN 13501-1：2019，Fire classification of construction products and building elements. Part 1：Classification using data from reaction to fire tests

17. EN 13986：2015，Wood-based panels for use in construction-Characteristics, evaluation of conformity and marking

18. EN 14374：2004，Timber structures. Structural laminated veneer lumber. Requirements

19. FprEN 14374：2018，Timber structures. Laminated veneer lumber. Requirements

20. EN 15425：2017，Adhesives-One component polyurethane（PUR）for load-bearing timber structures-Classification and performance requirements

21. EN 15804：2012 ＋ A1：2013. Sustainability of construction works-Environmental product declarations-Core rules for the product category of construction products

22. EN 15978：2011. Sustainability of construction works-Assessment of environmental performance of buildings-Calculation method

23. EN 16485 (2014) Round and sawn timber. Environmental Product Declarations. Product category rules for wood and wood-based products for use in construction

24. EN ISO 10456：2007/AC：2009，Building materials and products. Hygrothermal properties – Tabulated design values and procedures for determining declared and design thermal values (ISO 10456：2007)

25. EN ISO 12460-3：2015，Wood-based panels. Determination of formaldehyde release. Part 3：Gas analysis method

26. EN ISO 14044：2006. Environmental management-life cycle assessment-Requirements and guidelines

27. CEN/TS 1099：2007，Plywood-Biological durability-Guidance for the assessment of plywood for use in different use classes

28. ISO 14040：2006. Environmental management-life cycle assessment-principles and framework

免责声明

本手册的内容以及作为其一部分提供的任何信息仅旨在提供有关所讨论主题的一般信息。因此，它仅应被用作一般指南，而不能作为最终的信息来源或建议。所有最终的结构设计应始终由结构工程师准备和计算。在法律允许的最大范围内，本手册的出版者和贡献者对任何实施或依赖于其中包含或遗漏的信息的任何人所遭受的任何损失、损害或伤害概不负责，也不承担任何责任。

本手册的内容受版权保护。